制造系统自动化技术

卢泽生 主编

卢泽生 路勇 王广林 周亮 编

哈爾濱工業大學出版社
北京航空航天大学出版社 北京理工大学出版社
哈尔滨工程大学出版社 西北工业大学出版社

内容简介

本书是“十一五”国防特色规划教材。本书共分7章，其内容主要讲述机械制造系统自动化发展过程与现状及趋势、机械制造自动化系统的建立、制造过程自动化控制系统、物料传输自动化、自动化检测与监控系统和装配自动化，最后以汽车变速箱壳体为例讲述了制造自动化系统的总体设计。

本书可作为机械设计制造及其自动化专业的本科生教材，也可作为相关专业的参考用书。

图书在版编目(CIP)数据

制造系统自动化技术/卢泽生主编. —哈尔滨：哈尔滨工业大学出版社，2010.5(2023.2重印)

ISBN 978-7-5603-3004-4

Ⅰ.①制… Ⅱ.①卢… Ⅲ.①机械制造-自动化技术-高等学校-教材 Ⅳ.①TH164

中国版本图书馆CIP数据核字(2010)第063868号

制造系统自动化技术

卢泽生 主 编
责任编辑 孙 杰

*

哈尔滨工业大学出版社出版发行
哈尔滨市南岗区复华四道街10号(150006) 发行部电话:0451-86418760 传真:0451-86414749
http://hitpress.hit.edu.cn
哈尔滨市工大节能印刷厂印装 各地书店经销

*

开本:787mm×960mm 1/16 印张:16 字数:348千字
2010年5月第1版 2023年2月第6次印刷
ISBN 978-7-5603-3004-4 定价:48.00元

前　言

制造系统自动化决定着作为国民经济物质基础和产业主体的制造业的发展进程，制造业是目前知识经济时代的重要支柱产业，它是富民强国之本。而制造系统自动化水平是制造业不断追求的主要目标之一，也是一个国家经济发展和国防实力的重要标志之一。随着科学技术的不断发展，自动化的水平也越来越高。在制造系统中采用自动化技术，可以提高劳动生产率、缩短生产周期、提高产品质量和经济效益、降低劳动强度、改善制造系统响应市场变化的能力、提高市场竞争力，从而进一步带动相关学科的发展。

本书主要针对机械设计制造及其自动化专业本科生培养计划而编写的必修课教材。其内容主要讲述机械制造系统自动化发展过程与现状及趋势、机械制造自动化系统的建立、制造过程自动化控制系统、物料传输自动化、自动化检测与监控系统和装配自动化，最后以汽车变速箱壳体为例讲述了制造自动化系统的总体设计。

本书共分7章，第1、2、6章由卢泽生编写，第3章由路勇编写，第4章由王广林编写，第5、7章由周亮编写，全书由卢泽生统稿，担任主编。本书经多年的教学实践，进行了多次修改、充实和完善，但由于篇幅的限制及编者水平的局限，再加上本书是一个新的体系，所以在内容上仍不免有局限性、错误和欠妥之处，诚恳希望广大师生及读者提出宝贵意见，帮助我们进一步完善和提高。

编　者

2010年3月于哈工大

目　　录

第1章　绪论……（1）

1.1　制造系统自动化定义及概念……（1）

1.1.1　制造……（1）

1.1.2　系统……（1）

1.1.3　自动化及自动化系统……（3）

1.1.4　机械制造系统及机械制造系统自动化……（3）

1.2　机械制造系统自动化发展过程与现状及趋势……（5）

1.2.1　机械制造系统自动化发展过程……（5）

1.2.2　机械制造系统自动化技术所涉及的领域及发展的影响因素……（7）

1.2.3　机械制造系统自动化的发展趋势……（9）

1.3　机械制造自动化系统的分类和自动化制造系统的组成……（14）

第2章　机械制造自动化系统的建立……（16）

2.1　机械制造自动化系统建立的步骤……（16）

2.2　机械制造自动化系统建立的系统分析……（17）

2.2.1　系统分析的基本原则……（18）

2.2.2　系统分析的步骤及内容……（19）

2.3　机械制造自动化系统建立的系统设计……（21）

2.3.1　系统设计的基本原则……（22）

2.3.2　系统设计的步骤及内容……（26）

2.4　机械制造自动化系统设计中的模型及其仿真……（27）

2.4.1　自动化系统模型……（27）

2.4.2　自动化系统的计算机仿真……（30）

2.5　自动化系统的可靠性分析……（33）

2.5.1　研究可靠性的意义……（33）

2.5.2　可靠性的基本概念……（34）

2.5.3　可靠度分配应遵循的原则……（35）

2.6　自动化系统的技术经济分析……（36）

2.7 自动化系统的战略效益和社会效益 …… (37)
2.8 机械制造自动化系统的总体设计 …… (38)

第3章 制造过程自动化控制系统 …… (44)

3.1 控制系统概述 …… (44)
3.1.1 控制系统的基本组成 …… (44)
3.1.2 控制系统的基本类型 …… (45)
3.1.3 对控制系统的性能要求 …… (49)
3.1.4 控制系统举例分析 …… (50)
3.2 控制系统典型执行装置 …… (52)
3.2.1 执行装置及其分类 …… (52)
3.2.2 电动执行装置 …… (53)
3.2.3 液压与气动执行装置 …… (61)
3.2.4 执行装置的特点与性能 …… (65)
3.3 位置控制系统 …… (67)
3.3.1 限位断电位置控制 …… (67)
3.3.2 限位通电位置控制 …… (68)
3.3.3 自动往复循环位置控制 …… (68)
3.4 计算机数字控制系统 …… (69)
3.4.1 计算机数字控制系统的组成及其特点 …… (70)
3.4.2 计算机数字控制系统的分类 …… (72)
3.4.3 计算机数字控制系统发展趋势 …… (74)
3.4.4 计算机数字控制系统实例 …… (75)
3.5 DNC 控制系统 …… (77)
3.5.1 DNC 系统概念 …… (77)
3.5.2 企业实施 DNC 系统的意义 …… (79)
3.5.3 DNC 系统的构成 …… (80)
3.5.4 典型 DNC 系统的主要功能 …… (81)
3.6 多级分布式计算机控制系统 …… (83)
3.6.1 多级分布式计算机控制系统的结构和特征 …… (83)
3.6.2 多级分布式计算机控制系统的互联技术 …… (84)
3.6.3 多级分布式计算机系统实例 …… (87)

第 4 章　物料传输自动化 ……………………………………………… (89)

4.1　概述 ………………………………………………………… (89)

4.1.1　物流及物料 ………………………………………………… (89)

4.1.2　物料的分类 ………………………………………………… (89)

4.1.3　物料的定向、定位和定量 ………………………………… (90)

4.1.4　物料的标识与跟踪 ………………………………………… (91)

4.2　物料传输机构和装置 ……………………………………… (91)

4.2.1　供料卸料机构和装置 ……………………………………… (91)

4.2.2　自动输料机构和装置 ……………………………………… (96)

4.2.3　物料自动存储装置 ………………………………………… (113)

4.3　机械手和机器人在物料传输中的应用 …………………… (117)

4.3.1　机械手和机器人的定义 …………………………………… (117)

4.3.2　机械手与机器人的分类 …………………………………… (118)

4.3.3　工业机器人的组成 ………………………………………… (119)

4.3.4　工业机械手的主要规格参数 ……………………………… (121)

4.3.5　工业机械手的主要设计要求 ……………………………… (121)

4.3.6　物料传输机器人的末端执行器 …………………………… (124)

4.3.7　机械手和机器人用于自动上下料 ………………………… (129)

4.3.8　机械手用于轴承体(环形零件)自动化生产线 ………… (131)

4.3.9　堆列码垛机器人 …………………………………………… (136)

4.3.10　材料搬运机器人 ………………………………………… (137)

4.4　物料仓储技术 ……………………………………………… (139)

4.4.1　自动化仓库的定义 ………………………………………… (141)

4.4.2　自动化仓库的特点 ………………………………………… (141)

4.4.3　自动化仓库的分类 ………………………………………… (142)

4.4.4　自动化仓库的构成 ………………………………………… (145)

4.4.5　自动化仓库的管理与控制 ………………………………… (153)

第 5 章　自动化检测与监控系统 ……………………………………… (156)

5.1　检测监控系统的作用及涉及的内容 ……………………… (156)

5.1.1　检测监控系统的作用 ……………………………………… (156)

5.1.2　机械系统自动化中检测与监控所涉及的内容 …………… (156)

5.1.3　对检测监控系统的要求 …………………………………… (158)

5.2 检测与监控系统设计 …… (159)
5.2.1 检测监控基本单元的组成与工作原理 …… (159)
5.2.2 检测监控系统的多级结构 …… (164)
5.3 常用的检测元件 …… (165)
5.3.1 分类 …… (165)
5.3.2 输入输出特性 …… (165)
5.3.3 长度和位移量的测量 …… (167)
5.3.4 质量与力的测量 …… (168)
5.3.5 计数与形状识别 …… (169)
5.4 检测监控技术应用实例简介 …… (171)
5.4.1 加工尺寸在线检测 …… (172)
5.4.2 加工工况监测应用实例 …… (176)
5.5 自动化系统的故障诊断 …… (178)
5.5.1 故障诊断的基本概念 …… (178)
5.5.2 故障模型与诊断方法 …… (180)
5.5.3 故障树分析法 …… (181)
5.5.4 故障模式影响与后果分析法(FMECA) …… (186)

第6章 装配自动化 …… (190)

6.1 装配自动化的概念及其发展概况 …… (190)
6.1.1 装配自动化的概念 …… (190)
6.1.2 装配自动化的发展概况 …… (190)
6.2 自动化装配系统的类型及其选择 …… (191)
6.2.1 自动化装配系统的类型 …… (191)
6.2.2 自动化装配类型的选择 …… (191)
6.3 装配自动化系统应具备的条件 …… (192)
6.3.1 对零部件的结构工艺性的要求 …… (192)
6.3.2 对装配工具的要求 …… (193)
6.3.3 对传输机构和整体布局的要求 …… (193)
6.4 轴套自动化装配系统设计 …… (194)
6.4.1 轴套部件分析 …… (194)
6.4.2 轴套自动装配系统的设计 …… (194)
6.4.3 轴套自动装配系统的主要部件设计 …… (195)
6.4.4 轴套自动装配过程气动控制系统设计 …… (201)

6.5 向心球轴承自动化装配系统结构设计 …………………………………… (202)
6.5.1 轴承的结构分析 ……………………………………………… (203)
6.5.2 向心球轴承的选配 …………………………………………… (203)
6.5.3 装配自动机 …………………………………………………… (206)
6.5.4 钢球贮料箱 …………………………………………………… (212)

第7章 汽车变速箱壳体制造自动化系统的总体设计……………………… (216)

7.1 AGS-MAS 的系统分析 ……………………………………………… (216)
7.1.1 AGS-MAS 的需求分析和可行性论证 …………………………… (216)
7.1.2 AGS-MAS 的零件分析 …………………………………………… (217)
7.2 AGS-MAS 的总体设计 ……………………………………………… (224)
7.2.1 AGS-MAS 的系统组成和平面布局 ……………………………… (224)
7.2.2 AGS-MAS 的物料传输系统设计 ………………………………… (224)
7.2.3 AGS-MAS 的夹具系统设计 ……………………………………… (225)
7.2.4 AGS-MAS 的控制管理系统设计 ………………………………… (228)
7.2.5 AGS-MAS 的检测监控系统设计 ………………………………… (234)
7.3 AGS-MAS 的实施要点与效益分析 …………………………………… (237)
7.3.1 AGS-MAS 的实施要点 …………………………………………… (237)
7.3.2 AGS-MAS 的效益分析 …………………………………………… (240)
参考文献……………………………………………………………………… (241)

第1章　绪　　论

制造系统自动化是人类在长期的生产活动中不断追求的主要目标之一。随着科学技术的不断发展,自动化的水平也越来越高,它已成为衡量一个国家科学技术水平的重要标志。在制造系统中采用自动化技术,可以提高劳动生产率、缩短生产周期、提高产品质量、提高经济效益、降低劳动强度、改善制造系统响应市场变化的能力、提高市场竞争力、带动相关学科的发展。

1.1　制造系统自动化定义及概念

1.1.1　制造

制造一般是指将原材料转变为产品的过程。而机械制造是将材料或毛坯加工成零件、部件或产品的过程。

机械是由零部件组成的,可实现运动、能量、信息传递或转换,具有某种功能的机器、设备或仪器。

国内外对机械、机器、设备或仪器尚无统一的定义,国外一些学者提出如下定义可以借鉴。

机器是以通过某种方式实现能量传递和转换为主的技术系统,如发电机、涡轮机等。

设备是以通过某种方式实现物料传递和转换为主的技术系统,如机床、纺织机等。

仪器是以通过某种方式实现信息传递和转换为主的技术系统,如传感器、导航仪、照相机等。

1.1.2　系统

系统的概念来源于人类的社会实践。20世纪40年代美籍奥地利生物学家贝塔朗菲提出了一般系统的概念和理论,在学术界系统论逐渐被人们认为是一种综合性的学科。目前对“系统”一词的解释还不尽相同,但归纳后可定义如下。

系统是由相互联系、相互依赖、相互制约和相互作用的若干组成部分结合的,具有某种特定功能的有机整体。

系统是以不同的形态存在的。根据生成原因不同,系统可分为自然系统和人造系统。根据其组成是否以物质为基础,系统又可分为实体系统和概念系统。根据系统的状态是否随时间而变化,系统又可分为静态系统和动态系统。根据系统的功能及应用范围,又可分为工业系统、农业系统、轻工业系统、航天系统,等等。根据有无环境交换关系或输出对输入是否有控制作用,又可分为开环系统和闭环系统。总之,在现实世界中存在各式各样的千差万别的系统。系统的类型千差万别,其规模的大小也各不相同,组成形式各有所异,目的也不尽相同,但它们均应具备如下几个基本的共同特征。

1.目的性

人造系统均有目的性,这是建立系统的一个重要问题。系统的目的决定着系统的基本作用和功能。系统的目的一般用具体的目标或指标来表达,系统有总目标和若干个子目标,若干个子目标保证总目标的实现。目标可以用指标来体现或描述。例如:反坦克导弹系统建立的目的是消灭敌方装甲或地面工事,目标就是攻击装甲车辆或坦克,用穿甲厚度及深度等指标来实现对目标的描述。所以说,指标是描述目标、体现总目的的具体内容和标志。目标是否实现都必须通过具体指标反映出来,因此要恰当地选择合适的指标。指标可以包括技术性能、费用、效益、时间等有价值、可度量的具体内容。指标要充分、确切地体现目标,最好能量化,并便于比较、计算和考核。

2.集合性

集合性也可称为整体性。它是为达到系统基本功能的要求,必须实现多个要素的组合。集合是反映世界事物、现象和过程的一个有机的整体。集合里的各个对象叫做集合的要素(元素),系统越大、越复杂,其组成的元素也越多。系统各要素是按一定规则有机结合形成整体,并具有某种功能。

3.相关性

不论是自然界还是人类社会,不论是宏观世界还是微观世界,事物总是处于某种联系之中。系统的组成要素是相互作用、相互依赖和相互制约的。集合性确定系统的组成要素,相关性则说明要素之间的关系。

4.层次性

系统作为要素相互作用的总体,有着一定的层次结构,并可分解为一系列的子系统。系统与要素、上级系统和下级系统之间的关系称为系统的层次。为了强调系统的层次关系,人们常常把系统的组成要素称为该系统的子系统。系统的层次性是事物由低级到高级,由简单到复杂发展的必然结果,低层次是高层次系统的基础。

5.环境的适应性

任何一个系统都存在于一定的物质环境中。因此它必然要与外部环境发生物质、能量和信息的交换，这就是外界环境对系统的影响和作用。如果这种影响和作用没有导致系统的功能和性质发生变化，则可以认为系统处于相对稳定状态，说明系统对环境是适应的。如导弹在大气中飞行时，由于阵风等扰动因素的作用，将使导弹产生扰动运动而偏离理论弹道。但在其制导系统作用下，通过稳定控制仍能命中目标，则可认为对环境是适应的，这种适应性也可以称为抗干扰能力。

环境还可以分为硬环境和软环境。例如在投资建厂的投资环境下，其当地的交通、能源、通信、生活服务设施等均为“硬环境”；税收管理政策、人才素质、工资水平、市场潜力等均为“软环境”。

对于系统的研究可构成一个学科门类，即系统学。系统学、信息论和控制论构成了现代科学技术的三大支柱。系统学是研究事物结构层次、信息交换与传递、运动过程的模型化与相关性、思维逻辑和最优控制决策形式的一门科学。系统是分层次的，层次间相互协调，各负其责。系统的结构决定系统的品质。

1.1.3 自动化及自动化系统

1.自动化

自动化是针对应用对象用某种控制方法和手段，通过执行机构来实现其动作，使其按预先规定的程序自动地进行操作，而无需人直接干预的过程。

2.自动化系统

自动化系统是自动地实现某种功能的有机整体。这一整体实际上是自动地实现了物料的流动与变换、能量的传递与转换和信息的传输与交换。

1.1.4 机械制造系统及机械制造系统自动化

1.机械制造系统

机械制造系统是由相互作用和相互依赖的可实现运动、能量、信息传递或转换的若干机器、设备或仪器组成的，具有制造功能的有机整体。由此定义看，机械制造系统涉及的领域极其广泛。如工业、电子、石油、化工、仪器、仪表、建筑、印刷、纺织、矿冶、农业、交通、食品、医疗、医药、家电、通信、航空航天、船舶、电力等部门的机械制造都属于这一范畴。现将机械制造系统所涉及的领域和机械制造系统生产构成的形式如图 1.1 表示如下。

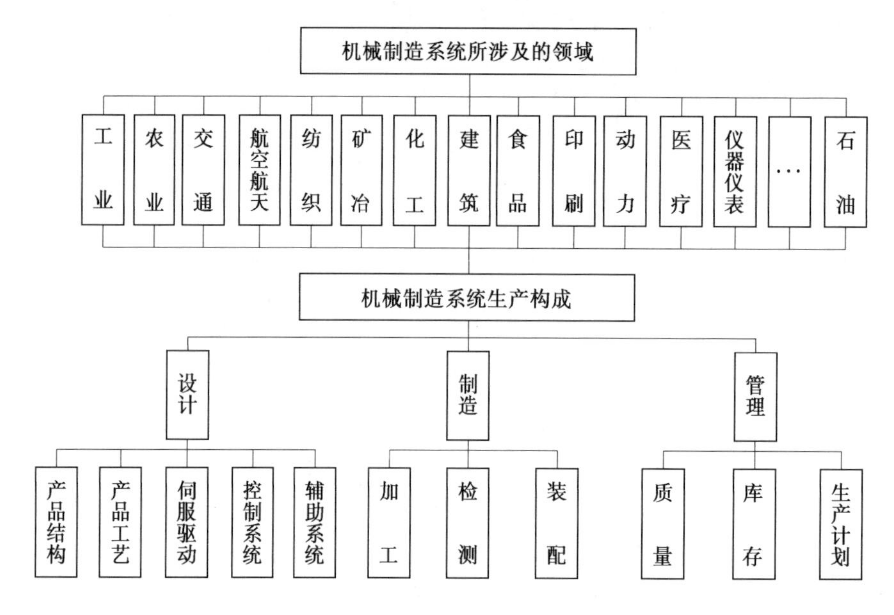

图 1.1 机械制造系统所涉及的领域及生产构成

2.机械制造系统自动化

机械制造系统自动化是机械制造系统用某种控制方法和手段,通过执行机构来实现其功能,使其按预先规定的程序自动地进行操作,而无需人直接干预的过程。

机械制造系统的基本要素包括:被控制对象、执行元器件、检测元器件、调节控制装置等,但由于结构不同,控制品质将会有很大区别。所以,进行自动化系统设计首先是建立一个结构合理的系统,如果对一个结构不合理的系统寄希望于通过参数的调整来达到预期的效果,那是不可能实现的。

对机械制造系统自动化而言,自动化主要体现在物流、能量流和信息流的传递与转换上,不需要人直接干预即可实现。也可以说是生产过程自动化,主要包括设计自动化、制造工艺自动化、装卸及装配自动化、检测自动化、系统控制和管理自动化等。目前,设计、制造工艺和管理过程自动化的实现,最有效的方法就是计算机辅助设计、计算机辅助工艺规程设计和计算机辅助管理。上述内容均属于机械制造系统自动化的技术范畴。

1.2 机械制造系统自动化发展过程与现状及趋势

机械制造系统自动化是人类在长期的生产活动中不断追求的主要目标之一。

自动化的概念是美国人D. S. Harder于1936年提出的,他在通用汽车公司工作时,认为在一个生产过程中,机器之间被加工零件的转移不用人搬运就是自动化。这实质上是早期制造自动化的概念。但自动化的本质就是人造系统的活动,人不直接参与(包括体力和脑力的参与)。

1.2.1 机械制造系统自动化发展过程

前面讲的各行业的机械制造系统都有各自的自动化,也都有各自的发展历程。而其中机械制造系统自动化的发展比其他行业更早更具有典型性和代表性。下面主要围绕机械制造系统自动化进行讲述。

机械制造系统采用自动化的目的是缩短产品制造周期,即时间T(Time),以提高生产率;保证提高产品质量Q(Quality);降低成本C(Cost),以提高经济效益;做好市场服务,提高服务水平S(Service);保护环境,防污染做到环境的友善性E(Environment)。所以说自动化系统应以实现TQCSE功能为目标。

机械制造和制造自动化发展概况如表1.1所示。

自动化的发展过程可分为以下四个阶段。

第一阶段:20世纪40~50年代初,以大量大批生产为主的刚性自动化系统和刚性自动化单机,其特点是高生产率刚性结构,产品固定,生产节拍固定,难以实现生产产品的改变。

第二阶段:20世纪50~60年代中期,适用于多品种、中小批量生产的数控(NC)和计算机数控(CNC)技术。其特点是具有较好的柔性和加工质量,应用编程技术即可实现生产产品的改变。

第三阶段:20世纪60~80年代中期,适用于多品种、中小批量生产的柔性制造技术。包括柔性制造单元(FMC)、柔性制造系统(FMS)和柔性加工线(FML)。其特点是高的柔性、质量和效率。

第四阶段:20世纪80年代至今,仍然面对多品种、中小批量生产。其技术为计算机集成制造系统(CIMS)、计算机集成制造(CIM)、智能制造、并行工程、敏捷制造、虚拟制造、快速原型制造、网络制造、全球制造和绿色制造等。其特点是具有更为广泛的适应性和更大的柔性,并且技术更具综合性,学科更加交叉,涉及的领域更为广泛。

表 1.1 制造生产自动化及相关理论的发展简史

阶段划分	技术类型	年份	制造生产和自动化发展中的重要内容
第一阶段	刚性自动化、机械控制方式	1870	螺丝制造自动机(美国)
		1895	多轴自动车(美国)
		1900	电液仿形机床(意大利)
		1911	F·泰勒提出现代含义的系统概念
		1913	福特:流水装配线(美国)
		1920	卡培克(Capek)术语:机器人(捷克斯洛伐克)
		1923	凯拉(Keller):仿形牛头刨床(美国)
		1924	自动生产线(英国 Morris 汽车公司)
		1924~1926	硬质合金刀具(德国)
		1930	机床数控专利(美国):Ziegler-Nicholson 方法论;Routh-Nurwitz 稳定判据
		1935	汽车发动机气缸体加工自动线(前苏联)
		1936	D. S. Harder 提出“自动化”的术语(美国)
		1943	提出神经数学模型(美国:心理学家 W. S. McCulloch,数学家 W. Pitts)
		1945	数控铣床(美国)
		1946	成组加工工艺,第一台电子管计算机(前苏联)
		1947	哈德尔(Harder):底特律机械自动线(美国:福特公司);遥控机械手(美国)
		1950	全自动锻压机(美国:福特公司);全自动活塞生产(前苏联)
第二阶段	数控技术、单机数控	1950~1960	过程自动化(美国);Shannon 的信息论;Wiener 的控制论;Kolmogorov 的随机理论(前苏联)
		1952	帕森斯(Parsons):三轴数控立式铣床(美国 MTT);第一台数控机床(美国麻省理工学院)
		1953	NC(Numerical Control)数控加工自动编程语言(美国麻省理工学院)
		1954	德沃尔(Devol):工业机器人专利(美国)
		1956	我国汽车发动机气缸体端面孔的组合机床自动线
		1957	C.П.米特洛凡诺夫提出成组技术 GT(Group Technology 前苏联);系统工程(美国 H. Goode, R. Machol)
		1958	自动编程系统(美国);F. Rosenblatt 引进模糊控制拟人脑感知和学习能力的感知器概念;NC 加工中心(美国);我国第一台数控铣床研制成功
		1958 前后	自动绘图机(美国)
		1959	第 1 台工业机器人(极坐标型)(美国);我国轴承内外环自动线
		1960	自适应控制铣床(美国)
		1960	术语:柔性制造系统 FMS(Flexible Manufacturing System 美国)
		1961	计算机控制的碳电阻自动化制造系统,可称为计算机辅助制造 CAM 的雏形(美国);提出阿波罗登月计划(美国)
		1962	工业机器人(圆柱坐标型)(美国);二维 CAD(Computer-Aided Design 美国);B. Widrow 提出自适应线性元件
		1965	L. A. Zadeh 提出模糊集理论(美国加州大学伯克莱分校)

续表 1.1

阶段划分	技术类型	年份	制造生产和自动化发展中的重要内容
第三阶段	柔性自动化	1965 前后	低成本自动化(美国:宾州大学);生产过程的计算机直接数字控制(DNC)(Direct Numerical Control 美国)
		1966	自动编程语言 EXAPT(德国)
		1967	CAD/CAM 软件:CAD/CAM(美国);计算机控制的 6 台数控机床的可变制造系统(FMS)(英国:Molins 公司)
		1968	直接数控 DNC 系统(美国)
		1969	计算机辅助制造 CAM(Computer-Aided Manufacturing 美国);阿波罗宇宙飞船登月(美国);工业机器人操作的焊接自动线(美国)
		1970	IMS:机器人生产线作业(本体焊接)(美国);FMS 专利(英国)
		1973	哈林顿(Harrington):计算机集成制造 CIM(Computer-Integrated Manufacture)概念;三维实体模型 CAD(英国、日本)
第四阶段	计算机集成制造、智能集成自动化	1974	Joseph Harrington 提出计算机集成制造系统 CIMS(Computer-Integrated Manufacturing System 美国)
		1977	无传送带小组装配法(瑞典)
		1980	制造自动化协议(MAP)(美国);无人化机械制造厂(日本:富士工厂);计算机辅助工程 CAE(Computer-Aided Engineering 美国)
		1982	提出 Hopfield 新神经网络模型(美国生物物理学家 J. J. Hopfield)
		1988	提出并行工程(Concurrent Engineering)的概念(美国 R. I. Winner 在美国国家防御分析研究所报告中)
		1989	CIM 专利:生产实施法(美国 A&T);精良生产(Lean Production)(日本)
		1991	智能制造系统 IMS 研究(日本、美国、欧共体);全球制造(日本、美国、欧共体);敏捷制造(Agile Manufacturing)(美国);虚拟制造(Virtual Manufacturing)(美国)
		1994	先进制造技术计划(美国);“21 世纪制造企业战略”中提出敏捷制造 AM 的概念
		1996 至今	绿色制造(Green Manufacturing)(美国)

1.2.2 机械制造系统自动化技术所涉及的领域及发展的影响因素

1.自动化技术所涉及的技术领域

机械制造系统自动化技术具有技术发展速度快、创新性和更新性强、技术密集和综合性强等特点。它所涉及的主要技术门类如图 1.2 所示。

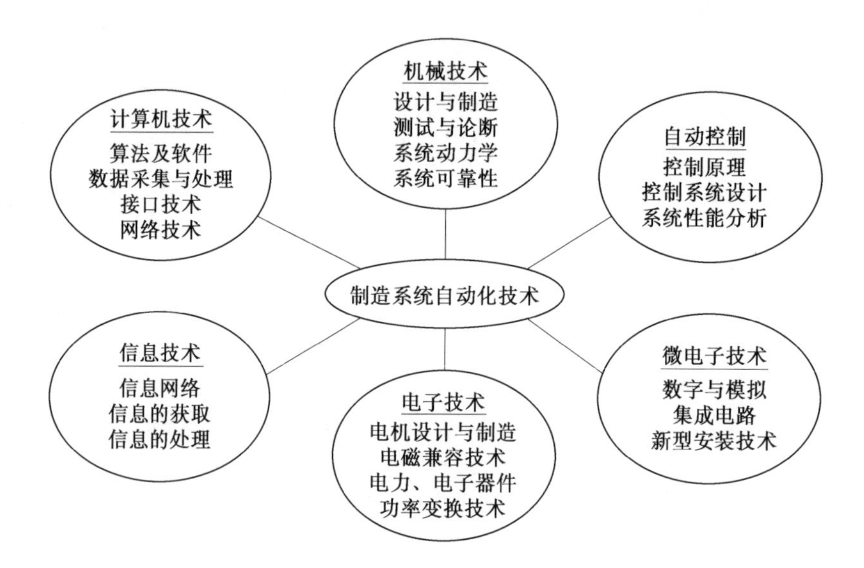

图 1.2 制造系统自动化技术所涉及的相关技术

2.自动化技术发展的影响因素

自动化发展的程度或者说水平的高低、速度的快慢、覆盖面的大小主要取决于以下几个因素。

(1)客观的需求是自动化发展的前提

机械工业肩负着为国民经济及国防各部门提供技术装备的重要任务,要不断地提供品种新、数量多、质量好、价格低的产品以满足其需求。

目前,随着世界社会竞争(经济竞争、技术竞争、军事竞争等)的加剧、产品更新换代的加快,想要以最快的速度、最好的质量、最低的成本、最佳的服务满足市场的需求,这就需要将过去劳动密集型生产变为技术密集型和信息知识密集型生产。而其中最好的途径就是采用自动化技术。而且大批大量为主导的生产形式也越来越向单件小批为主导的生产形式转变,所以出现了数控加工、柔性自动化、计算机集成制造等。

(2)基础理论研究是自动化发展的基础

自动化发展水平与基础理论研究密不可分,随着一种理论或概念的出现必然会推动和指导某些技术的发展,并为自动化技术的发展奠定基础。从表 1.1 中可以看出,一些理论和概念的出现都会使自动化的水平得以提高。如前苏联于 1946 年提出成组生产工艺的思想和 1957 年 С.П.米特洛凡诺夫(С.П.МИТРОФАНОВ)提出成组技术的概念为实现单件小批生产的自动化制造系统的发展奠定了基础;20 世纪 50 年代数控技术的出现是自动化制造技术发展的里程碑,是小批量自动化生产的技术保证;1953 年美国麻省理工学院成功研制的数控加工自动编程语言,为数控加工技术发展与应用奠定了基础;1959 年在美国出现的第一台机器人,对自动化制造技术的发展也具有重要意义;由于自适应控制理论的发展,美国于 1960 年成功研制了自适应控制机床;由于计算机技术的出现,1965年出现了计算机数控机床(CNC)和美国人约瑟夫·哈林顿于1974年提出计算机集成制造系统(CIMS)的概念。这是一个更为广义的自动化制造系统。

近几年提出的并行工程、敏捷制造、虚拟制造等新思想和新概念都将促进自动化制造技术的进一步发展。

(3)科学技术的发展是自动化发展的保证

自动化技术涉及多门学科和技术,并依赖于其他技术的发展,而自动化的发展又将促进和带动其他技术的发展。如控制技术、计算机技术、测试技术、制造技术、材料技术和管理技术等。上面讲的一些新概念、新思想也包含很多新技术,如数控技术、计算机技术等都对自动化技术的发展起到了强有力的保证作用。

1.2.3 机械制造系统自动化的发展趋势

前面已经讲了机械制造系统自动化的发展取决于三种因素,三种因素中第一个因素客观的需求至关重要。目前,国际关系多极化、消费多样化、市场竞争多元化(包括资源竞争、时间竞争、质量竞争、服务竞争等)。这就要求对市场的响应要快、应变能力要强、适应能力要广。所以,在研究机械系统自动化的发展趋势时,必须认真分析和研究未来制造业所处的市场环境和社会环境。

(1)市场环境

信息时代世界市场发生了重大的变化,由过去相对稳定型的市场演变成动态的、多变型的市场,同行业之间和跨行业之间相互渗透、相互竞争进一步加剧,导致合作进一步扩大与深入。与此同时,技术的进步,特别是以计算机、软件和通信为主要内容的信息技术,给人们有力的支持与机遇。这对市场的直接影响是产品的生命周期日益缩短,如图1.3所示。

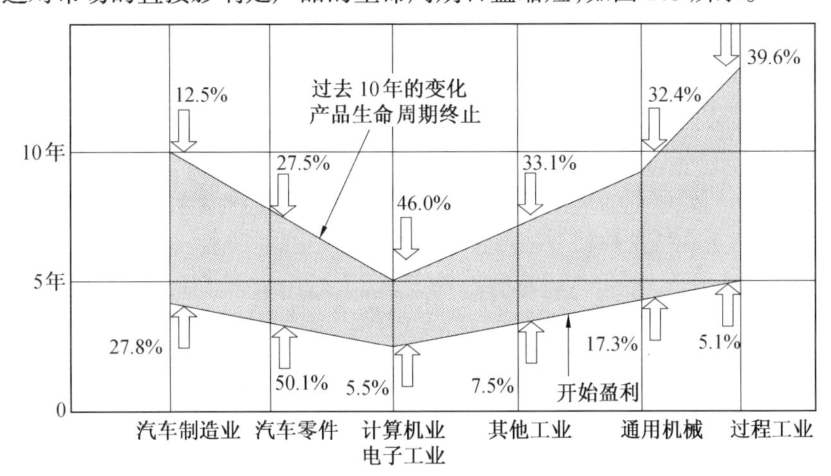

图1.3 不同类型产品的生命周期

图 1.3 是欧共体 ESPRIT 计划调查的分析结果。图中给出不同类型产品的生命周期。其阴影区为产品的盈利区，即产品的存活期。阴影的下折线表示某类产品，由研制开发到开始盈利所需要的时间，上折线表示产品生命的终止。图中还给出了过去 10 年来的变化百分比。从图中明显看出计算机、电子类产品的生命期最短只有 2～3 年。而这类产品在信息时代的市场中占有主导地位。顾客化产品将主导未来市场的方向。顾客化产品是用户可以按自己的爱好和需要，向制造厂定做所需要的商品，而价钱又同常规的商品相近。这就意味着，未来的制造业面临着要不断更新老产品与设计新产品，不断重构制造系统和不断改变经营过程以满足社会需求。总之，企业经常处于动态重组之中。

(2)社会环境

信息技术的发展与普及，特别是“信息高速公路”概念(是指将各种科技集成起来的、传输现代重要商品信息的网络)的提出及实施，不仅会大大地增强制造业自动化水平及企业的应变能力，而且从根本上改变了人们的生活习惯与工作方式。总的趋势是在更大范围与更高层次上进行分工合作。图 1.4 是美国劳工部对美国劳动力在各行业分布的统计与预测。

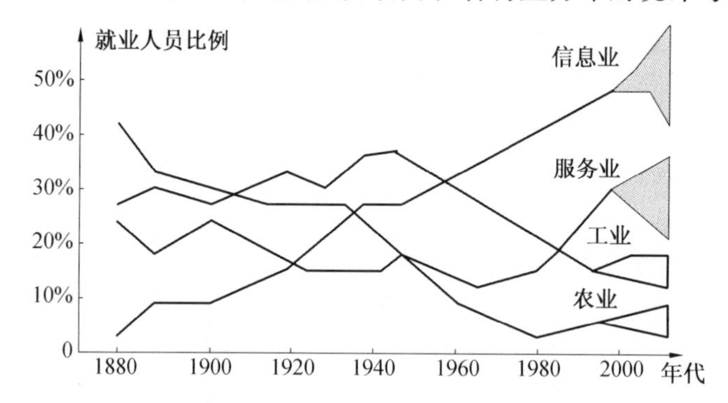

图 1.4 美国劳动力在各行业分布的统计与预测

该图统计了 1880 年至 1980 年近百年来美国农业、工业、服务业和信息业等四大行业人员就业比例分布的变化状况，并预测 2000 年后的发展趋势。信息业从 100 年前最末一位发展到 20 世纪 60 年代初的首位。对于机械系统自动化的要求要适应上述情况，这种社会环境决定了机械系统自动化的发展趋势。所以制造自动化技术的发展的主要趋势是敏捷化、网络化、虚拟化、智能化、全球化和制造绿色化。

下面对制造自动化发展几个趋势的概念作一简略的说明。

1.制造敏捷化(Agile Manufacturing)

美国为了夺回在世界各地被其他国家占领的市场，巩固并扩大经济上的霸主地位，把希望寄托在 21 世纪的制造业上。为此，1991 年在国防部的资助下，美国里海(Lehigh)大学组织了百余家公司,耗资50万美元,花费7 500个人时,在分析研究400多篇优秀科技报告后,于1994年底正式发表了著名的研究报告——《21世纪制造企业战略》。在这份报告中,作者明确提出"敏捷制造"(Agile Manufacturing,AM)的新概念。该报告向人们描绘了已经开始出现的敏捷制造企业的未来发展全景,提出了在2006年以前,依靠敏捷制造重新夺回美国制造业的优势,使美国制造业在世界上始终处于领先地位。

敏捷制造概念的提出者认为:在影响市场竞争力的诸要素(产品的交货期T、质量Q、价格C、服务S、环境E,即TQCSE)中,未来竞争的焦点将集中在缩短产品的交货期上(Time to Marker)。在21世纪,谁能够在尽可能短的时间内向市场推出适销对路的、高质量的、足够数量的产品,谁就能在激烈的市场竞争中立于不败之地,将获取更高的利润。

未来市场是动态多变的,难以预知的,顾客的需求是多种多样的,他们追求的是产品的"个性",这就决定了未来企业的生产模式应是多品种、中小批量生产,甚至是单件生产。这种生产模式下的需求必将成为制造企业赢得市场的关键因素。

那么,什么是敏捷制造呢?敏捷制造是制造企业能够把握市场机遇,及时动态地重组重构生产系统,能在最短的时间内快速地向市场推出满足供求关系的高质量的产品。

2.制造网络化(Network Manufacturing)

制造的网络化,特别是基于Internet/Intranet的制造已成为自动化发展重要趋势。主要包括:制造环境内部的网络化,以实现制造过程的集成;制造环境与整个制造企业的网络化,以实现制造环境与企业中工程设计、管理信息系统等各子系统的集成;企业与企业间的网络化,以实现企业间的资源共享、组合与优化利用;通过网络实现异地制造。

那么,什么是制造网络化呢?制造网络化是通过网络实现跨部门、跨地区,乃至跨国家的资源共享、重组与优化利用。

3.制造虚拟化(Virtual Manufacturing)

基于数字化的虚拟化技术主要包括:虚拟现实(VR)、虚拟设计(VD)、虚拟制造(VM)、虚拟产品开发(VPD)和虚拟企业(VE)。制造虚拟化主要指虚拟制造,又称拟实制造。它是以制造技术和计算机技术支持下的系统建模技术和仿真技术为基础,集现代制造工艺、计算机图形学、并行工程、人工智能、人工现实技术和多媒体技术等多种高新技术为一体,由多学科知识形成的一种综合系统技术。它在现实制造环境下,将模拟现实制造环境及其制造过程的一切活动和产品制造全过程,并对产品制造及制造系统的行为进行预测和评价。虚拟制造是实现敏捷制造的重要关键技术。

下面对上述虚拟含义的名词加以解释。

(1)虚拟现实(Virtual Reality)

虚拟现实正处于探索和发展时期,其概念和定义也在不断地充实和完善,目前可简要归纳如下。

虚拟现实技术是人的想像力和电子学等相结合而产生的一项综合技术,它利用多媒体计算机仿真技术构成一种特殊环境,用户可以通过各种传感系统与该环境进行自然交互,从而体验比现实世界更加丰富的感受。

虚拟现实系统不同于一般的计算机绘图系统,也不同于一般的仿真系统,它不仅能让用户真实地看到一个环境,而且能让用户真正感到这个环境的存在,并能和这个环境进行自然交互。虚拟现实系统有如下三个性质:

自主性:在虚拟环境中,对象的行为是自由的,是由程序自动完成的,要让操作者感到虚拟环境中的各种生物是“有生命的”和“自主的”,而各种非生物是“可操作的”,其行为符合各种物理规律。

交互性:在虚拟环境中,操作者能够对虚拟环境中的生物及非生物进行操作,并且操作的结果能反过来被操作者准确地、真实地感受到。

沉浸感:在虚拟环境中,操作者应该能很好地感觉各种不同的刺激,沉浸感的强弱与虚拟表达的详细度、精确度、真实度有密切关系。

(2)虚拟设计(Virtual Design)

虚拟设计是以虚拟现实技术为基础,以机械产品为对象的设计手段。借助这样的设计手段设计人员可以通过多种传感器与多维的信息环境进行自然地交互,实现定性和定量的综合集成,从环境中得到感性和理性的认识,从而帮助深化概念和萌发新意。

虚拟设计技术充分地利用了仿真技术,但它又不同于一般的仿真技术。它具有虚拟现实的自主性、交互性和沉浸性特征。

(3)虚拟制造(Virtual Manufacturing)

虚拟制造是以虚拟现实技术为基础,是一种集合的综合制造环境,用于加强一个企业各层次的决策与管理。

根据侧重点不同可以将虚拟制造分为以下三类。

第一类:以设计为中心的虚拟制造。用于在产品开发设计过程中,为设计研究人员提供有关产品的制造信息。这样的虚拟制造系统通过对产品的某种特殊性能(如:质量、装配性能、操作性能等)的仿真来优化产品的设计及工艺;并以不同角度和精度,利用对产品各制造工序的仿真,来帮助产品设计和生产决策。

第二类:以生产为中心的虚拟制造。通过对生产过程的仿真来经济、快捷地评价各种工艺方案、生产效率以及资源的供求状况,从而帮助优化制造环境的配置和生产的供给计划。

第三类:以生产控制为中心的虚拟制造。通过对控制模型及生产过程的仿真,帮助在整个生产周期中进行优化处理。它能够为产品开发人员提供一个虚拟的环境,用来评价新产品的设计、原有产品的改进以及生产调度的优劣,并为优化制造工艺和提高制造水平提供辅助信息。

(4)虚拟产品开发(Virtual Product Development)

虚拟产品开发是实际产品开发过程在计算机上的本质实现,即采用计算机仿真与虚拟现实技术,在计算机上群组协同工作,通过三维模型及动画,实现产品的设计开发的本质过程,是一种通过计算机虚拟模型来仿真和预测产品功能、性能及可加工性等各方面可能存在的问题,提高产品的预测和决策水平,使主要依赖于经验的产品开发为全方位的预报,从而可很好地实现 TQCS。

(5)虚拟企业(Virtual Enterprise)

虚拟企业是指分布在不同地方的多个分布式企业利用电子手段,为快速响应市场需求而组成的动态联盟。未来制造企业组织将以企业间的全球化联合与伙伴关系网为主要形态。虚拟企业是为了适合某一新产品开发或抓住某一新经营机遇而组成的公司或集团。虚拟企业(动态联盟)一般有一个组织的发起者,联盟中的其他公司或企业都有其自身的能力,同时也共同承担共同的风险和分享共同的利益。可以把虚拟企业看作一个由机遇和利益驱动,在广域的环境下从适当的资源中挑选出来形成的一个“工程小组”,这是一个临时性的联盟。它随机遇的产生而产生,又随机遇的消失而消亡。

4.制造智能化(Intelligent Manufacturing)

智能化是制造系统在柔性化和集成化基础上进一步的发展和延伸,当前和未来的研究重点是具有自律、分布、智能、仿生、敏捷、分形等特征的新一代自动化制造系统。智能制造技术的宗旨在于通过人与智能机器的合作共事,去扩大、延伸和部分地取代专家在制造过程中的脑力劳动,以实现制造过程的优化。

5.制造全球化(Globalization Manufacturing)

智能制造系统计划和敏捷制造战略的发展和实施,将促进制造业的全球化。随着网络全球化、市场全球化、竞争全球化、经营全球化的出现,全球化制造的研究和应用发展也相当迅速,主要包括:市场的国际化,即产品销售全球网络正在形成;产品设计和开发的国际合作及产品制造的跨国化;制造企业在世界范围内的重组与集成,如动态联盟公司;制造资源的跨地区、跨国家的协调、共享和优化利用;将会形成的全球制造体系结构。

6.制造绿色化(Green Manufacturing)

近年来提出最有效地利用资源和最低限度地产生废弃物是当前世界环境治理的根本。如何使制造业尽可能减少对环境的污染是当今研究的课题,则绿色设计和绿色制造概念由此产生。绿色制造是一个综合考虑环境影响的资源效率和现代制造模式,其目标是使产品从设计、制造、包装、运输、使用直到报废处理的整个产品生命周期中,对环境的不利影响最小、资源利用率最高。绿色制造已成为全球可持续发展战略对制造业的具体要求和体现。绿色制造涉及产品的整个生命周期。对制造环境和制造过程而言,绿色制造主要涉及资源的优化利用、清洁生产和废弃物的最小化及综合利用。

绿色设计是在产品整个生命周期内,着重考虑产品环境属性(可拆卸性、可回收性、可维护性、可重复利用性等),并将其作为设计目标,在满足环境目标要求的同时,保证产品应有的功能、使用寿命和质量等。

1.3 机械制造自动化系统的分类和自动化制造系统的组成

1.机械制造自动化系统的分类

机械制造系统涉及的行业和领域非常广,不管从哪个出发点来分都是十分困难的,是按自动化应用范围分,还是按行业或领域分,或者是按规模的大小和复杂程度分都可以罗列很多,但是这种统计分类似乎没什么意义。而如果按其产品生产类型的适应性特征来分,可以分为刚性自动化系统和柔性自动化系统。

(1)刚性自动化系统

刚性自动化系统是指系统的组织形式和组成是固定不变的,所完成的任务也是不可调整的。如大量大批生产中的自动线。

(2)柔性自动化系统

柔性自动化系统是指系统的组织形式和组成对所执行的任务具有适应性。其适应性表现为所执行的任务不是单一的固定不变的,而是在一定的范围内可以调整的,可以变化的。如机械制造中的柔性制造系统。

2.自动化制造系统的组成

作为机械系统自动化来说自动化制造系统最为典型也最为复杂,如图 1.5 所示。

由图可见,一个自动化制造系统由机械加工自动化等八个子系统组成,而子系统下边又分了若干子系统,往下还可以再分若干子系统。由此可见机械系统自动化技术是一门跨学科的、极其复杂的、技术含量很高的综合性技术。

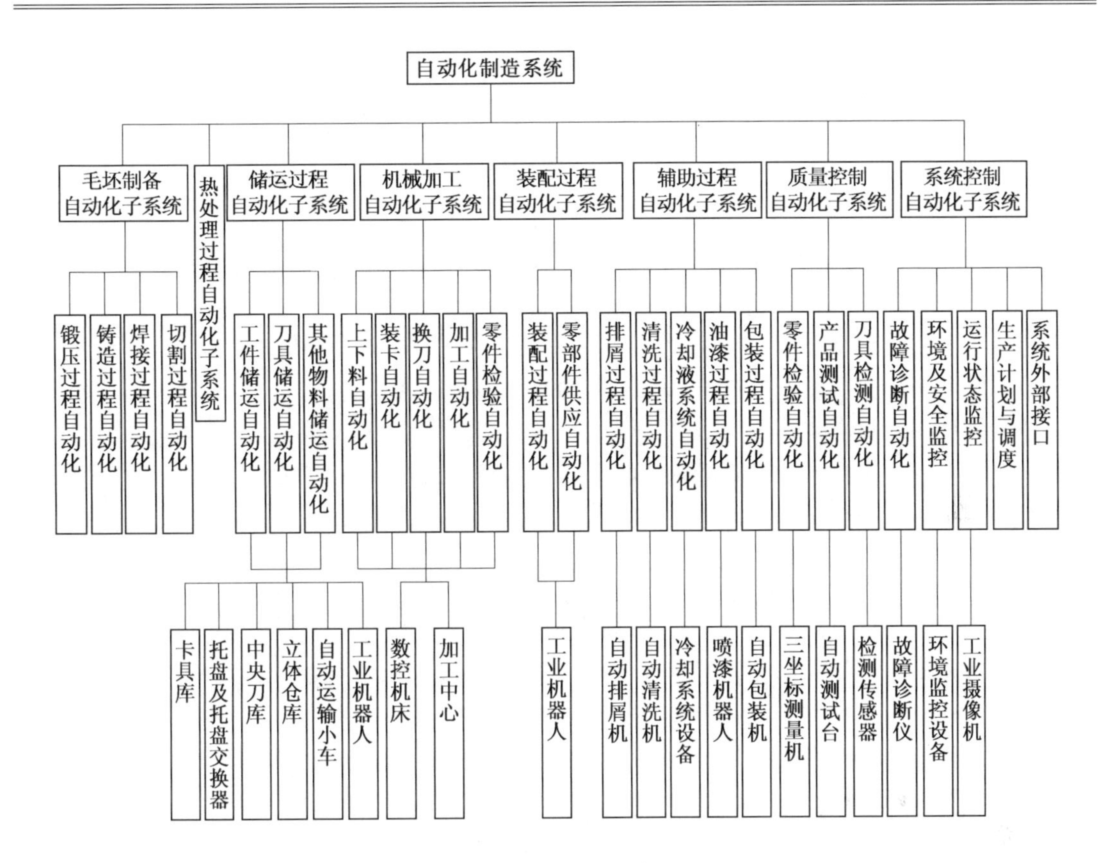

图 1.5　自动化制造系统的组成

第2章 机械制造自动化系统的建立

2.1 机械制造自动化系统建立的步骤

机械制造自动化系统和机械制造系统自动化从技术上讲并无本质的区别。前者是说该机械制造系统是一个自动化系统;而后者是说机械制造系统中的自动化。

一个机械制造自动化系统要比一个机械制造系统更为复杂,投资更大,建设周期更长。如果建立失败对一个企业来说可能是致命的,所以必须慎之又慎。机械制造自动化系统的建立步骤和机械制造系统的建立步骤是一个遵循客观规律的方法问题,并无实质性的区别。所以,以下称系统的建立。

系统建立的步骤一般是按生命周期来划分。生命周期是指一个系统总有一个确定的开始时间和终了时间,这个从开始到终了的时间称为系统的生命周期。也可以说,生命周期是从提出建立或改造一个系统开始到系统脱离运行或为新的系统所替代的终止时间。系统或者产品的生命周期与系统或产品的寿命不是同一概念,寿命是指系统或产品出厂或投入使用后至产品报废的不再使用的时间区间。生命周期是个时间概念,它在整个周期内可分为四个阶段,即:建立期(工程启动阶段)、实现期(工程研制阶段)、运行期(工程运行阶段)和终止期(工程终止阶段)。系统建立的程序如图2.1所示。

此程序框图的设计步骤是一个原则性的,可根据系统规模的大小,复杂程度的高低,重要程度的轻重,投资的多少有所增减,但其前后顺序是必须遵循的。本框图中将系统分析中的“需求分析”单独列出,是因为需求分析是机械自动化系统建立的首要一步,它将决定自动化系统建立的必要性。而这必要性实际上是取决于所生产的产品。框图中,任务的提出,主要包括产品的品种、规格、性能、产量和企业在市场竞争中的优势、劣势以及所处的地位。在对上述内容充分考虑和基本确定的情况下,对产品进行国内外市场需求的调研预测以及相关分析,并经过第一次评审决定是否终止。这样做的原因是因为自动化系统要比一般机械系统复杂,投资也较大,市场表现也较复杂,为慎重起见故将需求分析单独列出论证。

程序框图中对需求分析和可行性论证先后分别进行评审,评审未通过就终止此系统的建立。而系统设计分为初步设计和详细设计,初步设计的重要程度并不亚于详细设计,因为初步设计经评审未通过,再补充或修改设计,再不通过就要终止建立此系统。而详细设计不存在终止的问题,千方百计要保证设计的成功。

本章重点讲机械制造自动化系统建立步骤中的系统分析和系统设计,其系统建立的原则主要也是围绕这两个步骤讲述。

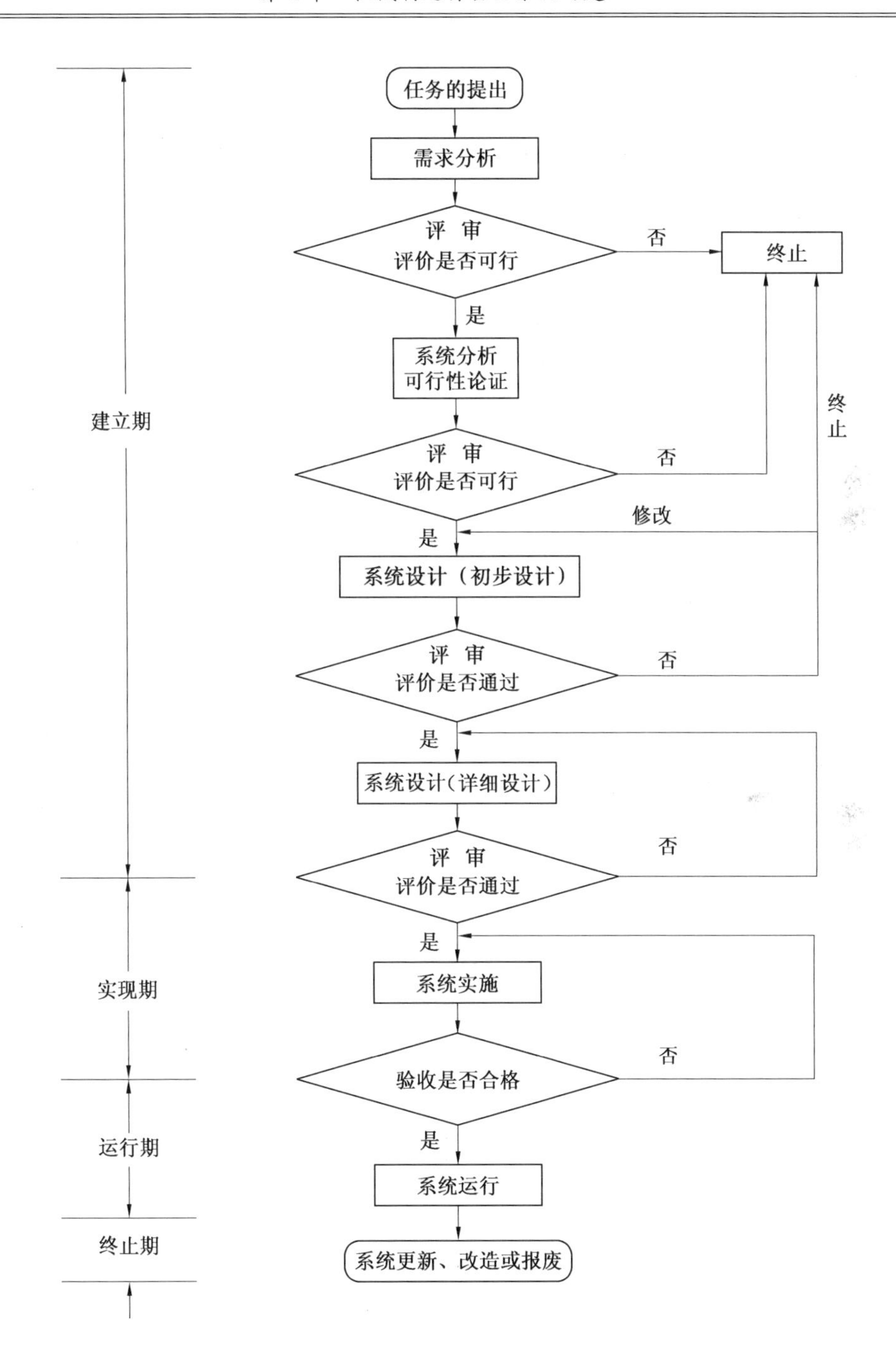

图2.1　系统分析程序框图

2.2 机械制造自动化系统建立的系统分析

系统分析是本着系统论的观点,用科学分析的方法,对确定目标的系统进行综合分析与评价,寻求最佳可行方案,为决策提供定量或定性的科学依据,帮助决策者进行科学的决策。

系统分析是建立系统和改造系统过程中的重要环节,是系统决策和系统设计的基础。系统分析是一项复杂的工作,在分析过程中可能涉及各种因素,包括确定性的和不确定性的因素、可以预测和不可预测的因素。这就需要应用合理的方法、适当的措施、相关的理论进行有效的分析与处理。系统分析过程,要妥善处理各种因素之间的关系,正确解决各种矛盾,有效地进行可行性分析(主要是技术可行性、经济可行性和社会可行性)。而且此项分析必须遵循一定的原则。

2.2.1 系统分析的基本原则

1.内部条件与外部条件相符合

构成一个系统,不仅受到内部因素的影响,同时也受到外部条件的制约,有时甚至是指令性的、难以逾越的。如国家的政策、社会经济动向、市场状况等。再如设计一个导弹武器系统,不仅受到导弹武器系统各子系统本身的技术基础、研究力量、试验条件、技术设备、元器件、材料、资源条件、测试手段、检测设备等限制,而且还受到许多外部条件,诸如使用部队、战士操作、战斗环境、自然气候、目标特性、敌人对策等因素的影响。所以内外条件能结合、能统一的尽量结合,尽量统一。难以结合的,不能统一的应做到适应和符合。

2.当前与长远利益相结合

当前与长远利益考虑的出发点,主要是指技术寿命和经济寿命。不但要考虑当前状况和技术水平,还要科学地预测将来。如导弹武器系统要充分注意被攻击目标的发展,跟踪国际新技术的发展。如果构造的系统当前是可行的,对国民经济或国防是有利的,但方案本身的生命周期不长,很快就被淘汰,对国家总投资不利,这样的系统不能建立。

3.整体效益和局部效益相结合

建立一个系统应以整体效益为目标,局部服从整体,这是前提。一个系统由许多子系统组成,如果每个子系统在建立中虽受总系统的牵制和约束仍可达到最优,这是最为理想的。但是,实践中常常不易达到这种程度,很多情况下,一个大系统中有些子系统从局部看是经济、合理、先进的,但从全局看不是这样,那么这样的子系统是不可取的。所以,系统分析时,应从整个大系统全局出发，寻求整个系统达到最经济、最合理、效果最佳。

4.定量分析与定性分析相结合

系统分析在可能的情况下尽量做到定量分析，将各种因素量化。但实际工作中有些因素是很难量化的，所以定性分析是不可避免的。如人的精神因素、政策的影响、环境的变迁等因素。但这些可以采用数理统计或模糊数学等方法加以处理。不管是定性还是定量分析，都应有明确的准则作标准，从而保证对各种因素进行一致性的评定。

2.2.2　系统分析的步骤及内容

系统分析主要是技术、经济和社会分析，系统分析最终是给出系统建立的可行性论证报告。系统分析的内容基本上是可行性论证报告的内容，内容必须详实、可靠，论据必须客观充分，数据必须真实可信，结论必须清晰正确。系统分析各步骤的基本内容如图2.2所示。

下边将按图中所标记的八个步骤的内容分别进行说明。

步骤①：提供自动化系统建立的相关背景。

提供企业生产经营状况，生产经营特点及产品市场销售情况，国内外市场预测及市场竞争中的薄弱环节，限制企业发展的"瓶颈"，与国家政策和相关企业相符合程度，建立自动化系统的必要性。

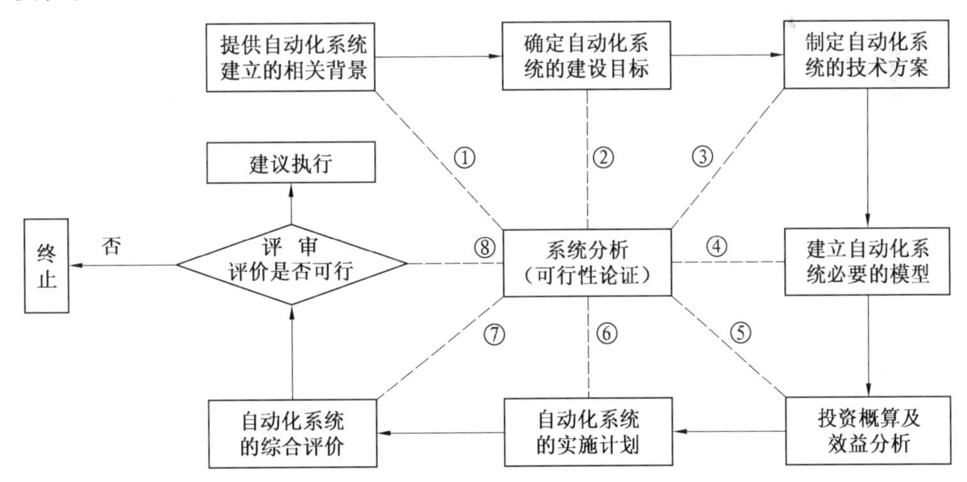

图2.2　自动化系统分析的步骤及内容

步骤②：确定自动化系统的建设目标。

提供自动化系统的规模及年生产能力、技术指标、自动化程度和水平。技术指标必须具体，而且应该有明确的量化指标，这是评审和最终验收的依据。

步骤③:制定自动化系统的技术方案。

应根据步骤②的自动化系统的建立目标,再结合步骤①自动化系统的建立背景实际情况,提出多种方案进行分析、比较和选择,寻求一种可供决策者和评审者参考的优选方案。而且必须指出各种方案的优缺点,应该以充分的计算和有理有据的分析作基础。

步骤④:建立自动化系统必要的模型。

要建立一个复杂的自动化系统的物理模型或是数学模型都是极其困难的,有时甚至是不可能的。但是模型又是对系统本质的描述,如能利用若干参数或因素描述系统各环节的关系,则是最能体现系统本质的最简捷的形式。模型也是对系统进行定量分析、计算及定性分析的基础。对所构造的反映系统特性模型的分析是系统分析行之有效的方法。所以,还是提倡尽可能地采用建立模型的方法对系统进行分析,不能建立全系统的模型可以建立子系统模型,不能建立全局的模型可以建立局部的模型。

模型必须反映实际,但又不是复杂的实体系统的全部表达。应保证模型的精确性和简化性。它所表达的因素只是实际的主要因素。模型比实体系统简捷、清晰、直观、易于体现实质。通过对模型的研究,能迅速准确地抓住系统的本质、特征。通过模型的分析可以很快看出各种因素对系统的影响,可以凭借模型有效地求得系统设计参数及各参数间的制约关系。例如,第二次世界大战后,国外对战略核武器的发展有两种不同的观点:一种观点主张提高杀伤威力,并提出制造亿吨级的氢弹;另一种观点主张提高导弹的命中精度。当然两种指标均满足那是最好的,但是这两种指标达到一定量级后在技术上是难以兼得的,所以必须在两种观点中作出决断。通过构造战略核武器的杀伤力 k 与威力 y 和命中精度 c 的数学模型来进行系统分析。其杀伤力数学模型为

$$k = y^{\frac{2}{3}} c^{-2}$$

由此模型可知,若 c 不变,当 y 增大 8 倍时,即 $y^* = 8y$ 时,有

$$k^* = 4k$$

可见导弹威力增大 8 倍时,杀伤力只增大了 4 倍,如若保持威力 y 不变,当 $c^* = \frac{c}{8}$ 时,有

$$k^* = 64k$$

即导弹精度提高 8 倍时,杀伤力可增大 64 倍,由此可见提高导弹命中精度的方案可取。

总之,模型可以提供准确的结论,帮助设计者和决策者决断,但是一定要建立在模型准确无误的基础上。

步骤⑤:投资概算及效益分析。

效益分析应该包括经济效益分析和社会效益分析。

经济效益分析应以经济分析为基础。经济分析包括方案成本(含制造成本、使用成本、维修成本等)、利润和税金、投资额、流动资金占用额、回收期、建设周期、地方性的间接收益等。

社会效益一般来说是难以量化的指标,而且往往会被忽视,但此项指标很重要,有时还显

示更为重要的战略性。所以必须要引起重视,而且还要进行非量化效益转化为可量化效益方法的研究。

步骤⑥:自动化系统的实施计划。

根据企业生产经营状况,资金筹集的可能性,承制单位的情况等,规划自动化制造系统项目实施的各工作阶段。

步骤⑦:自动化系统的综合评价。

综合评价实际上是系统分析的结论性意见。根据前面各步骤的分析、计算结果,提出综合性的评价意见,供决策者和评审者审查和参考。综合评价主要是对自动化系统的技术、经济、社会等各方面的全面评价。

评价的准则应该具有明确性、可比性、敏感性和唯一性。

步骤⑧:评审。

在这里主要讲两个关键问题,一是评审人员的组成,二是评价的标准。

评审人员应包括决策者、项目需求者、与项目没有利害关系的专家,专家要有一定的数量和代表性。因为评审者和被评审者均是对所建的系统负责,所以目的是一致的。而且评审具有很大成分的建议、咨询、出谋划策的作用,所以应该特别重视。当系统很大又很复杂时可分子系统评审。

评价的标准即指标体系,根据项目的不同也不尽相同。通常有以下几个方面:

第一,政策性指标,包括政府的方针、政策、法令,以及法律约束和发展规划等方面的要求。这对国防和国计民生重大项目或大型系统尤为重要。

第二,技术性指标,包括产品的性能、寿命、可靠性、安全性、先进性等。还包括工程项目的地质条件、设施、设备、建筑物、运输等技术指标要求。

第三,经济指标,包括方案成本、利润和税金、投资额、流动资金占用额,回收期、建设期,以及地方的间接收益。

第四,社会性指标,包括社会福利、综合发展、就业机会、污染、生态环境等。

第五,资源性指标,包括工程项目中所涉及的物资、人力、能源、水源等条件。

第六,时间性指标,包括工程进度、试制周期等。

第七,其他。

2.3　机械制造自动化系统建立的系统设计

系统设计是在系统分析的基础上进行的,系统分析是否正确、是否深入、是否充分将直接影响系统设计的好坏与成败。有人说系统分析是"认识世界",系统设计是"改造世界",此种说法不无道理。

系统设计的任务就是充分利用和发挥系统分析的成果并把这些成果具体化和结构化,落实到具体的工程上,以创造满足总体目标的人造系统。为使系统设计得以顺利进行,也要制定某些系统设计的原则。

2.3.1 系统设计的基本原则

1.系统整体最优原则

这一原则还是贯彻局部服从整体,各分系统应保证总系统最优。如自动化系统中的各子系统的自动化程度应相互协调匹配。如果总系统中的某个子系统自动化程度很高、效率很高,实现了最优,但对整体来说可能不是最优,也可能带来很不好的后果,如带来中间制品的积压。所以,只有从整体出发考虑各组成环节的优化,才能产生积极的作用,获得最佳的效果。

2.大概率事件原则

在系统设计中可以不考虑或者少考虑小概率事件的影响,这样可以简化设计、减少投资、缩短建设周期、取得较好的经济效益。例如在设计信件的自动分拣系统中,有些不符合邮政规定的非标准信件的分拣是否纳入自动分拣范围是需要认真考虑的。因为这些非标准的信件出现概率比起符合标准的信件出现概率要少很多很多,如果采用自动分拣,对信件识别的难度很大,造成了设计上的困难,增加了研制周期和经费,所以从经济效益上看,是不可取的,故对少量的非标准信件采用人工分拣。又如某单位图书馆要实现办公自动化,即图书的借阅要实现计算机管理。经统计将数10万册书分为A、B、C、D四类:A类占总数的10%,借阅率为65%;B类占总数的25%,借阅率为30%;C类占总数的40%,借阅率仅为5%;而D类占总数的25%,借阅率为0%。根据大概率事件原则对A、B两类实现计算机管理借阅,C类图书作为另类处理,由人管理借阅,对于D类作废弃处理。上述两列在系统的设计中均体现了大概率事件原则。

3.反复斟酌和慎重对待需求的原则

一切设计都是为了满足客观的需求,这是设计工作最基本的出发点。特别要注意市场调研,准确地了解市场信息,避免主观臆断;二是从动态角度掌握顾客需求。顾客需求是随时间、地点、环境的不同而变化。因此,系统设计应及时适应这种不断变化的需求,所以要考虑自动化系统的柔性,恰当地考虑以后的更新换代。

自动化系统的建立过程与产品开发过程一样,均需要走过系统建立的全过程。特别是系统设计过程,需按照顾客的需求进行,但将来制造出来的产品不一定完全满足顾客的要求,其原因有两种:一是面对一种复杂的新开发研制的非线性系统,顾客往往说不清他所需要产品的所有细节;二是需求者说清楚了,而设计者没完全理解。由于这些不确定因素的存在,会导致约75%的差错产生在计划与开发前期,主要是工程设计阶段。而发现和改正差错80%是在后期,如图 2.3 所示。

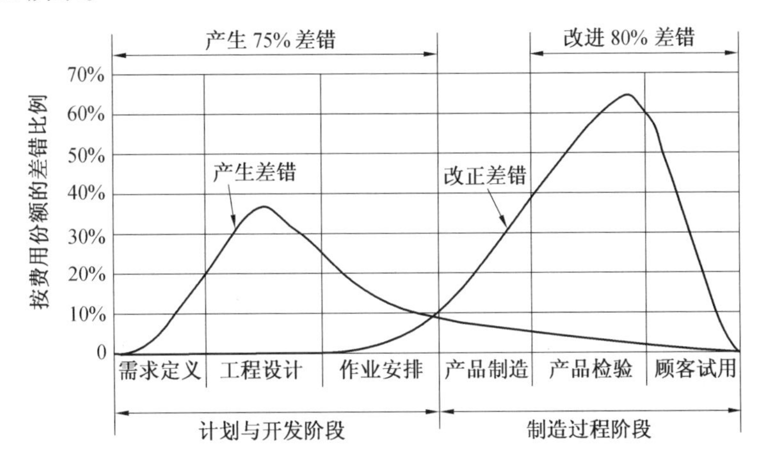

图 2.3　产品生命周期中差错的产生和清除

上述过程是一种非线性过程,这类系统对初始条件非常敏感。劳伦兹(Loren Edward)于 1961 年用计算机仿真研究复杂的气象变化时,发现从几乎相同的条件出发,两组相同的气象模型仿真差别越来越大,最后竟毫无相同之处。问题发生在初始的"几乎",因对初始条件非常敏感,就形成了开始的"差之毫厘",到后来"谬以千里"。所以,他于 1979 年 12 月在华盛顿的美国科学促进会上的演讲时说:"可以预言:一只蝴蝶在巴西扇动翅膀会在德克萨斯州引起龙卷风!"这一生动的比喻后来被人们称为"蝴蝶效应"。机械自动化系统也是一种复杂的非线性系统,初始条件就是顾客的需求,稍有疏忽,犹如蝴蝶扇动翅膀,最终将导致产品的失败,如图 2.4 所示。

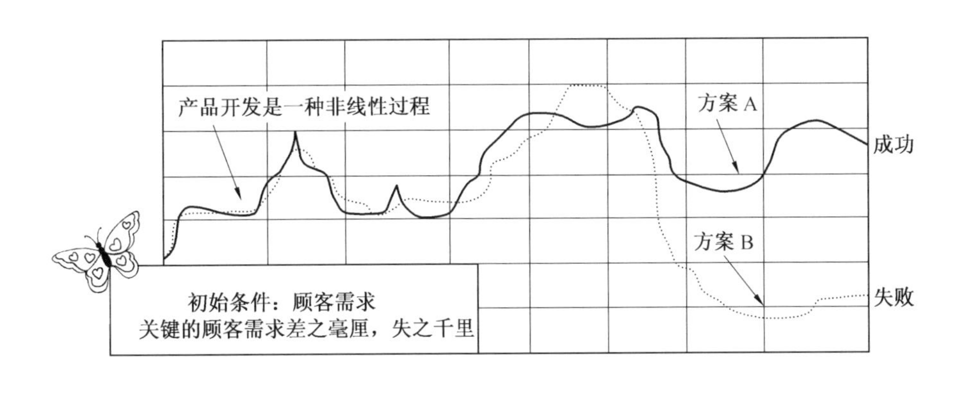

图 2.4　产品开发过程中的蝴蝶效应

所以,在机械制造自动化系统的建立、制造系统的重构与经营过程重组等过程中一定要注意开始启动阶段的系统设计,不能忽略每个细节,应慎之又慎,决不能让蝴蝶效应发生。一旦发生是难以挽回的,图 2.3 中 80%错误的后期发现,纠正挽救都是相当困难的,有的甚至是不可能的。IBM 公司在 OS/360 大型计算机操作系统建立中,花费了成千上万人多年的艰苦努力而告失败时,负责人 Broous 曾有如下极其生动形象的描述:"……像巨兽在泥潭中做垂死的挣扎,挣扎得越猛,泥浆就沾得越多,最后没有一只野兽能逃脱淹没在泥潭中的命运……一批批程序员在泥潭中挣扎……没人料到问题竟会这样棘手。"所以,绝不能因考虑不周而掉入泥潭,挣扎是难有出路的,起码也会造成产品开发时间的延长、成本的提高、信誉的丧失和争夺市场机遇的丢失。

4.目标函数准确性原则

设计自动化总系统和子系统都可能出现多种方案,供其优化选择。优化选择时要制定一些取舍的目标函数,目标函数建立的正确与否直接关系到哪个方案将被采用,所以必须保证目标函数的正确性。现举一个例子来说明目标函数建立正确与否,对方案的确定如何重要。某人有两块手表,其中一块是坏的,不走时的,而另一块每天慢一分钟。问应该带哪一块手表?这是一个正常人都能立即回答出来的问题,但是如果制定目标函数后再行选择,情况就不一样了。现制定目标函数,目标为一日内手表指针的时间与标准时间相吻合的次数。这个次数在某种程度上表示手表走时的精度。坏手表一日(24 小时)吻合二次,而好手表需将近两年才吻合一次,所以某人选择带坏手表。

此例子近似荒谬,但却有哲理。在错综复杂的系统设计时,其目标函数的制定其正确与否不是显而易见的,难免会出类似的错误。所以千万要注意目标函数制定的正确性和有效性。

5.充分掌握信息的原则

设计、开发过程实质上是不断反复地进行信息交流的过程。这种信息包括市场信息、设计和开发所需的各种科学技术信息。设计人员必须全面、充分、正确和可靠地掌握与设计和开发有关的信息,这样才能保证设计质量。在信息收集时一定注意信息的有效性、可靠性和先进性,切忌片面性和不准确性。

6.继承和理解吸收的原则

任何技术进步,都不能脱离前人的经验和目前的基础,特别是工程设计中经验设计占相当的比重,在可靠性方面更是如此。所以要注意继承,不能片面地追求"新",新不等于先进。但也要注意不要生搬硬套,吸收别人的可借鉴的部分一定要充分理解,不可盲目。

7.最大效益的原则

任何设计都必须讲求效益,包括经济效益和社会效益。设计时应使生命周期内的支出费用最低,包括运行费用和维护费用。

8.尽量简化的原则

在确保自动化系统功能的前提下,应力求简化设计,这是降低成本、方便维护、便于操作、少出故障、提高可靠性的重要措施之一。

9.尽可能定量的原则

系统设计时技术指标、目标要求以及相关的评价标准,能量化的尽量量化。定量评价对于设计管理的科学化有着十分重要的意义。

10.动态设计的原则

在自动化系统设计或产品设计时,要树立时间观念。设计者时刻注意市场的需求、顾客的需求、同行业的产品发展、国内外的技术发展。上述内容随时随地都在变化,是一个动态过程,所以必须注意时间性。

11.综合应用多学科的知识和技术的原则

自动化系统是一个复杂的系统,前面曾讲过涉及的学科门类,所以必须综合应用多学科的知识和工程技术,形成有机的结合,才能保证自动化系统设计总目标的实现。

12.具有法制观念原则

自动化系统的建立或产品的生产都要合法。合法指符合法律、法规,应符合政府的政策及遵从标准化原则等。

(1)法律和法规

法律和法规包括标准化法、产品质量法、消费者权益保护法、进出口商品检验法、环境保护法、专利法、食品卫生法、合同法、海关法、生产许可证条例、产品认证条例、出口质量许可证管理办法等。

(2)政策

在原材料、能源、技术改造、企业产品的优惠、设备引进以及外资引进方面都有相关政策。

(3)标准化

标准化包括概念标准化、实物形态的标准化、测量及抽样检验和成本核算等方法的标准化、程序的标准化。对企业来说除标准化外,还有通用化和系列化。

2.3.2　系统设计的步骤及内容

系统设计的步骤如图 2.5 所示。

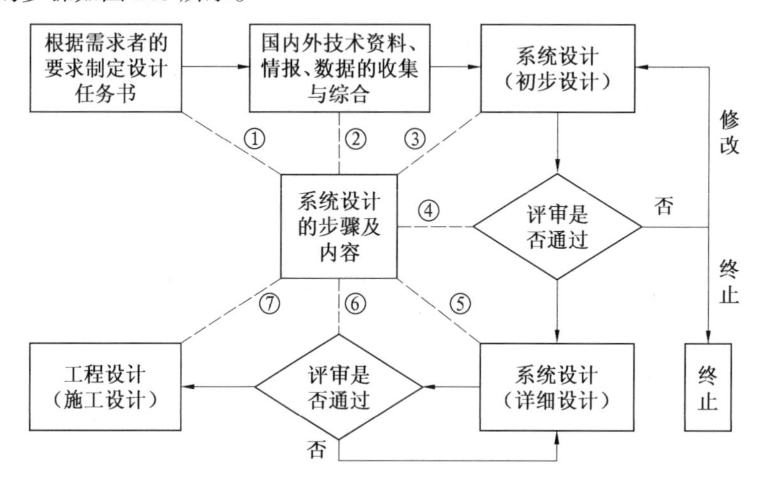

图 2.5　系统设计的步骤及内容

下面对图中所标记的七个步骤的内容分别进行简要说明。

步骤①:根据需求者的要求制定设计任务书。

需求者包括顾客、企业等使用者。设计任务书的制定主要针对系统分析中所制定的技术指标,包括所设计的系统的技术性能、生产纲领、寿命、可靠性、安全性等。另外,还包括技术路线、技术途径、成果的形式及实施的计划。

步骤②:国内外技术资料、情报、数据的收集与综合。

设计前必须掌握大量相关的技术资料,系统分析中已经积累了大量的资料,但必须重新整理,针对所建立的自动化系统的需要分类归档。必要时要重新检索、查阅和调研。特别是系统分析者和系统设计者不是或者不完全是一班人马时更为需要。设计者必须掌握第一手国内外相关资料,主要是产品的相关技术性能和有关的技术参数。必须明确自己的创造性及先进性在产品上的表现。

步骤③和⑤:系统的初步设计和详细设计。

并不是任何一个系统的建立和产品设计都分为初步设计和详细设计。对于大型的复杂系统、大额度投资的系统、国防军事系统等一些复杂、涉及多学科技术和具有战略意义的大型项目需有初步设计,并且初步设计后有一次评审,其原因是对如此复杂的综合性大系统仅靠系统分析的方案讨论是不够的,有些问题不通过设计难以发现其中的问题。初步设计并不意味着草率,而是针对影响自动化系统性能指标的主要构件和关键技术进行方案的总体设计。

详细设计应该是自动化系统的全部。如机械加工自动化系统,包括物料系统、信息系统和能量系统,从系统的学科门类组成来说有机械系统、控制系统、测量系统等。

在系统设计中要遵循系统设计的12项基本原则,特别要根据系统设计精度指标做好精度指标向各子系统的分配,也可称为误差分配,要求各子系统误差综合后或者说累加后不能大于总的误差,应使系统的精度得到保证。

设计中要确保系统运行的可靠性、安全性和可操作性。

步骤④和步骤⑥:评审。

这两次评审人员的组成与系统分析时评审人员组成类似,但两次评审技术性更强些。步骤④的评审结论要明确给出是终止或是修改和补充设计的意见。评审的指标和内容取自于设计任务书。

步骤⑦:工程设计。

该步骤是根据已通过评审的详细系统设计进行。将系统设计的资料、总装图和原理图,根据加工、装配和检测的要求,制成工程实施的工程图,如零件图、线路图、印刷电路图等,并编制相关工艺规程、设计说明书、使用说明书,列出标准件、外购件明细表及有关文件。

该步骤工作量很大,较为繁琐,是一项十分细致的工作。更为重要的是根据总装图绘制成零件图,并要对其关系尺寸、配合公差等反复核实,不得有误。

2.4　机械制造自动化系统设计中的模型及其仿真

机械制造自动化系统是一个复杂的系统,投资大,建设周期长,因而具有一定的风险。所以在有条件和可能的情况下,为了准确选择设计方案,为了避免经济损失,为了缩短研制周期,在设计阶段最好采用计算机仿真的办法,仿真的正确与否与模型的建立有直接关系。

2.4.1　自动化系统模型

模型是真实系统的描述。通过模型对系统的运行进行动态描述称为模拟(或称仿真)。

1.模型的分类

模型是对客观实体系统的特征要素、有关信息和变化规律的一种抽象表达。它反映了系统某些本质属性,模型描述了实体系统各要素之间的相互关系和系统与环境之间的相互作用。模型能更深刻、更集中、更普遍地反映所研究主题的特征。

由于对系统的观察角度不同,则有不同的分类方法。按模型的形式分为抽象和形象模型;按模型的变量性质分为动态或静态模型、连续或离散模型、确定性或随机性模型;按规模分为宏观和微观模型;按用途分为工程用模型、科研用模型和管理用模型。如果按模型的形式分类,如图2.6所示。

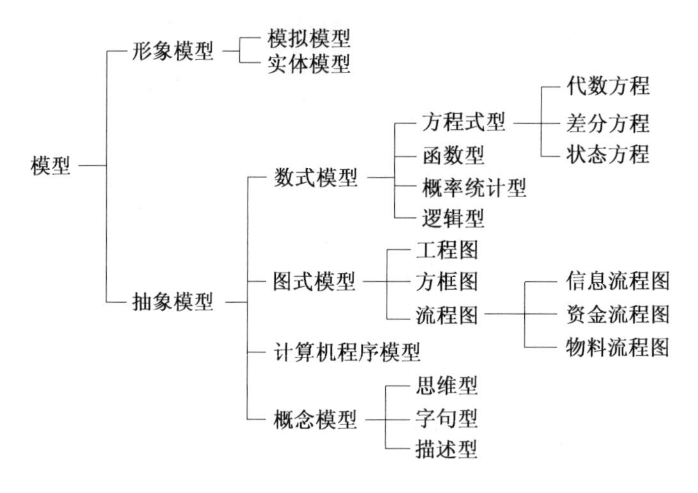

图 2.6 模型的分类

2.模拟模型及其相似性

模拟模型与原系统的物理元素不尽相同,但动作和运行的原理却相似。对结构复杂、短时间难以实现、不够安全、耗资昂贵的系统,可根据相似性原理建立结构简单、容易实现、较为安全、经济可行的模型系统代替原系统,并针对模型进行实验研究和分析,取得相关的数据和结论后,再设计和改进原系统。如一个由电机驱动的机床工作台进给系统,它的工作原理图如图 2.7(a)所示,它的机械物理模型如图 2.7(b)所示。此模型比较简单,系统中因为有丝杠存在,所以认为是弹性系统,用弹性系数 k 表示,系统存在阻尼和摩擦,所以用与速度有关的粘滞阻尼系统 f 表示,x 为工作台的位移,F 为工作台的驱动力。

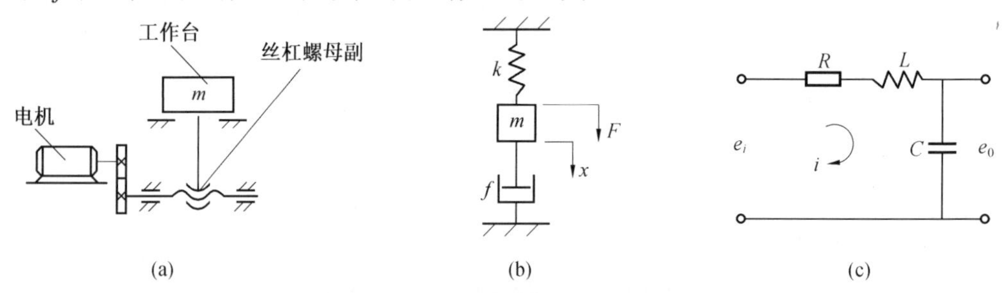

图 2.7 机械物理模型和电物理模型

当研究该机械制造系统模型时能否选择一个与图 2.7(b)模型相似的更易实现的电模型图 2.7(c)来替代,这就要判断模型图 2.7(b)与图 2.7(c)的等效性。如何判断其机、电两系统是否等效,则采取分别建立两系统的数学模型,并求其传递函数来判断其等效性。

机械模型图 2.7(b)的数学模型为

$$F = m\frac{\mathrm{d}^2x}{\mathrm{d}t^2} + f\frac{\mathrm{d}x}{\mathrm{d}t} + kx$$

拉氏变换,令初始条件为零,则

$$F(s) = ms^2X(s) + fX(s) + kX(s)$$

以工作台位移 x 为输出,以驱动力 F 为输入的系统传递函数为

$$G(s) = \frac{X(s)}{F(s)} = \frac{1}{ms^2 + fs + k}$$

电模型图 2.7(c) 的数学模型为

$$e_i = Ri + L\frac{\mathrm{d}i}{\mathrm{d}t} + \frac{1}{C}\int i\mathrm{d}t$$

$$e_i = L\frac{\mathrm{d}^2q}{\mathrm{d}t^2} + \frac{\mathrm{d}q}{\mathrm{d}t} + \frac{q}{C}$$

拉氏变换,令初始条件为零,则

$$E_i(s) = LS^2Q(s) + RSQ(s) + \frac{1}{C}Q(s)$$

以电荷 q 为输出,以电压 e_i 为输入的系统传递函数为

$$G(s) = \frac{Q(s)}{E_i(s)} = \frac{1}{Ls^2 + Rs + \frac{1}{C}}$$

由上述两传递函数可见,两系统相似,各参数的对应的关系为:F—e_i;x—q;m—L;f—R;k—$\frac{1}{C}$。所以在图 2.7(c) 的研究中,分别改变 L、R、C 参数对输入 e_i 和输出 q 的影响,就相当于研究图 2.7(b) 系统分别改变参数 m、f、k 对输入 F 和输出 x 的影响。这就将对一个机械系统的研究转化为对一个电系统的研究。通过电模拟实验,确定合理的机械参数并重新设计后,再进行加工制造,从而缩短了研制周期,节省了经费。当然这里要强调一点,必须对两系统所对应的参数进行准确的量化标定。

3.建模的原则

(1)正确性和可靠性

必须正确地反映现实系统的本质规律,要有一定精度,数据必须可靠,公式与图表必须正确。

(2)简明性

模型必须简单、直观、便于操作。如果是物理模型必须便于数学模型的建立,如果是数学模型还必须有利于求解或线性化处理。所以要求所建立的数学模型的阶次应尽量低。

(3)实用性

模型建立时也要注意模型的标准化、规范化和通用化,以便于操作或交流。

2.4.2 自动化系统的计算机仿真

计算机仿真就是利用计算机对系统的模型进行实验,以达到分析、研究、设计系统或训练人员的目的。具体地说,就是建立系统的数学模型并将数学模型输入给计算机进行"实验"。一般计算机仿真需以下三个阶段。

(1)建模阶段

根据研究目的,首先将系统抽象为物理模型,然后根据物理模型的有关参数建立数学模型,即抽象成数学公式或流程图,并需确定研究系统的边界条件及约束条件。

(2)模型变换阶段

根据原始数学模型的形式及仿真的目的,将原始数学模型转换成适合于计算机处理的形式。包括要输入哪些信号,改变哪些参数,记录哪些变量等。这些技术也称仿真方法。

(3)模型试验阶段

该阶段主要是设计好一个试验的流程,然后对模型进行装载,并使它在计算机上运行。同时记录模型运行中各个变量的变化情况,最后按试验要求整理成报告。

现以汽车制造业中汽车碰撞计算机仿真为例来说明计算机仿真的必要性和适用性。

目前在汽车设计开发过程中,一个不可忽视的问题就是安全问题。进行汽车碰撞计算机仿真是新型汽车研制过程中必不可少的过程。碰撞仿真可以考核汽车在不同的载荷下、不同的车速下、不同的碰撞部位和不同性质的被撞物体等情况下,汽车的损坏情况、变形情况,汽车内部不同部位空间的变化情况以及司机、乘员身体各部位的损伤情况。这些均可用计算机仿真取得相关数据,根据此数据可以对汽车进行改进设计。对于汽车来讲为确保乘员和司机的安全,出厂销售前还必须做实车的碰撞实验。对实车碰撞实验的司机和乘员,是采用在头部、胸部和腿部等关键部位安装不同数量传感器的假人。

下面以 CA6350 微型客车正面碰撞计算机仿真为例,简要说明系统建模及仿真过程的必要性。系统仿真和建模过程大体上可分为三步。

第一步:建立汽车几何模型。

这一步在正确分析汽车零件结构的基础上,应用美国 EDS/UG 公司的 UG-Ⅱ型和美国参数技术公司(PTC)的 Pro/E 两种软件建立了整车的三维结构模型,如图 2.8 所示。

图 2.8 整车的三维结构模型

第二步:建立整车及零部件的有限元模型。

汽车有限元模型是汽车正面碰撞计算机仿真分析的基础。整车及零部件有限元模型的建立,是应用美国 MSC 公司的 PATRAN 有限元软件。该软件广泛应用于航空、航天、汽车、造船等领域,具有很强的功能。

汽车有限元模型以车身结构有限元模型为主。要根据所研究的问题的具体情况,选择合适的有限元单元,对车身结构进行离散化网格划分,给这个模型赋予合适的材料及其属性,进行模型调试,最后提供一个具有可满足精度要求的车身结构的有限元模型。

根据该微型客车发生正面碰撞事故和实车正面碰撞试验的实际情况,发生碰撞接触并发生变形部位主要集中于中立柱以前的区域内。要想在计算机正面碰撞中得到比较接近实际情况的结果,就应在中立柱以前的部分建立详细有限元模型,用较小尺寸的网格单元进行划分,以保证其精确性。而中立柱以后部分由于在正面碰撞时没有与障碍刚性墙壁发生接触,且没有较大变形,所以这部分可建立简化的有限元模型,即用较大尺寸的网格单元划分。在模型建立中要严格控制单元和节点数量,以提高计算机仿真计算速度,节省计算机硬件资源。

所建立的整车有限元模型如图 2.9 所示。

图 2.9　整车的有限元模型

第三步:计算机辅助工程分析。

计算机辅助工程分析是在前两步的基础上,利用法国 ESI-group 公司专门为模拟汽车碰撞所开发的三维动态显示非线性动力学分析有限元软件 PAM-CRASH 进行碰撞仿真。目前汽车碰撞分析主要包括正面碰撞分析、偏置正面碰撞分析、侧面碰撞分析和追尾碰撞分析。

仿真碰撞求解计算前要输入控制参数,如汽车初始速度、重力场、刚性墙的位置和法向方向、计算碰撞时间、质心位置、材料性能等参数。

本正面碰撞仿真中整车的初始速度给定为 13.6 m/s,重力场定义为恒值 9.8 m/s^2,计算时间为 120 ms,刚性墙的法向方向定义为与车的行驶方向相反,并且墙的所有自由度都被约束。质心的位置是通过改变个别零件的密度进行修改调整的。其正面碰撞侧面变形的试验与仿真结果对比如图 2.10 所示。

(a)试验

(b)仿真

图 2.10　原车型正面碰撞侧面变形的试验与仿真结果对比

由图中可见车前部发生严重变形,前部乘员空间明显变小。经分析和部件碰撞仿真结果发现车架前部强度不够、刚度弱,这里边有设计问题也有焊接的问题,所以进行了改进,改进后的乘员舱正面碰撞仿真与碰撞试验结果的对比如图2.11所示。

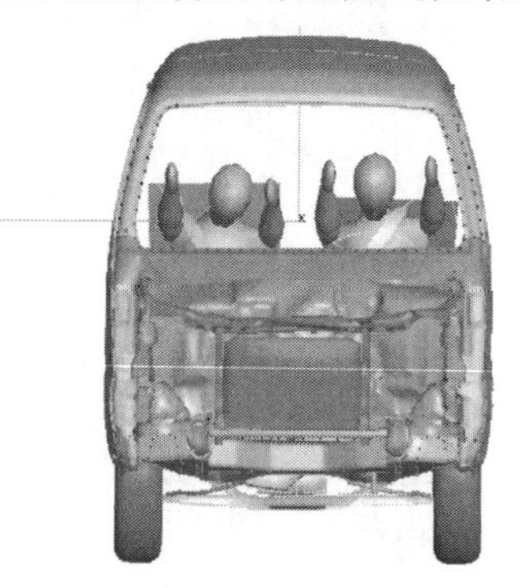

(a) 仿真

(b) 试验

图2.11 改进后乘员舱正面碰撞仿真与碰撞试验对比

对于直接涉及人身生命安全的汽车制造来说,只进行汽车改进前和改进后的仿真是不够的,按要求还必须进行实车的碰撞实验,司乘人员是假人,以此来验证改进设计后所制造的汽车的正确性、可靠性和安全性。改进后的实车正面碰撞实验照片如图2.12所示。图中车内坐椅上是两个假人。

(a) 原车型

(b) CA6360车

图2.12 原车型与改进后实车正面碰撞侧面变形的结果对比

通过实车碰撞实验数据和外观损坏状况可以看出,改进后的整车达到国家标准,可以投产。另外,整车碰撞仿真所采集的数据和外观损坏情况与实车碰撞实验所采集的数据和外观损坏情况很相近,说明此仿真方法是正确的。

2.5　自动化系统的可靠性分析

2.5.1　研究可靠性的意义

可靠性是衡量产品质量的一个重要指标。一切讲究产品信誉的厂家,都在追求其产品具有好的可靠性。因为只有那些可靠性好的产品才能长期发挥其使用性能,才能受到用户的欢迎。如果有些产品如机床、汽车、轮船、飞机和航天器等,其关键零部件不可靠,在安装调试或交付使用时,会出现某种故障,这样不仅会给使用者带来不便、延误工期、造成经济损失,甚至还可能直接危及使用者的生命安全。1986 年 1 月 28 日,美国“挑战者”号航天飞机由于固体燃料助推火箭密封泄漏而引起燃料箱爆炸,7 名宇航员全部遇难,总计损失达 12 亿美元。1986 年 4 月 27 日,前苏联切尔诺贝利核电站因四号发动机剧烈振动,致使反应堆厂房的结构遭到破坏,引起反应堆放射性物质泄漏,2 000 余人死亡,几万居民撤离,损失达 30 亿美元,并污染了周边国家。这足以说明产品的可靠性差会引起一系列严重问题,甚至会危及国家的荣誉和安全。

在现代生产中,可靠性技术已贯穿于产品设计、制造、管理等过程,包括设计、加工、安装调试、试验、储存、运输、保管、使用及维修保养等各个环节。而且可靠性涉及多个知识领域,所以用系统工程的方法来分析研究可靠性的问题,故提出可靠性工程的概念。

可靠性工程是对产品进行可靠性设计、可靠性预测、可靠性加工、可靠性试验、可靠性评估、可靠性控制、可靠性维修及失效分析、可靠性包装和运输等。它是立足于系统工程方法,运用概率论与数理统计等数学工具,对产品可靠性问题进行定量的分析;采用失效分析方法和逻辑推理对产品故障进行研究,找出薄弱环节,确定提高产品可靠性的途径,并综合地权衡经济、功能等方面的得失,将产品的可靠性提高到令人满意的程度。

自动化系统的可靠性是保证系统安全正常运行的关键,可靠性已经与系统的性能、成本、效能等技术经济指标一样,被列入评价系统的主要指标。

随着自动化系统性能的提高,结构和系统复杂化的加强,零部件数量的增多,特别是电子器件的增多,系统运行的工况更为复杂,都将使可靠性问题显得特别突出。据有关资料统计,在导弹系统中,由于制导系统的零部件可靠性差,造成全系统失效的比例达 50%以上;由于发动机和动力系统的零部件不可靠,造成全系统失效的占 40%左右;由于结构元件,战斗部件等有效载荷不可靠造成系统失效率为 10%左右。

可靠性的问题是贯穿于系统设计、制造、安装、调试等整个过程中,设计时就要制定可靠性的目标,设计方案完成后要进行可靠性预测,设计中要对各分系统或各单元、部件进行可靠性的分配。研制阶段要进行故障分析和关键零部件的可靠性试验。

2.5.2 可靠性的基本概念

可靠性是指一台设备(或系统)在规定的条件下和规定的时间内完成规定的功能,而不发生故障的持续时间或概率。可靠性所涉及的概念如下:

• 对象。可靠性问题的研究对象是产品,它是泛指的,可以是元件、组件、零件、部件、总成、机器、设备,甚至整个系统。

• 使用条件。它包括运输条件、储存条件、使用时的环境条件(如温度、压力、湿度、载荷、振动、腐蚀、磨损等等)、使用方法、维修水平、操作水平等预期的运输、储存及运行条件。

• 规定时间。与可靠性关系非常密切的是关于使用期限的规定,因为可靠度是一个有时间性的定义。对时间性的要求一定要明确。有时对某些产品给出相当于时间的一些其他指标可能会更为恰当,例如对汽车的可靠性可规定行驶里程(距离);有些产品的可靠性则规定周期、次数等会更为合适。

• 规定功能。产品所规定功能的内容,包括产品应达到的技术指标和按要求所完成的某些任务。

• 故障。它指系统在运行过程中出现的异常现象,即产品质量下降、效率降低、磨损加剧、不能正常工作等。

• 概率。它是对可靠性做定量的描述,通常将可靠性概率值称为可靠度,可靠度是用概率表示的产品的可靠性程度,可靠度是可靠性的概率表示。因为有概率来定义可靠度后,对元件、组件、零件、部件、总成、机器、设备、系统等产品的可靠程度的测定、比较、评价、选择等才有了共同的基础,可实现对产品的可靠性进行定量计算,这样对产品可靠性方面的质量管理才有了保证。

在一个系统中,总系统的可靠性取决于子系统及其组成元器件的可靠性,它们的可靠性是不相同的,总系统的可靠性主要取决于可靠性最低的子系统或元器件。应从发生故障的概率来确定总系统的可靠度。而且仅用出现故障的次数来确定可靠度也是欠全面的。故障也有大小,也存在消除故障的耗时耗资的多少,所以在计算可靠度时需给定各种故障的权值 ω_i。则第 i 个子系统加权后实际可靠度为

$$p_i = 1 - \omega_i(1 - p'_i)$$

式中 p'_i—— 子系统未加权的可靠度;

ω_i—— 发生故障的加权系数;

i—— 发生故障的子系统数,$i = 1,2,\cdots,n$。

子系统未加权的可靠度,可表示为

$$p'_i = e^{-t_i/\overline{t_i}}$$

式中　t_i—— 表示要求子系统工作的时间；

$\overline{t_i}$—— 表示子系统的平均无故障时间。

可用 $p'_i(t)$ 与 $t_i/\overline{t_i}$ 的关系指数曲线表示，如图 2.13 所示。

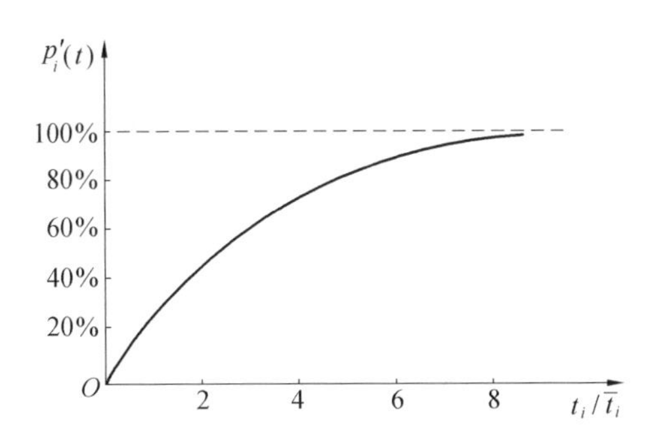

图 2.13　子系统未加权可靠度与 $t_i/\overline{t_i}$ 的关系曲线

则加权实际可靠度为

$$p_i = 1 - \omega_i(1 - e^{-t_i/\overline{t_i}})$$

总系统可靠度为

$$p_s = \prod_{i=1}^{n} p_i = \prod_{i=1}^{n} [1 - \omega_i(1 - e^{-t_i/\overline{t_i}})]$$

由此可见总系统的子系统越多，出现故障的概率也就越大，其可靠度也就越低。所以在系统设计时，在满足指标性能要求的前提下，力求结构尽量简化，而且应该选择可靠性高的元器件。另外，在设计制造中找出系统最薄弱的环节和最易出现故障的零部件及元器件，要做到重点关注，精心设计和制造。如对于容易发生故障的易损零部件和机构应采用快速装拆的连接结构，以减少维修时间。在设计时还可以采取故障诊断设计的超差预报等措施。

2.5.3　可靠度分配应遵循的原则

在系统设计时可靠度也和精度指标一样，要向各子系统进行合理分配，最终要保证总系统的可靠度不超标。其分配原则如下：

1)对自动化系统性能影响大，对总系统的可靠性影响明显的关键子系统，可靠度指标应高些。

2)对结构简单，作用大，功能易实现，较为容易达到高可靠度的子系统，其可靠度指标可高些。

3)不便于维修、更换，功能要求严格的子系统，可靠度指标可高些。

4)易受工作环境影响的子系统，可靠度指标可高些。

5)结构复杂,很难保证高可靠度的子系统,可靠度指标可低些。

6)考虑到发展、改进、准备更新且对系统可靠性影响不大的子系统,可靠度指标可低一些。

总的原则是:对总系统可靠性影响显著,对保证系统性能起主要作用,对完成执行任务具有保障作用,容易实现高可靠度要求所组成的子系统,其可靠度要高,反之则低。

2.6 自动化系统的技术经济分析

自动化系统的技术经济分析主要是研究自动化系统规划方案的预期经济效果。若评估其预期经济效果就要对自动化系统这一产品进行成本计算。产品成本是企业生产经营活动中劳动消耗的货币表现。产品的材料、能源利用情况、机器设备使用效果、产品质量高低等都会直接或间接的通过成本指标得到反映,所以要对产品进行经济分析和成本的计算。产品成本数据在企业的各项决策中起着至关重要的作用,它是反映企业生产、经营管理水平的一项综合性指标。

目前,产品的成本计算或称分析的方法随着国家、地区、资源、军事、政治、经济政策等不同也不尽相同。但根据国外的成本计算方法和我国的实际情况,特别是加入 WTO 以后,提出了一种面向产品全生命周期成本的技术经济分析方法。

1.全生命周期成本的概念

全生命周期成本(Life Cycle Cost,LCC)也称生命周期费用。美国国防部给出的 LCC 定义为:政府为设置和获得系统以及系统一生所消耗的总费用,其中包括开发、设置、后勤支援和报废等费用。上述说法其实就是指产品从开始酝酿、立题、论证、研究、设计、生产和使用一直到最后报废回收的整个生命周期(图 2.1 系统建立的四个时期)内所耗费的费用的总和。LCC 方法首先在军事领域得以成功地应用,但目前也逐步扩展到民用领域中。

2.全生命周期成本的构成

全生命周期的成本构成按生命周期阶段分为建立期成本、实现期成本、运行期成本和终止期成本(见图 2.1),按用户可分为研发者成本、生产者成本、使用者成本,如图 2.14 所示。

在自动化系统方案选择中,要求在实现系统必要功能时以 LCC 最低为前提。

3.经济效益

以上是以全生命周期成本最低的原则进行立项方案的取舍,本节是以投资后能取得最大的经济效益作为立项方案的取舍原则。因而经济效益的评价也就成为投资项目的核心内容。

经济效益的评价方法有好多种,下边只讲差额计算法。差额计算法就是利用累加计算法计算投资回收期,即从建设投资开始累加各年的净现金流量(系指现金流入量与现金流出量的

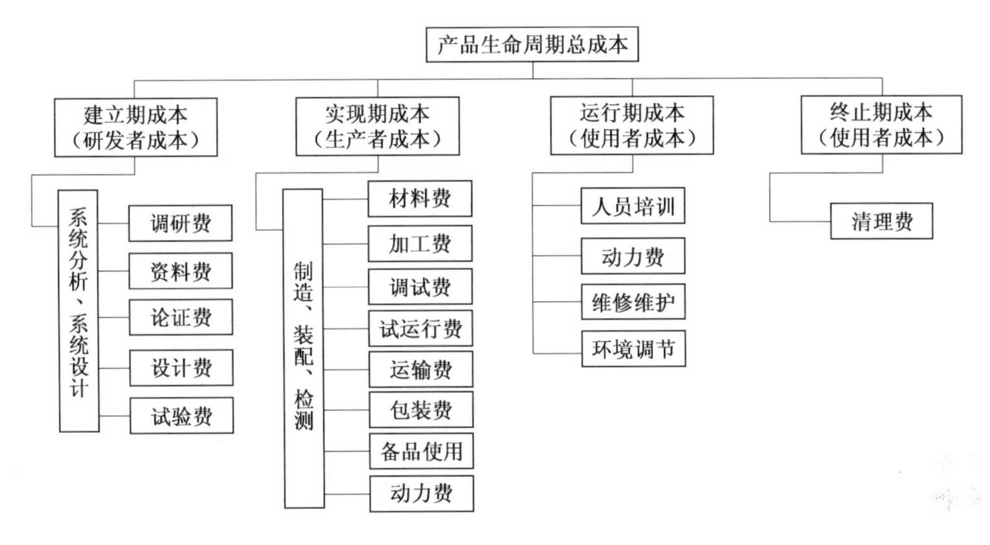

图 2.14　全生命周期成本构成

差值)直到把全部投资回收为止。累计各年净现金流量的计算公式为

$$I = \sum_{t=1}^{T} A_t = \sum_{t=1}^{T} (CI - CO)_t$$

式中　A_t—— 第 t 年的净收入；

CI—— 年收入；

CO—— 年支出；

t—— 时间(年)，$t = 1,2,\cdots,T$。

当累计净现金流量等于零或出现正值时的年份，即为项目的回收期。

当然作为立项方案的选择是累计净现金流量越大越好，即项目的回收期越短越好。

以上方法是从经济观念出发，这是最为重要的，但不是唯一考虑的因素。除此而外，还要考虑战略效益和社会效益。对某些系统，如自动化军事系统，在某种情况下、某个时期或某种环境下，战略效益和社会效益考虑得还要重一些。

2.7　自动化系统的战略效益和社会效益

一般说来战略效益和社会效益通常是全局性的、潜在的、长远的，对企业或某一领域的持续发展具有重要影响的。这两种效益是难以量化的，但必须认真对待。下面对战略效益和社会效益的内容仅作概述。

1. 战略效益

建立自动化系统的战略效益主要体现在企业增强市场竞争力上。主要包括市场应变能力、企业的信誉、生产管理水平、技术能力、员工的素质等。

2.社会效益

建立自动化系统的社会效益主要体现在对社会产生的影响及社会利益,主要包括功能条件与国家技术政策和科学发展规划是否一致,方案的实施与社会环境、公害污染、能源消耗等以及国家的法律、法规、条例等是否一致。还包括先进技术的应用与推广、出口创汇或替代进口、环境的影响和就业的影响等。

对于自动化系统的评价并不是所有项目都做战略效益和社会效益的分析,要根据项目的大小和重要程度、先进程度等实际情况进行。另外,评价的指标如何确定,又如何量化,都需要不断地探索和研究,目前一般是采取专家打分的办法。

2.8 机械制造自动化系统的总体设计

机械制造自动化系统的设计应该按本书2.1节的系统建立的程序和内容进行。本节以某减速机厂的减速机座的生产为例进行研究,而且仅对该系统建立中的某些环节进行讲述。

某减速机厂是一个技术力量强、经济实力较为雄厚、效益较好、设备较为先进、产品供不应求的企业。由此可见该厂具有自筹资金建立减速机座自动化系统的条件。

该厂生产多种结构相似、规格不同的减速机,其产品属于中小批生产类型,其品种可根据市场情况和订货情况进行调整,具有多批次生产的性质。其产品结构和工艺相似性强,精度要求较高。该产品在市场已形成竞争态势,目前该厂稍占上风。根据以上情况该厂进行了系统分析,可行性论证已经通过,可建立减速机座的柔性制造系统。下面结合自动化系统设计中的某些内容进行讲述。

1.产品的工艺分析

减速机座共有五种型号,其结构尺寸如表2.1所示,其结构简图如图2.15所示。

表2.1 图2.15的相关尺寸 mm

型号	A	B	C	D_1	D_2	D_3	D_4
1	280	155	200	40	80	95	120
2	330	195	265	80	120	140	180
3	410	240	310	100	140	160	200
4	430	335	370	120	160	180	220
5	470	380	400	140	180	200	240

五种型号的减速机座年产量之和为10 000件。毛坯材料为HT20-40,采用精密铸造。

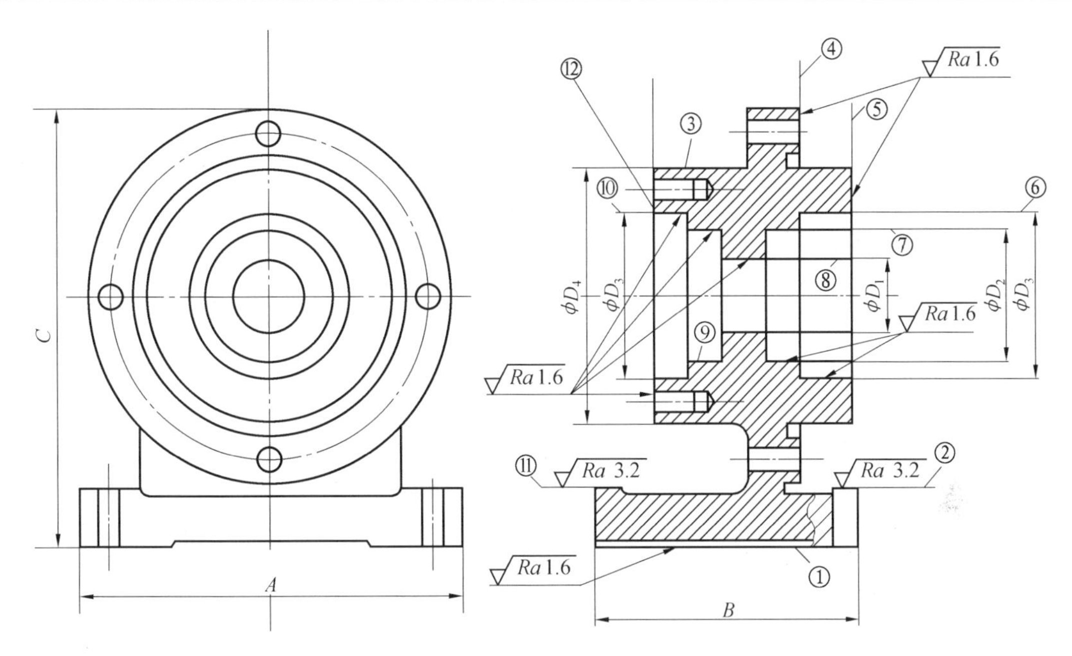

图 2.15　减速机座结构简图

工艺路线:以③⑫和⑪面定位铣①面并钻扩铰①面上的两定位销孔以①面和两销孔定位(随行夹具)粗镗右端面⑤和孔⑧⑦⑥;加工端面④及④面上螺纹孔的钻孔、攻丝;加工平面②$\xrightarrow{\text{随行夹具转位}}$粗镗左端面⑫及两个台阶孔⑨⑩;对左端面的螺纹孔进行钻孔、攻丝;加工平面⑪$\xrightarrow{\text{随行夹具移动}}$精镗左端面⑫及孔⑨⑩$\xrightarrow{\text{随行夹具转位}}$精镗端面⑤和端面④及孔⑧⑦⑥→加工结束。

2.生产系统设备选择和布局及生产节拍的计算

根据产品的工艺分析和工艺过程的制定进行所需加工设备的选择。设备选择时一定要慎重,对于一些高精度大型设备一定要充分论证,设备的功能、精度、规格等一定要满足加工要求。设备的台数是根据产量和生产节拍来确定的。

根据工件的生产流程完成系统的平面设计,该设计要考虑产品的产量、工艺、车间面积、工件的装卸与传输、设备的安装与维修、切屑的清理以及产品变更与扩展等。

(1)生产系统工位的安排

根据零件加工的工艺路线安排三个加工工位。

工位1:采用立式加工中心,完成①面和两定位销孔的加工,夹具采用V型块和挡块定位,气动夹紧,上下料均采用人工操作机械吊装的方式。

工位2:采用卧式加工中心,完成除①表面外的所有加工面的粗加工。夹具采用一面两销定位的随行夹具,零件在随行夹具上采用螺旋自动夹紧装置,随行夹具与机床的相对位置采用两弹性锥销定位,气动夹紧。在此工位随行夹具要实现一次180°的转位,以加工零件的另一端。工件同随行夹具一起由2号工位到3号工位。随行夹具位置定位精度为0.02 mm。

工位3:采用卧式加工中心,完成主轴端面及阶梯孔的精加工。在此工位工件也需有一次180°的转位。3号工位加工完后自动返回到成品零件存放处。

(2)生产节拍的确定

生产节拍的计算,需根据每个工位内的机械加工的时间。在此不作详细计算,只给出工件在每个工位的加工时间。因为1~5号工件的工艺路线和内容完全一致,只有尺寸的不同,所以只按工位给出最小规格1号工件和最大规格5号工件的工时。如表2.2所示。

表2.2 工件机械加工工时表

工位号	工时(min/件)	
	1号	5号
1(立式加工中心)	14	19
2(卧式加工中心)	30	50
3(卧式加工中心)	30	50

从表中可以看出,工件在工位1的加工工时远少于其他两工位,但是工位1的上下料是人工操作,而其他两工位是随行夹具,所以工位1的辅助时间长,这样各工位所需工时相差不是太大。考虑工位2和工位3的自动测量时间,生产节拍可以定为55 min。

(3)生产系统布局

根据上述分析,三个工位均各设置一台设备。其生产系统布局如图2.16所示。

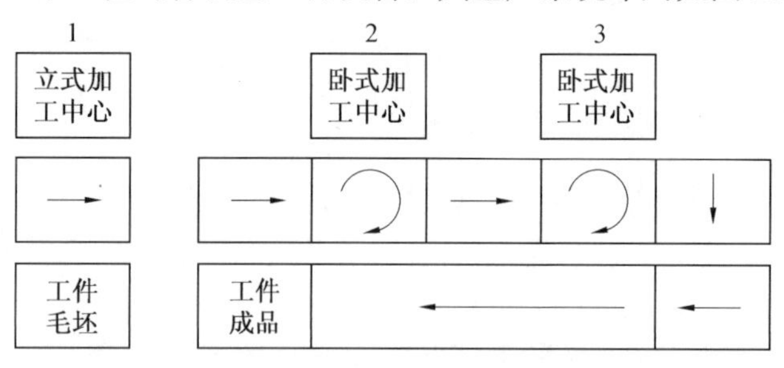

图2.16 系统的组成和平面布置图

3.工艺装备和物料传输系统设计

在此工艺装备主要指所设计的柔性系统的夹具、工件的传输机构、上下料机构、切屑的清理和排除机构以及必要的专用刀具和量具的设计。(从略)

4. 系统的安全及质量控制设计

根据系统设计任务书的要求，考虑该系统在加工中出现故障时要有报警装置，所以要对加工过程实现监测。

当随行夹具与机床的定位的两弹性锥销准确进入销孔或随行夹具准确实现了 180°的转位后，监测系统将发出可进行加工的信号。

在工位 2 和工位 3 的内孔加工时，要对尺寸精度进行监控，加工过程中进行孔径的自动测量，如由于刀具磨损孔径尺寸变小，当接近孔径尺寸公差下限时，要发出需要更换刀具的预报信号。当刀具破损时，其切削力或切削扭矩定会增加，超过了给定的正常值，这时可以发生停机信号并报警。

5. 控制系统设计

该柔性制造系统的作业计划、工件信息数据、刀具信息数据、设备信号、测试信息、监测信息等均采用计算机管理。本系统采用集中管理分散控制。三台加工中心各有一台现场控制计算机。对于三台机床的总控制，采用中央控制和现场同时控制的方式，控制系统框图如图2.17所示。

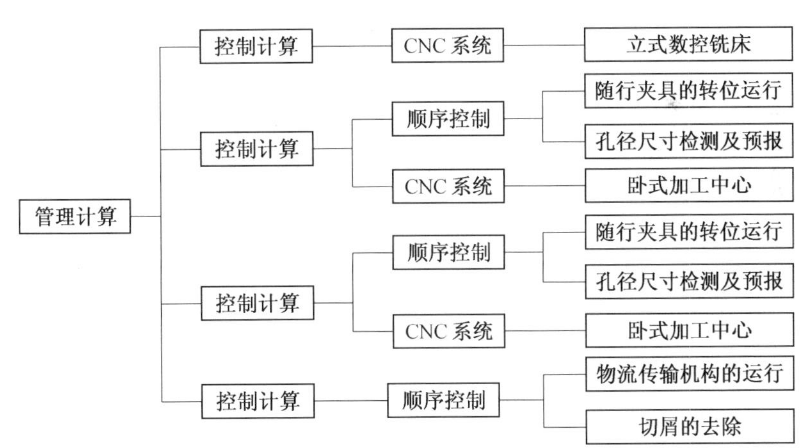

图 2.17　控制系统框图

本控制系统根据系统设计技术指标和功能的要求有以下六个功能。

(1)数据管理

在系统运行中，中央计算机将对各类数据信息进行集中管理，将预先设计好的作业计划以数据通信的方式传递给各台机床和物料传送机构的二级计算机，再由这些二级计算机去控制各个执行元件的 PLC 或 NC 装置，并可将工厂的总生产计划及时进行修改或删除作业计划，体现出其柔性。这些数据包括以下几方面。

- NC 数据。
- 日程进度计划数据,用以决定在每台加工中心上的加工顺序,可以进行显示和修正。
- 对于每个零件编码的 NC 数据模块、加工监视数据,随行夹具识别数据。
- 刀具数据,每个刀具编号的刀具寿命时间,使用时间和备用刀具编号。
- 工件数据,作为在随行夹具上工件安装的准确数据。

(2)运行控制

运行控制分为如下几方面。

- 运行方式。系统运行有两种方式,一种是在预先制定的数据基础上实现顺序进行的“日程进度计划运行”;另一种是由每次现场设定来运行的“引入运行”。
- 加工机床控制。把握数控机床的启动、结束、复位、报警等各状态,进行适应各状态的控制,向 NC 装置传递 NC 数据。
- 输送控制。为了随行夹具的输送,输出接收地点与交付地点的信息,向输送传送装置发出动作命令。
- 物料装卸控制。工件装卸与后续动作指令的输出。

(3)运行监视

了解系统内各装置的状态,当包括 NC 机床在内的各装置上发生异常,采取自动运行停止的处置。

- 加工异常监视。接受来自加工监视装置的异常信号,输出警报。使用加工监视装置进行异常的检查,停止机床的运转。
- 刀具寿命监视。将刀具的使用时间进行累计,当使用时间超过预先给定的时间时,自动地更换备用刀具,当无备用刀具时,发出警报。
- 循环时间超越监视。NC 加工中,对 NC 机床的各轴启动、随行夹具运行以及刀具交换中不进行动作的时间进行计时,超过一定时间以上的情况为异常,发出警报。
- 随行夹具编号校验。随行夹具进入装置时,要校验随行夹具编号,由计算机确认是否为所编目的工件,如果有异常,说明很可能该机床所执行的加工程序不是现在要加工的工件,应发出警报。

(4)业绩管理

当系统采用日程进度计划工作时,业绩管理输出项目为批量编号、零件编码、加工数、加工时间的累计等。

(5)操作方式选择

- 有人或无人的转换。分为有人方式和无人方式。有人方式是当异常发生时,能够提醒操作人员采取措施、保持现状或等待处置。无人方式是当异常发生时,不指望操作人员采取措施,系统运行自动停止。
- 自动断开电源。

• 计算机发生故障时的对策。

(6)无人化运行的监视

工件的异常加工余量、安装错误、刀具调定错误、切削中发生刀具折损都可以造成机床损伤或废品,如果这些异常事件不及时处理,将继续产生废品。应尽力避免这种情况。

因此,为了检测出与刀具、工件不良因素有关而发生的事故,需对切削状态进行监视。为了能够安全地实现无人化运行,本系统配备四种监视装置。这四种监视装置的功能为:

• 加工监视功能。工件送到加工中心的工作台上,切削开始,加工监视功能把主轴电动机的负荷状态和预先储存的典型数据进行比较。如果负荷状态超过允许值进入异常状态,正在使用的刀具作为刀具寿命功能的异常刀具的登记。接着,退出工件,异常刀具返回刀架,更换刀具,运行状态转换到初期状态。此后,送入新工件,实行再加工。

• 尺寸精度监视功能。利用加工中心的功能对加工完的孔径进行自动测量。在该功能中,把预先设定的测量法和测量种类存储起来,使用一个测量触头来进行测量。还有,从测头的端部能够吹出空气,使测量不受切屑的影响。

在加工中心上,测头像刀具一样,被安装在机床的刀库上,测量时使用 ATC 机构把测头自动插入主轴。然后,由 NC 指令移动加工中心驱动轴,使测头的端部接触到测量表面的一侧。

根据测头与工件的接触信号,输入按线性标度计数的计数器指示值,并存储起来,而后再次移动驱动轴,使测量表面的另一侧接触,同样地输入计数器指示值,算出两点间的距离。此时,将其运算结果与基准值进行比较,如果差值超过允许值,便作为异常,禁止再启动。

• 刀具寿命管理功能。本系统具有刀具寿命管理、监测功能。

• 适应控制功能。在自适应控制状态,切削速度一定时,按照基准负荷使用控制指令进行进给速度的增减。切削中发生异常或者由于刀具磨损而不可能控制进给速度来保持基准负荷时,作为加工异常停止机床运转。

第3章　制造过程自动化控制系统

3.1　控制系统概述

3.1.1　控制系统的基本组成

控制系统是制造过程自动化的最重要组成部分。一般而言，控制系统是指用控制信号（输入量）通过系统诸环节来控制被控量（输出量），使其按规定的方式和要求变化的系统。如液压系统的压力、流量、温度等按照 $f(P,Q,T)$ 规律变化，数控机床按照预定的加工程序，加工出各种零件的形状和尺寸，焊接机器人按工艺要求焊接流水线上机器的零部件等。图3.1为几个简单控制系统的示例，在这些控制系统中都有一个需要控制的被控量，如图中的温度、压力、液位等，运行过程中要求被控量与设定值保持一致，但由于过程中干扰（如蒸汽压力、泵的转速、进料量的变化等）的存在，被控量往往偏离设定值，因此，这就需要一种控制手段，图中是通过对蒸汽的流量、回流流量和出料流量的调节来达到的，这些用于调节的变量称为操作变量。

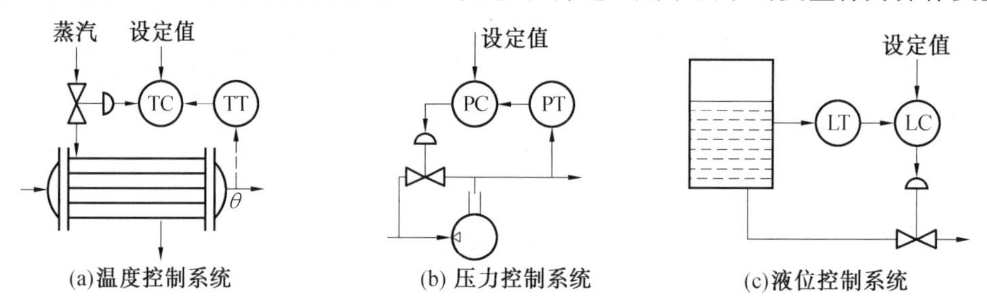

图3.1　简单控制系统示例

不难看出，一般控制系统的控制过程为检测与转换装置将被控量检测并转换为标准信号，在系统受到干扰影响时，检测信号与设定值之间将存在偏差，该偏差通过控制器调节按一定的规律运行，控制器输出信号驱动执行机构改变操作变量，使被控量与设定值保持一致。可见，简单的控制系统是由控制器、执行机构、被控对象及检测与转换装置所构成的整体。其基本构成如图3.2所示。

检测与转换装置用于将检测被控量，并将检测到的信号转换为标准信号输出。例如，用于温度测量的热电阻或热电偶、压力传感器和液位传感器等。在图3.1中是分别用TT、PT和LT表示温度、压力和液位传感器。

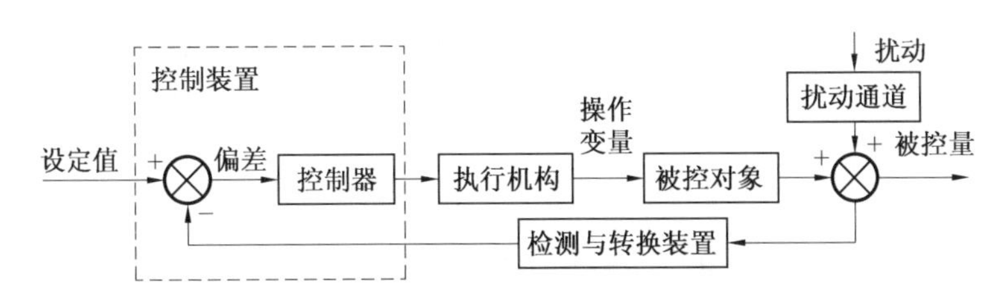

图 3.2　控制系统的基本组成框图

控制装置用于将检测装置输出信号与设定值进行比较,按一定的控制规律对其偏差信号进行运算,运算结果输出到执行机构。控制器可以采用模拟仪表的控制器或由微处理器组成数字控制器。在图 3.1 中分别用 TC、PC 和 LC 分别表示温度、压力和液位控制器。

执行机构是控制系统环路中的最终元件,直接用于控制操作变量变化,驱动被控对象运动,从而使被控量发生变化,常用的执行元件有电动机、液压马达、液压缸等。

被控对象是控制系统所要操纵和控制的对象。如图 3.1 中的换热器、泵和液位储罐等。

3.1.2　控制系统的基本类型

控制系统有多种分类方法,本书主要介绍以下几种。

1.按给定量规律分类

(1)恒值控制系统

在这种系统中,系统的给定输入量是恒值,它要求在扰动存在的情况下,输出量保持恒定。因此分析设计的重点是要求具有良好的抗干扰性能。

图 3.3 所示的电炉温度控制系统是恒值控制系统。图中 u_r 为给定的信号,u_f 为由热电偶测得的反馈信号,$\Delta u = u_r - u_f$ 为偏差信号。当系统处于平衡状态时,$\Delta u = 0$,不产生调节的作用。若由于扰动作用使温度下降,引起 u_f 减小,Δu 为正,经放大器放大后产生控制作用 u_m,使

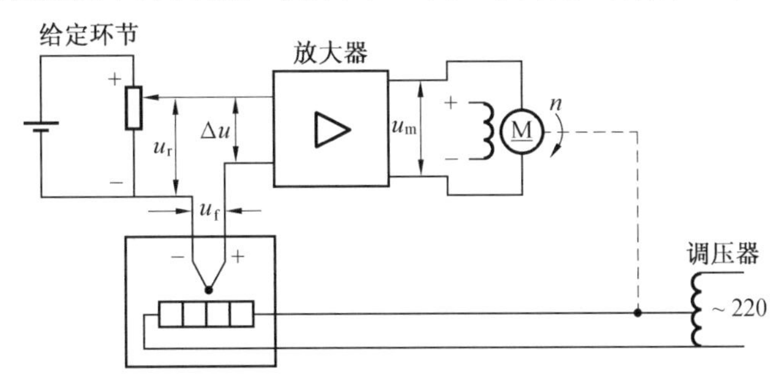

图 3.3　电炉温度控制系统示意图

电动机 M 正向转动,并带动调压器的滑动触点向增大加热电流的方向移动,直至偏差电压 $\Delta u=0$,电动机不再转动,达到新的平衡状态为止。同理,若炉温比给定温度高时,将产生反向的调节过程。

(2)程序控制系统

输入量是已知的时间函数,将输入量按其变化规律编制成程序,由程序发出控制指令,系统按照控制指令的要求运动。图 3.4 为数控机床控制系统示意图。它的输入是按已知的图纸要求编制的加工指令,以数控程序的形式输入到计算机中,同时与刀盘相连接的位置传感器将刀具的位置信号变换成电信号,经过 A/D(模 - 数转换器)转换成数字信号,作为反馈信号输入计算机。计算机根据输入 - 输出信号的偏差进行综合运算后输出数字信号,送到 D/A(数 - 模转换器)转换成模拟信号,该模拟信号经放大器放大后,控制伺服电机驱动刀具运动,从而加工出图纸所要求的工件形状。

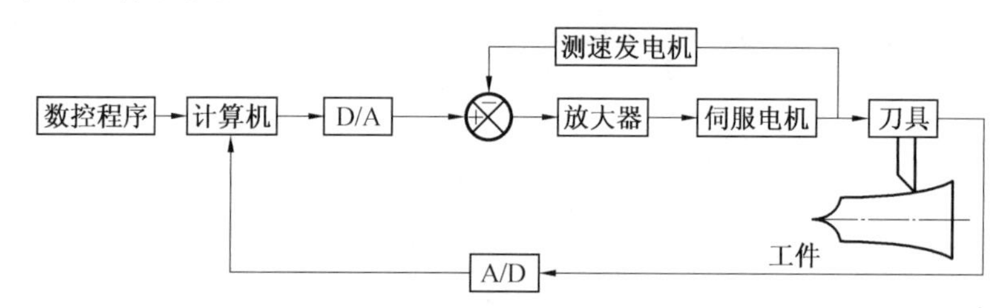

图 3.4 数控机床控制系统示意图

(3)随动系统(伺服系统)

这种系统的给定量是时间的未知函数,即给定量的变换规律事先无法准确确定。但要求输出量能够准确、快速复现瞬时给定值,这是分析和设计随动系统的重点。国防工业的火炮跟踪系统、雷达导引系统、机械加工设备的伺服机构、天文望远镜的跟踪系统等都属于这类系统。图 3.5 所示是一个位置控制系统。

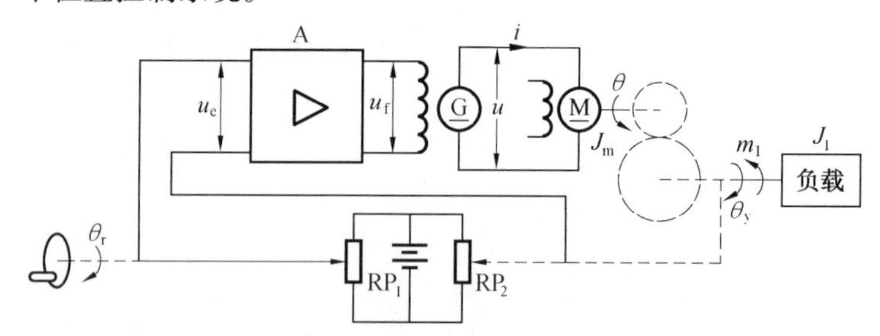

图 3.5 位置控制系统示意图

控制的目的是要使输出轴转角 θ_y 迅速准确地跟随输入轴的转角 θ_r 变化。当输入轴转过角度 θ_r 时,$\theta_y \neq \theta_r$,用一对旋转电位器 RP_1、RP_2 接成电桥形式来检测偏差 $\Delta\theta=\theta_r-\theta_y$,并转换成与 $\Delta\theta$ 成正比的电压 u_e,经放大器 A 放大后,输出电压 u_f,作用于发电机 G 的励磁绕组。电压

u_e的大小和极性，决定了发电机端电压 u 的大小和极性，相应地也确定了电动机M的转速和转向，电动机M通过齿轮箱带动输出轴向偏差减小的方向转动。当 $\theta_y=\theta_r$ 时，偏差为零，电动机停止转动。

2.按控制方式分类

(1) 开环控制系统

开环控制系统的特点是系统的输出与输入信号之间没有反馈回路，输出信号对控制系统无影响。开环控制系统结构简单，适用于系统结构参数稳定，没有扰动或扰动很小的场合。图3.6所示的电动机拖动负载开环控制系统原理图，其工作原理是：当电位器给出一定电压 U_V 后，晶闸管功率放大器的触发电路便产生一系列与电压 U_V 相对应的、具有一定相位的触发脉冲去触发晶闸管，从而控制晶闸管功率放大器输出电压 U_a。由于电动机D的励磁绕组中加的恒定励磁电流 i_f，因此随着电枢电压 U_a 的变化，电动机便以不同的速度驱动负载运动。如果要求负载以恒定的转速运行，则只需给定相应的恒定电压即可。图3.7为开环控制系统控制过程框图。

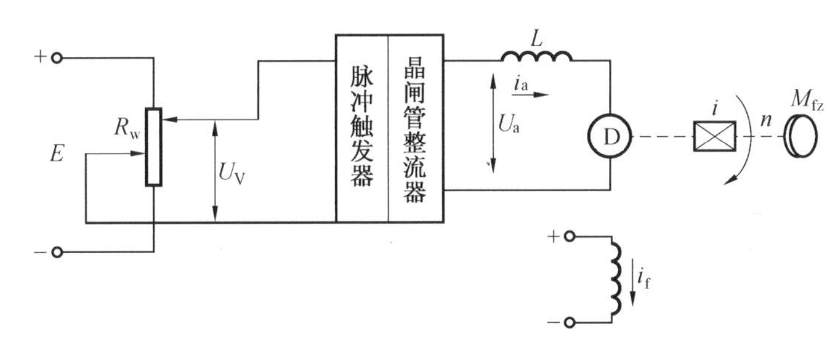

图3.6　电动机拖动负载开环控制系统原理图

图3.7　开环控制系统控制过程框图

开环控制系统虽然结构简单，但存在缺点。例如图3.6所示的控制系统在运行中，由于电动机负载力矩 M_{fz} 的变化、电源电压的波动、系统中各元件参数的变化等扰动量的影响，仅仅通过控制系统输入恒定电压 U_V，很难保证电动机D恒速转动。

因开环控制系统无法消除或削弱由各种扰动量在系统输出端造成的被控量与期望值之间的偏差，所以产生了闭环控制系统。

(2) 闭环控制系统

系统的输出量对控制作用有直接影响的系统。图3.8为电动机拖动负载闭环控制系统原理图,控制目的为保持电动机以恒定的转速运行。图中 CF 为测速发电机,其输出电压正比于负载的转速,即 $U_{CF} = K_C n$。电压 U_r 为给定基准电压,其初值与电动机转速的期望值相对应。将 U_{CF} 反馈到系统输入端与 U_r 进行比较,观察负载转速并判断其是否与期望值发生偏差。在这一过程中,U_r 是系统的控制量(或控制信号),电压 U_{CF} 则是与被控量成正比的反馈量(或反馈信号)。反馈量 U_{CF} 与控制量 U_r 比较后得到电压差(偏差量)$\Delta U = U_r - U_{CF}$,如 $\Delta U \neq 0$,表明电动机转速在扰动量影响下偏离其期望值。图中 K 为放大环节,其作用是放大偏差量去控制伺服电机 SD。SD 转动产生的转角位移通过减速装置 i_2 移动电位器 R_W 的滑臂,得以改变电压 U_P 的量值,进而控制晶闸管功率放大器的输出电压 U_a 的大小和极性,使电动机转速得到控制。重复上述调节过程直到消除偏差,即 $\Delta U = 0$,使电动机转速 n 达到期望值为止。

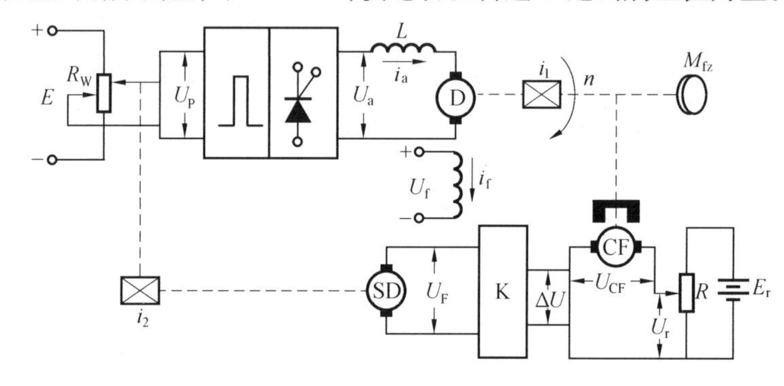

图 3.8 电动机拖动负载闭环控制系统原理图

由上述分析可知,图 3.8 所示电动机转速的控制引入了被控量,使被控量参与控制过程,形成一个完整的闭环控制,能很好地实现电动机转速恒定的自动控制。图 3.9 为该系统的控制过程框图。

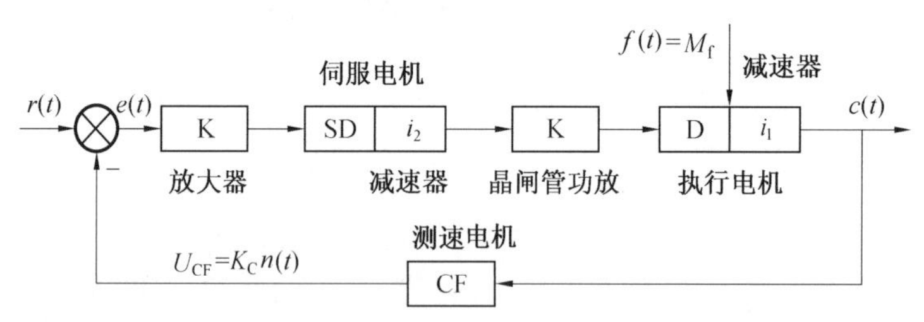

图 3.9 电动机转速闭环反馈控制系统控制过程框图

反馈控制系统的突出特点是不论什么扰动引起的被控量偏离其期望值产生偏差,都会有相应的控制作用能够消除偏差,使被控量重新恢复到期望值上。因此从原理上说,反馈控制系统具有抑制系统内部和外部各种扰动对系统输出影响的功能。

图 3.10 所示的导弹发射和制导系统是闭环控制系统的又一个实例。旋转雷达天线捕获目标机后,对目标机进行同步跟踪。由雷达获取的目标机方位和速度数据送到计算机中,经过计

算，确定出导弹所需的发射角，以此作为发射指令，通过功率放大器放大后控制发射架，使它转到相应的发射角位置。同时，发射架实际的角度信息又通过负反馈回路输入计算机。当发射架实际角度与发射指令一致时，导弹立即发射。随后，安装在导弹体内的控制系统接受雷达波的引导，自动调整导弹的控制方位，实现制导，直至最终命中目标。

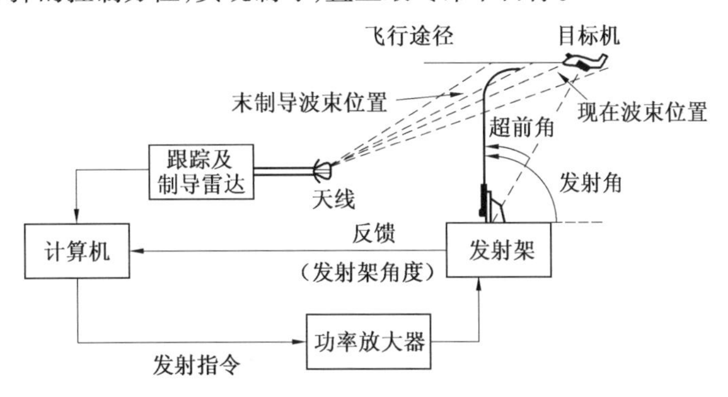

图 3.10　导弹发射和制导系统示意图

3. 按系统中传递信号的性质分类

(1) 连续控制系统

连续控制系统是指系统中传递的信号都是模拟信号，控制规律一般用硬件组成的控制器实现的，描述此种系统的数学工具是微分方程和拉氏变换。

(2) 离散控制系统

离散控制系统是指系统中传递的信号是数字信号，控制规律一般用软件实现，通常采用计算机作为系统的控制器。

4. 按描述系统的数学模型分类

(1) 线性控制系统

线性控制系统是指可用线性微分方程来描述的系统。

(2) 非线性控制系统

非线性控制系统是指不能用线性微分方程来描述的系统。

3.1.3　对控制系统的性能要求

在理想情况下，控制系统的被控量与给定值在任何时候都相等，完全没有误差，且不受干扰影响。但在实际系统中，由于机械部分质量、惯性的存在，电路中电感、电容的存在，电源功率的限制等因素的影响，使得运动部件的加速度不会很大，速度和位移不能瞬时间作相应变化，要经历一段时间,要有一个过程。通常把系统受到外加信号(给定信号或干扰信号)作用后,被控量随时间变化的过程称为系统的动态过程或过渡过程。系统控制性能的优劣,可以通过动态过程表现出来。考虑到动态过程在不同阶段的特点,工程上通常从稳定性、准确性、快速性三个方面来评价控制系统的总体精度。

1.稳定性

稳定性指系统在动态过程中的振荡倾向和系统重新恢复平衡工作状态的能力。稳定的系统中,当输出量偏离平衡状态时,其输出能随时间的增长收敛并回到初始平衡状态。稳定性是保证系统正常工作的前提。

2.准确性

准确性是就系统过渡到新的平衡工作状态后,或系统受到干扰重新恢复平衡后,最终保持的精度而言,它反映动态过程后期的性能。一般用稳态误差来衡量,具体指系统稳定后的实际输出与希望输出之间的差值。

3.快速性

快速性是就动态过程持续时间的长短而言,指输出量和输入量产生偏差时,系统消除这种偏差的快慢程度。用于表征系统的动态性能。

由于被控对象具体情况不同,各种控制系统对稳、快、准的要求有所侧重,应根据实际需求合理选择。例如,随动系统对“快”与“准”要求较高,调节系统则对稳定性要求严格。

对一个系统,稳定、准确、快速性能是相互制约的。提高过程的快速性,可能引起系统的强烈振荡;系统的平稳性得到改善后,控制过程又可能变得迟缓,甚至使最终精度很差。

3.1.4 控制系统举例分析

分析控制系统前应明确以下几点。

1) 弄清系统被控对象、被控量及主要干扰是什么?

2) 采用何种检测与转换元件?测量被控量还是扰动量?

3) 采用何种执行机构?

4) 采用哪个装置给定参考输入量或指令?

5) 如何判断或计算偏差?

6) 通过什么装置实现控制作用?

1.工作台位置控制系统

图3.11为工作台位置控制系统原理图,其功能是控制工作台位置按指令电位器给出的规

律变化,工作原理如下:通过指令电位器 W_1 的滑动触点给出工作台的位置指令 x_r,并转换为控制电压 u_r。被控制工作台的位移 x_c 由反馈电位器 W_2 检测,并转换为反馈电压 u_c。两电位器接成桥式电路,设工作台开始移动时,W_1 和 W_2 滑动接点都处于左端,$x_r = x_c = 0$,则桥式电路输出电压 $\Delta u = u_r - u_c = 0$,此时,放大器无输出,直流伺服电机不转动,工作台静止不动,系统处于平衡状态。当给定位置指令 x_r 时,在工作台改变位置的瞬间,$x_c = 0$, $u_c = 0$,则电桥输出电压为 $\Delta u = u_r - u_c = u_r - 0 = u_r$,该偏差电压经放大器放大后控制直流伺服电机转动,直流伺服电机通过齿轮减速器和滚珠丝杠副驱动工作台向右移动,工作台实际位置与给定位置间的偏差逐渐减小,即偏差电压逐渐减小。当 W_2 滑动接点的位置与给定位置一致时,即输出完全复现输入时,电桥处于平衡状态。当给定反向指令时,偏差电压极性相反,伺服电机反转,工作台向左移动,当工作台移至给定位置时,系统再次处于平衡状态。如果 W_1 的滑动接点的位置不断改变,则工作台的位置也跟着不断改变。

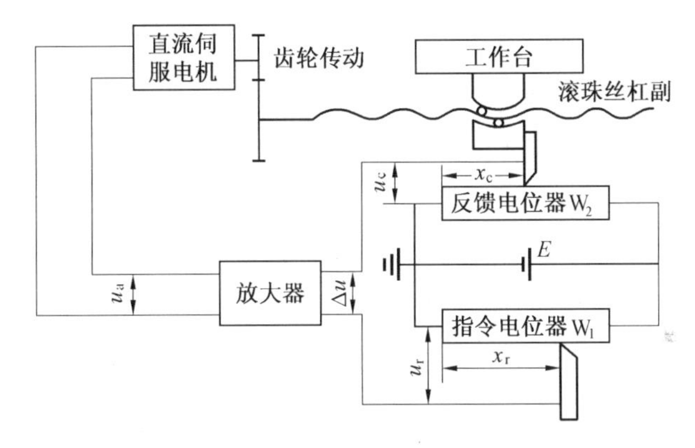

图 3.11　工作台位置控制系统原理图

由上述控制系统的工作过程可知,为了使输出量复现输入量,系统通过反馈电位器不断地对输出量进行检测,并将检测结果返回到输入端与输入量进行比较得出偏差信号,再利用得出的偏差信号控制系统的运动,以便随时消除偏差,从而实现工作台位置按指令电位器给定的规律变化的目的。工作台位置控制系统框图如图 3.12 所示。

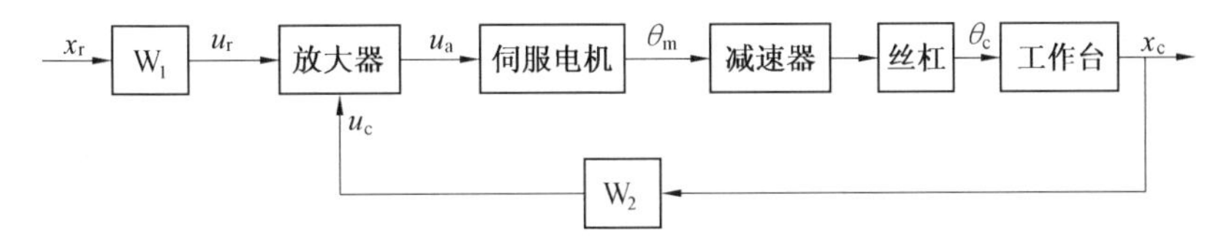

图 3.12　工作台位置控制系统过程框图

2.工作台速度控制系统

图 3.13 所示为工作台速度控制系统原理图,其功能是控制工作台的速度为某恒定值。该

系统由指令电位器、放大器、电液伺服阀、油缸、工作台、齿轮齿条传动和测速发电机组成。改变电液伺服阀输入电流的大小和方向,就可以改变电液伺服阀输出油流量的大小和方向,从而改变工作台的移动速度和方向。速度由测速装置(由齿轮、齿条和测速发电机组成)检测,并转换为电压 u_c 输出。由于测速发电机的输出电压与输入转速 v 成正比,所以速度 v 增大时,测速发电机输出转速增高,输出电压增大,输出电流减小,电液伺服阀输出油量减小,v 降低。当 v 等于给定速度 v_c 时,系统恢复平衡状态。反之,如某因素使速度 v 降到小于 v_c 时,测速发电机输出电压 u_c 减小,输出电流加大,电液伺服阀输出油液流量增大,工作台速度 w 增大。当 $v = v_c$ 时,系统再次处于平衡状态。该系统控制功能框图如图 3.14 所示。

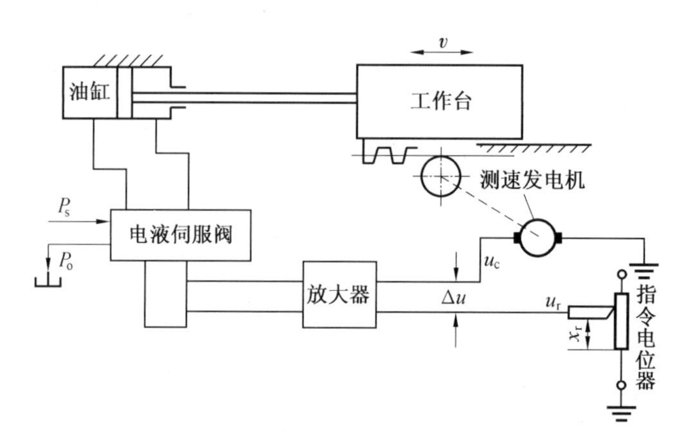

图 3.13　工作台速度控制系统原另图

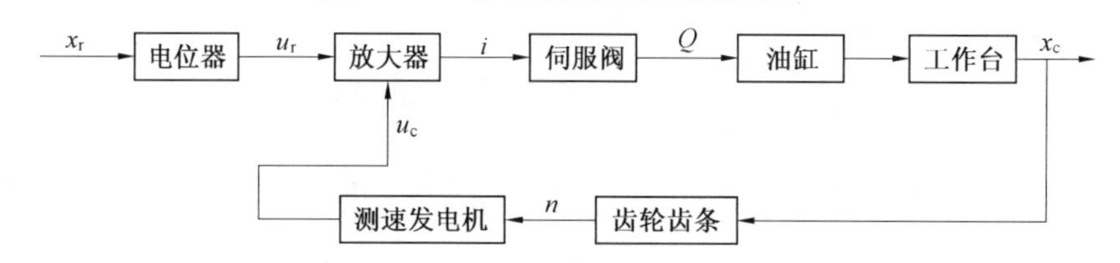

图 3.14　工作台速度控制系统功能方框图

3.2　控制系统典型执行装置

3.2.1　执行装置及其分类

执行装置最广泛的定义是:一种能提供直线或旋转运动的驱动装置,它利用某种驱动能源并在某种控制信号作用下工作。

执行装置有各种各样的形式，按使用的能源分类，可将执行装置大体上分为电动执行装置、液压执行装置和气动执行装置。在电动执行装置中，有作为直接拖动一般机械和机床等动力源的通用电动机，以及作为控制电机的伺服电机。此外，还有实现直线运动的螺线管、可动线圈和直线电机等。电动执行装置由于其能源容易获得，使用方便，所以得到了广泛的应用。液压执行装置有作直线运动或摆动的液压油缸，有作回转运动的液压马达等，这些装置具有体积小、输出功率大等特点。气动执行装置有气缸、气动马达等，这些装置具有质量小、价格便宜等特点。

3.2.2　电动执行装置

1.伺服电动机

伺服电动机亦称执行电动机，在信号来到之前，转子静止不动；信号来到之后，转子立即转动；信号消失之后，转子又能即时自行停转。由于这种“伺服”性能，因而将这种控制性能较好、功率不大的电动机称作伺服电动机。按电流种类不同，伺服电动机可分为交流和直流两种，它们的最大特点是转矩和转速受信号电压控制，与普通电动机相比具有如下特点。

• 调速范围宽，伺服电动机的转速随着控制电压改变，能在宽范围内连续调节。

• 转子的惯性小，响应快，随控制电压改变反应很灵敏，能实现迅速启动、停转。

• 控制功率小，过载能力强，可靠性好。

(1)直流伺服电动机

直流伺服电动机的结构和普通小型直流电动机相比，只是为了减小转动惯量而将转子做得细长一些。它的励磁方式通常有电磁式和永磁式两种。直流伺服电动机运行必须要有励磁磁场和电枢电流两个条件，按控制信号所加的绕组不同，控制方法有电枢控制和磁场控制两种。由于电枢控制具有响应迅速、机械特性硬、调速特性线性度好的优点，在实际生产中大都采用电枢控制方式(永磁式伺服电动机，只能采用电枢控制)。

电枢控制方法是将直流伺服电动机的励磁绕组长期接在一个电压恒定的直流电源上或采用永久磁铁。电枢绕组接到控制电压上，作为控制绕组，改变电枢绕组上的控制电压的大小和方向，则电动机转子转速的大小及方向也随之改变。图3.15为其机械特性，从图中可以看出：①改变控制电压，机械特性的斜率不变，故其机械特性是一组平行的直线；②理想空载转速与控制电压成正比，起动转矩(堵转转矩)也是与控制电压成正比，机械特性是下垂的直线，故起动转矩也是最大转矩；③直流伺服电动机不存在“自转”现象(控制信号消失后，电机

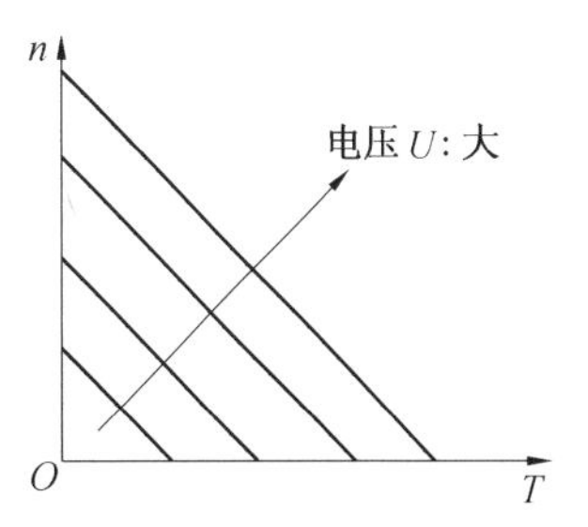

图3.15　直流伺服电动机的机械特性

仍不停止转动的现象叫“自转”现象)。

直流伺服电动机除一般式外,还有低惯量式,它有无槽、杯形、圆盘、无刷电枢几种,它们的特点及应用范围如表 3.1 所示。

表 3.1 直流伺服电动机的特点及应用范围

名称	励磁方式	结构特点	性能特点	适用范围
一般直流伺服电动机	电磁或永磁	与普通直流电机相同,但电枢铁心长度与直径之比大些,气隙较小	具有下垂的机械特性和线性的调节特性,对控制信号响应快速	一般直流伺服系统
无槽电枢直流伺服电动机	电磁或永磁	电枢铁心为光滑圆柱体,电枢绕组用环氧树脂粘在电枢铁心表面,气隙较大	具有一般直流伺服电动机的特点,而且转动惯量和机电时间常数小,换向良好	需要快速动作,功率较大的直流伺服系统
空心杯形电枢直流伺服电动机	永磁	电枢绕组用环氧树脂浇注成杯形,置于内、外定子之间,内、外定子分别用软磁材料和永磁材料做成	具有一般直流伺服电动机的特点外,转动惯量和机电时间常数小低速运转平滑,换向好	需要快速动作的直流伺服系统
印刷绕组直流伺服电动机	永磁	在圆盘形绝缘薄板上印制裸露的绕组构成电枢,磁极轴向安装	转动惯量小,机电时间常数小,低速运行性能好	低速和启动、反转频繁的控制系统
无刷直流伺服电动机	永磁	由晶体管开关电路和位置传感器代替电刷和换向器,转子用永久磁铁做成,电枢绕组在定子上且做成多相式	既保持了一般直流伺服电动机的优点,又克服了换向器和电刷带来的寿命长,噪音低的缺点	要求噪音低、对无线电不产生干扰的控制系统

直流伺服电动机的驱动方法有两种。一种是利用晶体管放大器等的线性驱动方式,利用驱动电路对输入信号按比例进行功率放大,输出电压和电流,通过控制电压或者电流的大小来控制转速和转矩;另一种是利用开关放大器的开关驱动方式,在开关驱动方式中,脉宽调制(Pulse Width Modulation,PWM)方式应用较多,PWM 方式是利用锯齿波或者三角波作为载波,将其变换为脉冲宽度与模拟输入信号成比例的开关信号,再经过大功率晶体管进行功率放大后来驱动电动机。

(2)交流伺服电动机

交流伺服电动机的结构与电容式单相异步电动机相似,实际为一台两相异步电动机。它的定子上装有两个绕组,一个是励磁绕组,接固定的交流电源。另一个是控制绕组,是接受控制信号的,它们在空间上相隔 90°,如图 3.16 所示。交流伺服电动机的转子分鼠笼转子和空心杯形转子两种。与异步电动机相比,伺服电动

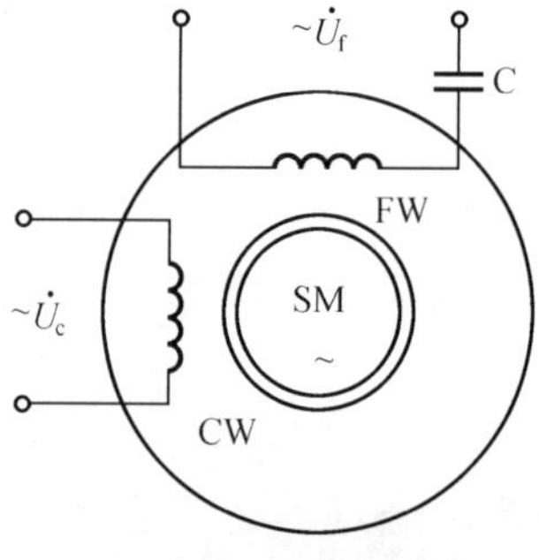

图 3.16 两相交流伺服电动机接线图

机的鼠笼转子做得细长以减小转动惯量。目前用得最多的是鼠笼转子交流伺服电动机，交流伺服电动机的特性和应用范围如表 3.2 所示。

表 3.2　交流伺服电动机的特点及应用范围

种　类	结构特点	性能特点	应用范围
鼠笼式转子	与一般鼠笼式电动机结构相同，但转子做的细而长，转子导体用高电阻率的材料	励磁电流较小，体积较小，机械强度高，但是低速运行不够平稳，有时快时慢的抖动现象	小功率的自动控制系统
空心杯形转子	转子做成薄壁圆筒形，就在内、外定子之间	转动惯量小，运行平稳，无抖动现象，但是励磁电流大，体积也较大	要求运行平稳的系统

交流伺服电动机转子的转速随控制信号的电压幅度变化而变化，随信号电压的反相而反转。在应用上，通常励磁绕组和控制绕组电路都接在同一个单相交流电源上。控制绕组是由检测电路、放大电路和控制绕组组成。控制绕组的电压 $\dot{U}_c$ 与电源电压 $\dot{U}_f$ 或同相（正转信号）、或反相（反转信号）。励磁绕组电路串联电容以便两个绕组中的电流在相位上有近 90° 的相位差，是为了产生能使转子旋转的旋转磁场。当控制绕组没有控制信号时，电动机处于单相状态，励磁绕组所产生的是脉动磁场，转子静止不动。当控制绕组上有控制信号时，定子内便产生一个旋转磁场，产生驱动转矩，使转子转动起来，控制电压的大小变化时，转子转速随之变化。当控制电压反相时，旋转磁场和转子则都反转。

在运行时如果控制电压消失，两相的伺服电动机将变成单相运行，由于在设计制造电动机时，将电动机的转子电阻增大，这时伺服电动机单相运行时产生的合成电磁转矩的方向与转子的转向相反，起制动作用，使电动机能实现快速停止，即实现了伺服电动机的无“自转”伺服要求。

两相交流伺服电动机的控制方法有以下三种。

1）幅值控制，即保持 $\dot{U}_c$ 与 $\dot{U}_f$ 相差 90° 条件下，改变 $\dot{U}_c$ 幅值大小。

2）相位控制，即保持 $\dot{U}_c$ 的幅值不变条件下，改变 $\dot{U}_c$ 与 $\dot{U}_f$ 之间相位差。

3）幅相控制，即同时改变 $\dot{U}_c$ 的幅值和相位。

幅值控制的控制电路比较简单，生产中应用最多，下面只讨论幅值控制法。

图 3.17 所示的为幅值控制的一种接线图。从图中看出，两相绕组接于同一单相电源，适当选择电容 C，使 $\dot{U}_c$ 与 $\dot{U}_f$ 相角差 90°，改变电阻 R 的大小，即改变控制电压 $\dot{U}_c$ 的大小，可以得到图 3.18 所示的不同控制电压下的机械特性曲线族。

由图 3.18 可见，在一定负载转矩下，控制电压越高，转差率越小，电动机的转速就越高，不同的控制电压对应着不同的转速。

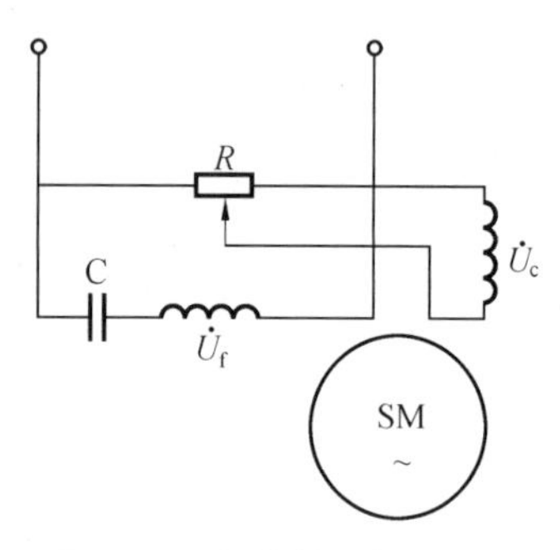

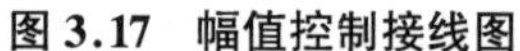
图 3.17 幅值控制接线图

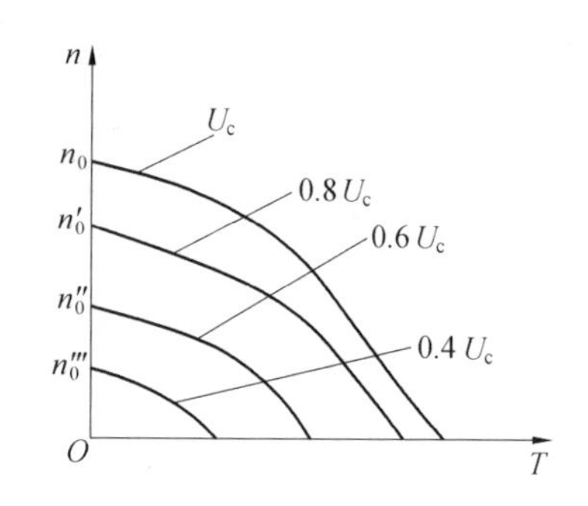

图 3.18 不同控制电压下的 $n=f(T)$ 曲线

(3)交流和直流伺服电动机的性能比较

两相交流伺服电动机和直流伺服电动机在控制系统中都被广泛使用。下面对这两种电动机的性能进行简单的比较。

从机械特性和调节特性看,直流伺服电动机的机械特性和调节特性均为线性,且在不同的电压下,机械特性曲线相互平行,斜率不变。两相交流伺服电动机的机械特性曲线和调节特性曲线均为非线性,是在不同的控制电压下,理想机械特性曲线相互间也不平行。机械特性和调节特性的非线性都将直接影响到系统的动态精度。一般来说,特性的非线性越大,系统的动态精度越低。

从体积、质量和效率看,两相交流伺服电动机为了满足控制系统对电动机性能的要求,转子电阻就得相当大。而且电机经常运行在椭圆形旋转磁场下,由于要产生制动转矩,因此电机的损耗增大,电磁转矩减小。当输出功率相同时,两相交流伺服电动机要比直流伺服电动机的体积大、质量大、效率低。所以两相交流伺服电动机只适用于小功率系统,而对于功率较大的控制系统,则普遍采用直流伺服电动机。

从动态响应看,电动机的动态响应的快速性常常以机电时间常数来衡量。直流伺服电动机的转子上带有电枢绕组和换向器,因此它的转动惯量要比两相伺服电动机大些。若电动机的空载转速相同,则直流伺服电动机的堵转转矩要比两相伺服电动机大得多。这样,综合比较来看,它们的机电时间常数就较为接近。在带负载时,若电动机所带负载的转动惯量较大,这时两种电动机系统的总惯量(即负载的转动惯量与电机的转动惯量之和)就相差不太多,可能出现直流电机系统机电时间常数反而比交流伺服电动机系统的机电时间常数要小的情况。

从“自转”现象看,对于两相交流伺服电动机,若参数选择不适当或制造工艺上有缺陷,都会使电动机在单相状态下产生“自转”现象,而直流伺服电动机都无自转现象。

从电刷和换向器的滑动接触看,直流伺服电动机由于有电刷和换向器,因而结构复杂、制造麻烦。因电刷和换向器之间存在滑动接触,电刷的接触电阻也不够稳定,这些都会影响电动机运行的稳定性。另外,直流伺服电动机还存在因换向器所引起的无线电通信干扰,又容易产生火花,给运行和维护带来困难,在某些场合下使用也受到限制。

两相交流伺服电动机结构简单、运行可靠、维护方便,适宜在不易检修的场合使用。

从放大器装置看，直流伺服电动机的控制绕组通常是由直流放大器供电，而直流放大器有零点漂移现象，这将影响系统工作的精度和稳定性。此外，直流放大器的体积和质量要比交流放大器大，这是直流伺服系统的缺点。

2.步进电动机

步进电动机是一种用电脉冲信号进行控制，并将电脉冲信号转换成相应的角位移或线位移的控制电动机。每输入一个脉冲，步进电机就移动一步。这种电机的运动形式与普通匀速旋转的电动机有一定的差别，是步进式运动，因其绕组上所加的电源是脉冲电压，有时也称为脉冲电动机。

步进电动机不能直接接到交直流电源上工作，而是由专门电源（即脉冲电源）供给电脉冲。脉冲电源一般由脉冲分配器、脉冲放大器、变频信号源等部分组成，如图3.19所示。变频信号源是一个脉冲信号发生器，脉冲的频率可以由几赫兹到几十千赫兹连续变化。脉冲分配器是一个数字逻辑单元，它接收一个单相脉冲信号，根据运行指令把脉冲信号按照一个固定的逻辑关系分配到每一相脉冲放大器上，使步进电动机按选定的运行方式工作。脉冲分配器可以由双稳态触发器和门电路组成，也可以用可编程逻辑器件组成，目前已有专用的集成电路。脉冲放大器的作用是进行脉冲的功率放大。

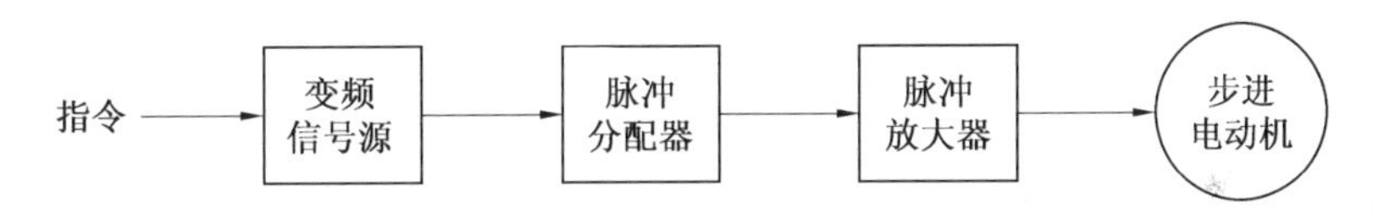

图3.19　步进电动机脉冲电源构成

(1)分类

按步进电动机的结构特点，一般将步进电动机分为以下三种类型。

第一，VR型。磁阻反应式步进电动机，转子结构由软磁材料或钢片叠制而成。当定子的线圈通电后产生磁力，吸引转子使其旋转。该电动机在无励磁时不会产生磁力，故不具备保持力矩。

应用范围：广泛用于开环数字系统。如计数器指示装置；闸门控制；数控机床及其他数控装置。

第二，PM型。永磁型步进电动机，它的转子使用了永久磁铁。功率损耗比反应式小；在断电的情况下有定位转矩；步距角大（例如15°、22.5°、30°、45°、90°）；需要供给正负脉冲；启动和运行频率较低。由于采用钣金结构，其价格便宜，属于低成本型的步进电动机。

应用范围：主要用于新型自动化仪表，既可作驱动元件又可作执行元件。

第三，混合（HB）型。此类步进电动机是将PM型和VR型组合起来构成的电动机，具有高精度、大转矩和步距角小等许多优点。步距角多为0.9°、1.8°和3.6°等。

应用范围：从几牛［顿］米的小型机到数千牛［顿］米的大型机。

(2)特点

步进电动机的优点:

1)可以用数字信号直接进行开环控制,整个系统简单廉价。

2)位移与输入脉冲信号数对应,无累积定位误差,可以组成结构较为简单而又具有一定精度的开环控制系统,也可以在要求更高精度时组成闭环系统。

3)启动、停止、正反转的响应优越。在自启动区内可瞬时启动、停止,启动时间短,可任意进行瞬间正反转。

4)可将负载直接连接在电动机轴上进行超低速运行,不需中间减速机构。

5)步进电动机具有较大的自保持转矩,所以可以自由地设定其位置,无需依靠电磁或者机械制动。

6)由于电动机的转速与输入脉冲频率成正比,所以转速可在相当宽的范围内平滑调节,同时用一台控制器控制几台步进电动机同步运行。

7)由于没有检测传感器和反馈电路,步进电动机控制系统简单,可靠性高。

步进电动机的缺点:运动增量或步距角是固定的,在步进分辨率上缺乏灵活性;采用普通驱动器时效率低;在单步响应中有过冲量和振荡;承受大惯性负载的能力有限;开环控制时摩擦负载增加了定位误差,尽管误差是非积累的;采用的控制线路种类繁多;可供使用的电动机尺寸和输出功率是有限的。

(3)步进电动机典型驱动方式

1)单极性驱动

①单电压驱动方式。图 3.20 为驱动电路原理图,当有控制脉冲信号输入时,功率管 VT 导通,控制绕组中有电流通过;反之功率管 VT 关闭,控制绕组中没有电流通过。

驱动电路中电阻 R_{f1}为限流电阻,用于减小控制绕组电路的时间常数。电容 C 用于改善注入电动机控制绕组中电流脉冲的前沿,在功率管 VT 导通的瞬间,由于电容上的电压不能跃变,电容 C 相当于将电阻 R_{f1}短接,使控制绕组中的电流迅速上升,使得电流波形的前沿明显变陡。二极管 VD 及其串联电阻 R_{f2}形成的放电回路,在功率管 VT 由导通突然变为关断时,限制了功率管 VT 集电极上的电压,从而保护了功率管 VT。

单电压驱动方式的最大特点是线路简单、功率元件少、成本低。但缺点是由于电阻 R_{f1}要消耗能量,使得工作效率低,所以这种驱动方式一般用于小功率步进电动机的驱动。

②高低压驱动方式。该方式又称为双电压驱动方式,其驱动原理如图 3.21 所示。当输入控制脉冲信号时,功率管 VT1、VT2 导通,此时二极管 VD1 承受反向电压使低压电源不起作用,高压电源作用在控制绕组上,绕组中的电流迅速上升,电流波形的前沿很陡。当电流上升到额定值或比额定值稍高时,利用定时电路或电流检测电路,使功率管 VT1 关断,VT2 仍然导通,二极管 VD1 由截止变为导通,此时低压电源作用到绕组上,维持其额定稳态电流。当输入信号为零时,功率管 VT2 截止,控制绕组中的电流通过二极管 VD2 的续流作用向高压电源放电,绕组中的电流迅速减小。

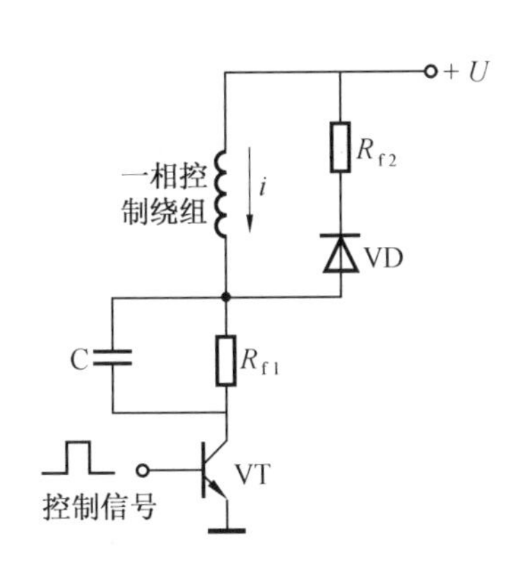

图 3.20　单电压驱动电路

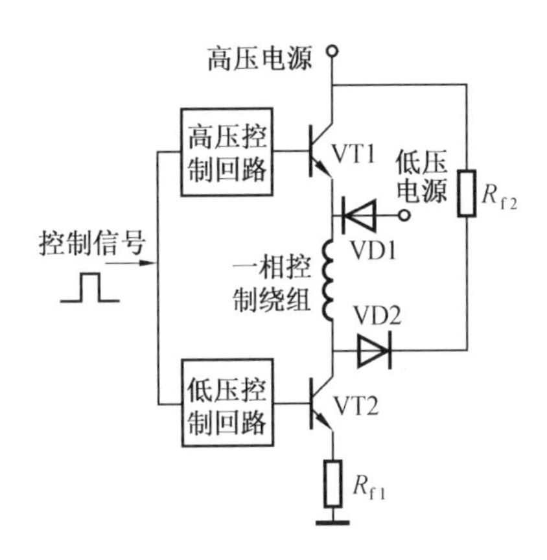

图 3.21　双电压驱动电路

这种驱动方式的特点是电源功耗比较小,效率比较高。由于电流的波形得到了很大的改善,所以电动机的矩频性能好,启动和运行频率得到很大提高。主要缺点是低频运行时电动机震荡较重。这种驱动方式常适用于大功率步进电动机的驱动。

③定电流斩波驱动方式。该方式是在高低压驱动电路的基础上,根据绕组中电流的变化来控制高压电源的反复通断,从而使绕组中的电流始终维持在要求的范围内实现的。图 3.22 为定电流斩波驱动方式原理图。当有控制脉冲信号输入时,功率管 VT1、VT2 导通,控制绕组中的电流在高压电源作用下迅速上升。当上升到电流 I_1 时,电流检测信号使功率管 VT1 关断,高压电源被切断,低压电源对控制绕组供电。若电流下降到 I_2 时,电流检测信号装置再次发出信号,使 VT1 导通,电流再次上升。如此反复,可使控制绕组中的电流维持在要求值的范围内。这种驱动方式具有高低压驱动方式的优点,而且可以对控制绕组电流进行补偿,使电动机的运行性能显著提高。缺点是线路相对复杂,要求功率管的开关速度快。

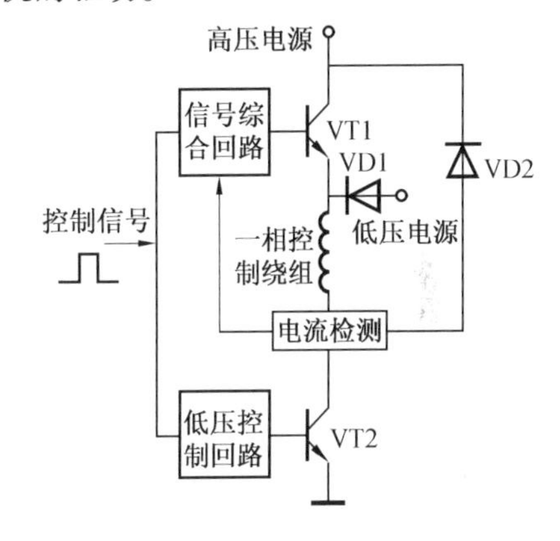

图 3.22　定电流斩波驱动电路

④调频调压驱动方式。该方式原理如图 3.23 所示。电压调整器用脉宽调制 PWM 实现变压,输出电压随脉冲频率的上升而上升;积分器对控制信号积分,其输出电压与锯齿波在比较器中进行比较,产生脉宽随频率变化的脉冲信号来控制电压调整器,即可控制 U_2 的大小,达到随输入控制脉冲频率的变化自动调整控制绕组电源电压的目的,从而调节控制绕组中的电流。这种驱动方式的线路比较复杂,在实际运行时应针对不同参数的电动机,相应调整电压 U_2 与输入控制脉冲频率的特性。

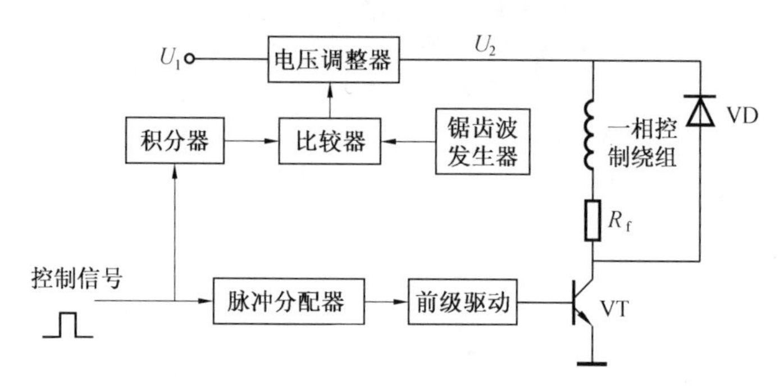

图 3.23 调频调压驱动电路

⑤细分驱动方式。该方式是把原来的一步细分成若干步,使步进电动机的转动近似为匀速运动,并能在任何位置停步。为达到这一目的,可将原来的矩形脉冲电流改为阶梯波电流,这样在输入电流的每一个阶梯,电动机转动一步,步距角减少了很多,从而提高了运行的平滑性,改善了低频特性,负载能力也有所增加。

2)双极性驱动 双极性驱动电路可以使控制绕组中的电流能正反方向流动,提高绕组利用率,增大低速时的转矩。图 3.24(a)为双极性驱动电路原理,若 VT1 导通能提供正向电流,则 VT2 导通就能提供反向电流。应用中常采用 H 桥式驱动电路,如图 3.24(b)所示, 若 VT2 和 VT3 导通能提供正向电流,则 VT1 和 VT4 导通能提供反向电流。

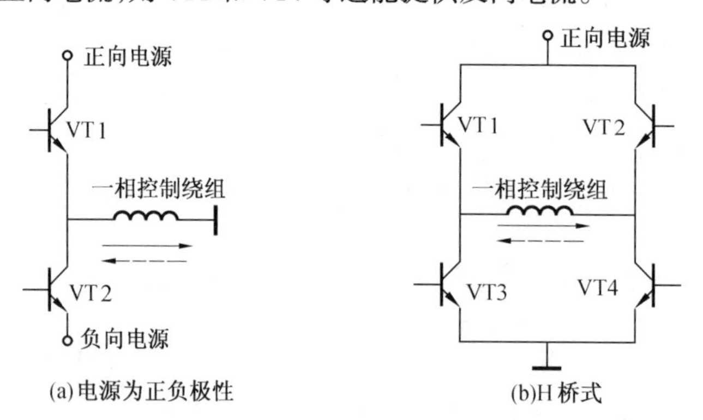

图 3.24 双极性驱动电路

(4)步进电机的选择

实际应用中,步进电动机系统是由电动机本体、驱动器以及推动负载用的机械驱动机构所构成,因此选用步进电动机时,不仅要了解步进电动机的性能和驱动电路,还应考虑负载机构特性需求。步进电动机常用的机械驱动机构通常是减速机构,主要有齿轮减速、牙轮皮带减速、螺杆减速及钢丝减速等方式。减速机构起到的作用主要有:改变步距角,提高定位分辨能力;改变电动机转速,避开共振区,以便输出大转矩;使惯量相匹配,获得最大加速度,得以高效运行;改善阻尼特性,通过减速机构的粘性摩擦减少振动;得到直线运动。

选择步进电动机时,从机械的角度应主要考虑如下几方面。

1)分辨率,由位移速度和每步所移动角位移来决定。

2)负荷刚度和移动物体质量。

3)电动机体积和质量。

4)环境温度和湿度等。

从加减速动作要求应主要考虑如下方面。

1)短时间内定位需要的加速速度和减速速度的适当设定,以及最高速度的适当设定。

2)根据加速转矩和负载转矩设定电动机的转矩。

3)使用减速机构时,考虑电动机速度与负载速度关系。

选择步进电动机一般按如下步骤进行。

首先,要确定选择要素。选择步进电动机时,考虑的机械要素是负载转矩 T_L 和负载惯量 J_L。考虑的时间要素是加速时间 t_1、t_2,运行时间 t。

其次,要确定目标。确认脉冲速率,其依据是将物体移动到目标位置的时间。

$$脉冲速率 = (6 \times 转速)/步距角(Hz)$$

第三,计算需要的运行转矩。电动机带负载运行时输出的转矩;负载转矩由实测得到或用前述公式估算;惯性体的加速转矩。

第四,决定电动机的型号。根据已得到的脉冲频率和运行需求的转矩,从电动机产品样本的矩频特性上选取 2～3 种可用的电动机。

最后验证。根据选中的电动机,结合转子惯量再次验算。将计算值再次与矩频特性曲线对照,确定是否在该曲线内侧,直到满足要求为止。对于首次设计装置,所选用的电动机和驱动器的特性,一般留有 1.5～2 倍的余量。

3.2.3　液压与气动执行装置

液压和气动执行装置的基本工作原理相似,即用油压或空气压力推动活塞或叶片产生直线运动的力或旋转运动的力矩。

1.液压执行装置

(1) 液压油缸和液压马达

典型液压执行装置是液压油缸和液压马达。液压油缸有仅在活塞的单端受到液压作用的单行程油缸和活塞两端都受到液压作用的往复油缸。单行程油缸的回程运动是由载荷、重力或者弹簧力来驱动的。在往复油缸中,还可以进一步分为活塞两端都有活塞杆的双杆型和只有一端有活塞杆的单杆型两种。在液压伺服系统中,一般都采用控制性能好的往复双杆型油缸。

液压马达与液压泵的输入、输出关系恰好相反,两者的构造基本相同。液压马达可以大致分为叶片马达、齿轮马达和活塞式马达等,如图 3.25 所示。叶片马达的结构是在转子的径向上插入若干(通常为 9~13)片叶片,叶片的悬伸部分在液压的作用下产生转矩,叶片马达具有输出转矩平稳、噪音低、转矩/质量比高等优点。齿轮马达的结构与齿轮泵一样,都是由两个齿轮和壳体构成,由左右两个口的压力差来决定旋转方向,齿轮马达具有结构简单、质量小、价格便宜、抗振动等优点。活塞式马达分为径向活塞式和轴向活塞式两种。图 3.25(c)所示的是径向活塞式马达,各活塞与曲轴之间通过连杆连接,与曲轴连为一体的旋转阀控制各个油缸按顺序供油,使曲轴能够连续转动,活塞式马达虽然结构复杂,但效率较高。

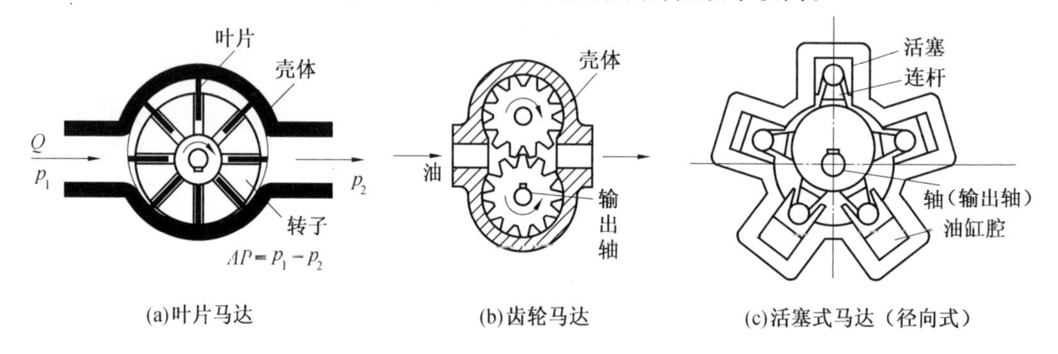

(a)叶片马达　(b)齿轮马达　(c)活塞式马达(径向式)

图 3.25　液压马达的构造

(2) 控制方式

为了使液压执行装置正常工作,必须控制工作油的压力、流量和流动方向,控制方式有两种:一种是泵控制方式,通过改变液压泵的转速或者柱塞泵的斜板角度实现;另一种是阀控制方式,利用液压阀来调节油路的面积,从而控制执行装置的流量和压力。

与阀控制方式相比,泵控制方式具有系统结构简单,能量效率高等优点。最近,随着电伺服泵的开发应用,从节能的观点出发,泵控制方式作为直接驱动方式得到了很大的关注。但是从响应速度、控制精度和价格等方面来看,还是阀控制方式更优越,应用得也较多。液压系统中常用的控制阀是用电信号控制的电-液控制阀,其中有模拟型的电-液伺服阀(也可以简称为伺服阀)和开关型的电磁换向阀(也可以简称为电磁阀)。

(3) 应用实例

液压动力滑台是组合机床上实现进给运动的一种通用部件,配上动力头和主轴箱后便可以完成各种孔加工、端面加工等工序。液压动力滑台由液压缸驱动,在电气和机械装置的配合下可以完成各种自动工作循环。图 3.26 所示是一种典型的液压动力滑台系统的原理图,该系统采用限压式变量叶片泵及单杆活塞液压缸。通常实现的工作循环是:快进→第一次工作进给→第二次工作进给→死挡块停留→快退→原位停止。其工作情况如下。

第一步,动力滑台快进。按下启动按钮,电磁铁 1YA 通电,电液换向阀左位接入系统,顺序阀因系统压力不高仍处于关闭状态。这时液压缸作差动连接,限压式变量泵输出最大流量。

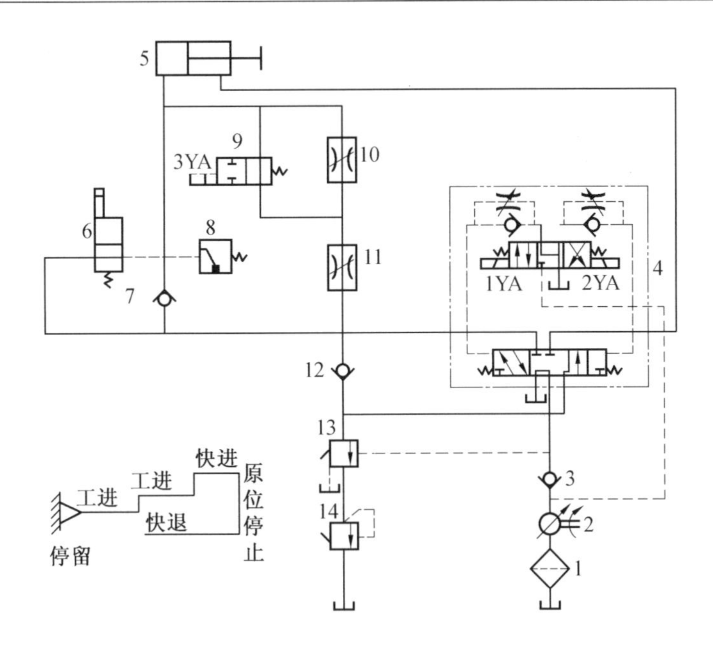

图 3.26　液压动力滑台系统原理

1—过滤器;2—变量泵;3—单向阀;4—换向阀;5—液压缸;6—行程阀;7—单向阀;8—压力继电器;
9—电磁阀;10—二工进调速阀;11——工进调速阀;12—单向阀;13—顺序阀;14—背压阀

系统中油液流动情况为:

进油路:过滤器→变量泵→单向阀3→换向阀(左位)→行程阀→液压缸左腔;

回油路:液压缸右腔→换向阀(左位)→单向阀12→行程阀→液压缸左腔。

第二步,第一次工作进给。当滑台快速前进到设定位置时,挡块压下行程阀。这时系统压力升高,顺序阀打开;变量泵自动减小其输出流量,以便与一工进调速阀的开口相适应。系统中油液流动情况为:

进油路:过滤器→变量泵→单向阀3→换向阀(左位)→一工进调速阀→电磁阀(右位)→液压缸左腔;

回油路:液压缸右腔→换向阀(左位)→顺序阀→背压阀→油箱。

第三步,第二次工作进给。当第一次工作进给结束时,挡块压下行程开关,电磁铁3YA通电。顺序阀仍打开,变量泵输出流量与二工进调速阀的开口相适应。系统中油液流动情况为:

进油路:过滤器→变量泵→单向阀3→换向阀(左位)→一工进调速阀→二工进调速阀→液压缸左腔;

回油路:液压缸右腔→换向阀(左位)→顺序阀→背压阀→油箱。

第四步,死挡块停留及动力滑台快退。在动力滑台第二次工作进给碰到死挡块后停止前进,液压系统的压力进一步升高,压力继电器发出动力滑台快速退回的信号,电磁铁1YA断

电,2YA 通电,这时系统压力下降,变量泵流量又自动增大。系统中油液的流动情况为:

进油路:过滤器→变量泵→单向阀 3→换向阀（右位）→液压缸右腔。

回油路:液压缸左腔→单向阀 7→换向阀（右位）→油箱。

第五步,动力滑台原位停止。当动力滑台快速退回到原位时,挡块压下行程开关,使电磁铁 1YA、2YA、3YA 断电,这时换向阀处于中位,液压缸两腔封闭,滑台停止运动。系统中油液的流动情况为:

卸荷油路:过滤器→变量泵→单向阀 3→换向阀（中位）→油箱。

2.气动执行装置

(1)气缸与气动马达

气动执行装置是将压缩空气的压力能转换为机械能并完成做功动作的元件或装置,包括气缸和气动马达。实现直线运动和做功的是气缸,实现旋转运动和做功的是气动马达。

气缸一般主要由缸筒、活塞杆、活塞、导向套、前缸与后缸盖以及密封带等元件组成,但也有不用活塞杆的无杆气缸,如索链气缸、纵剖式气缸和磁力牵引式气缸等,这些气缸不是利用活塞杆,而是用索链、活塞梭、磁铁等机构来传递活塞运动。图 3.27 所示为纵剖式气缸的结构,其工作原理是:活塞在工作流体压力的作用下左右移动,并带动夹在密封带中间的活塞梭左右移动,活塞梭又带动滑板左右移动。无杆气缸的最大优点是安装空间小,仅是普通气缸的一半,在输送距离较长的场合特别方便,虽然存在结构复杂、造价高、摩擦力大等缺点,但还是得到了较广泛的应用。

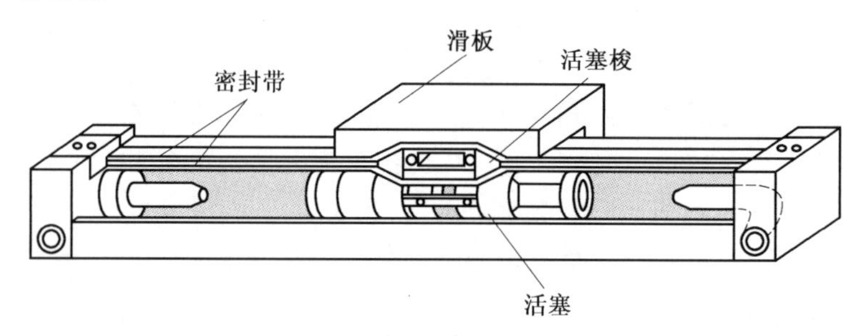

图 3.27 无杆气缸的结构

典型的气动马达有叶片马达和径向活塞马达,其工作原理与液压马达相同。气动机械的噪音较大,有时要安装消音器。叶片气动马达的优点是转速高、体积小、质量小,其缺点是启动力矩较小,这种马达的转速可以达到 25 000 r/min,在气动工具中应用较多。径向活塞马达的优点是输出功率大、启动转矩高,其缺点是结构复杂体积大。

(2)控制方式

多采用阀控制方式,气动控制多数用于单纯的行程终点控制,所以气动控制阀以使用换向阀和高速电磁开关阀居多,压力比例控制阀及流量比例控制阀等电气伺服阀使用得很少。不采用比例阀,而用脉宽调制或脉码调制(Pulse Code Modulation,PCM)来控制高速开关电磁阀也能构成气动伺服控制系统。

(3)应用实例

气动执行装置在自动化生产中具有广泛的应用。图 3.28 是一种气动机械手的结构示意图。该机械手由四个气缸组成,可在三维坐标中工作。图中 A 缸为夹紧缸,其活塞杆退回时夹紧工件,伸出时松开工件。B 缸为长臂伸缩缸,可实现伸出和缩回动作。C 缸为立柱升降缸。D 缸为立柱回转缸,该气缸有两个活塞,分别装在带齿条的活塞杆两头,齿条的往复运动带动立柱上的齿轮旋转,从而实现立柱的回转。该气动机械手具有结构简单和制造成本低等优点,并可以根据各种自动化设备的工作需要,按照设定的控制程序动作。

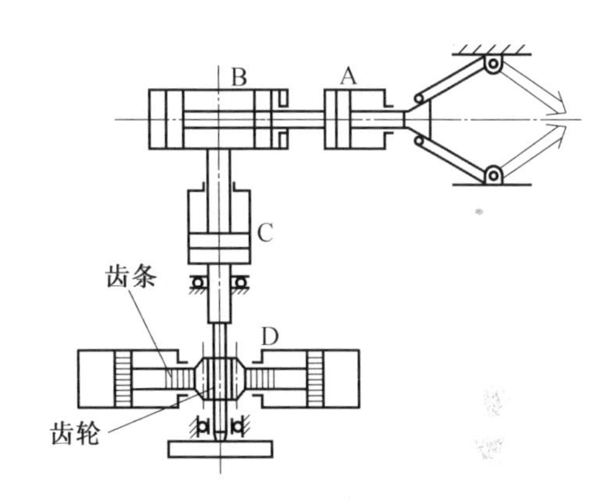

图 3.28　气动机械手结构示意

3.2.4　执行装置的特点与性能

1.电动执行装置

电动执行装置优点如下:

1)以电源为能源,在大多数情况下容易得到;

2)容易控制;

3)可靠性、稳定性和环境适应性好;

4)与计算机等控制装置的接口简单。

电动执行装置缺点如下:

1)在多数情况下,为了实现一定的旋转运动或者直线运动,必须使用齿轮等运动传递和变换机构;

2)容易受载荷的影响;

3)获得大功率比较困难。

2.液压执行装置

液压执行装置优点如下:

1)容易获得大功率;

2)功率/质量比大,可以减小执行装置的体积;

3)刚度高,能够实现高速、高精度的位置控制;

4)通过流量控制可以实现无级变速。

液压执行装置缺点如下：

1)必须对油的温度和污染进行控制,稳定性较差；

2)有因漏油而发生火灾的危险；

3)液压油源和进油、回油管路等附属设备占空间较大。

3.气动执行装置

气动执行装置优点如下：

1)利用气缸可以实现高速直线运动；

2)利用空气的可压缩性容易实现缓冲控制；

3)无火灾危险和环境污染；

4)系统结构简单,价格低。

气动执行装置缺点如下：

1)由于空气的可压缩性,高精度的位置控制和速度控制比较困难；

2)虽然撞停等简单动作速度较高,但在任意位置上停止的动作速度很慢；

3)能量效率较低。

表 3.3 给出了各种执行装置的性能比较。

表 3.3 各种执行装置的性能比较

比较项目	电动式	液压式	气动式
输出功率/质量比	小	大	中
快速响应特性	中～20 Hz	大～100 Hz	小～20 Hz
简单动作速度	慢	一般	快
控制特性	良好	一般	差
减速机构	需要	不需要	不需要
占用空间	小	大	大
使用环境	良好	差	良好
可靠性	良好	差	一般
防爆性能	差	一般	良好
价格	一般	贵	便宜

电动执行装置虽然有功率不能太大的缺点,但由于其良好的可控性、稳定性和对环境的适应性等优点,在许多领域都得到了广泛的应用。电动机的用途很广,在有利于环境保护的电动汽车和混合能源汽车上也有希望得到应用。液压执行装置的最大优点是输出功率大,因此,在轧制、成型、建筑机械等重型机械上和汽车、飞机上都得到了应用。气动执行装置由于其质量轻、价格低、速度快等优点,适用于工件的夹紧、输送等生产线自动化方面,应用领域也很广。此外,在一些可以利用气体可压缩性的领域,也希望使用气动执行装置。

在开发和改进执行装置时要考虑的问题有:①功率/质量比;②体积和质量;③响应速度和操作力;④能源及自身检测功能;⑤成本及寿命;⑥能量的效率等。

3.3　位置控制系统

在许多生产机械中,常需要控制某些设备运动的行程,即某些生产设备的运动位置,如生产车间的行车运行到终端位置时需要及时停车、工作台在指定区域内的自动往返移动、自动线上自动定位和工序转换等。像这种控制生产设备运动行程和位置的方法称为位置控制,也称为行程控制。

位置控制一般是依靠行程开关,行程开关的作用是将机械信号转换成电信号,以控制电机的工作状态,从而控制运动部件的行程。位置控制可分为限位断电、限位通电和自动往复循环控制等。

3.3.1　限位断电位置控制

限位断电控制是指运动部件在电机拖动下,到达预先指定点后能自动断电停车的控制方式。其控制线路如图 3.29 所示,工作原理叙述如下。

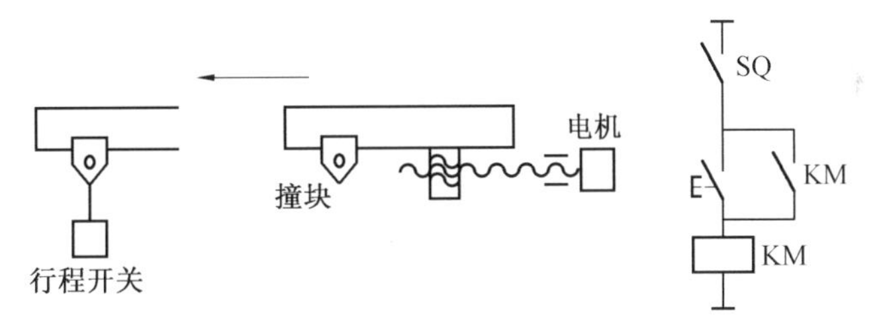

图 3.29　限位断电位置控制线路原理图

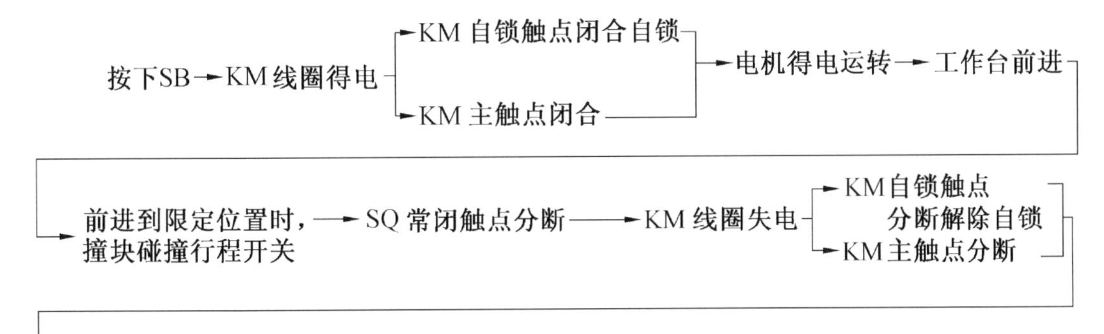

这种控制线路常用在行车或提升设备的行程终端保护上，以防止由于故障电机无法停车而造成的事故。

3.3.2　限位通电位置控制

限位通电控制是指运动部件在电机拖动下，到达预先指定的地点后能够自动接通控制线路的控制方式。图 3.30 是限位通电位置控制线路。图 3.30(a)为限位通电的点动控制线路，图 3.30(b)是限位通电的连续运转控制线路。电机拖动运动部件运动到指定位置时，撞块压下行程开关 SQ，使接触器 KM 线圈得电，产生新的控制操作，如加速、返回、延时后停车等。这种控制线路在各种运动方向或运动形式的控制中起到转换作用。

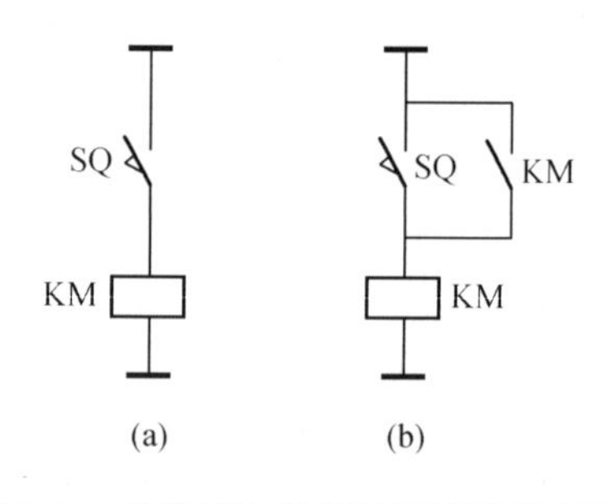

图 3.30　限位通电位置控制线路原理图

3.3.3　自动往复循环位置控制

有些生产设备要求工作台在一定距离内能自动往返，以便对工作件进行连续加工，如摇臂钻床的上升和下降控制中，为了使其能自动往返运动，用行程开关的常闭触点停止电机的正向运行，同时用行程开关的常开触点接通反向运行线路，从而实现限位的自动往返运行。

图 3.31 所示为一自动往返控制线路。当电机正转时，工作台向左运行，反之向右运行。

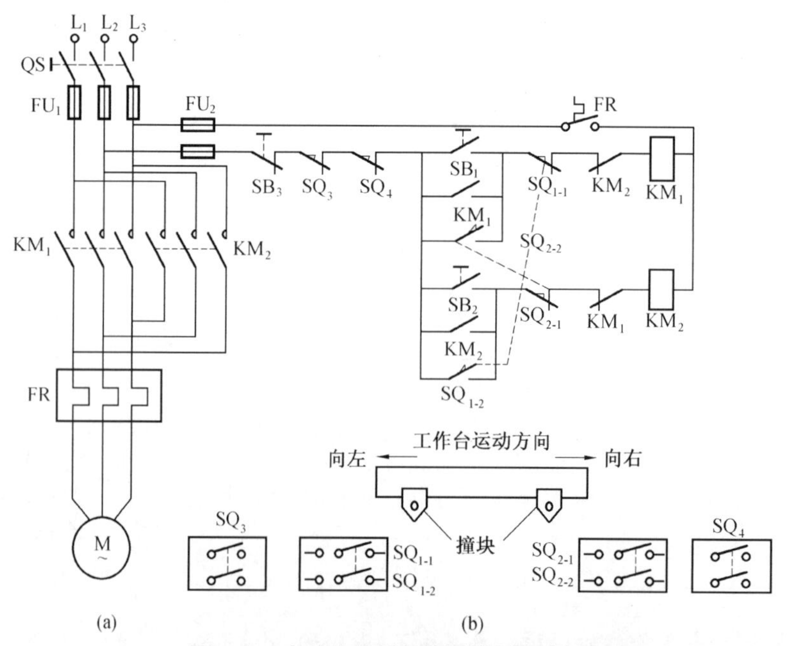

图 3.31　自动往复循环位置控制线路原理图

将四个行程开关 SQ_1、SQ_2、SQ_3、SQ_4 分别安装在工作台需要限位的两个终端上，其中 SQ_1 和 SQ_2 安装在需要自动往复循环位置的位置上。当工作台运行到所限位置时，行程开关动作，自动切换电机正反转，控制线路的断开与接通，实现工作台的自动往返。

行程开关 SQ_3 和 SQ_4 分别安装在设备的极限位置上，起保护作用，也称其为终端开关。SQ_3 和 SQ_4 的常闭触点串联在控制线路中，这样工作台运行到某个极限位置时，即使 SQ_1 和 SQ_2 失灵，SQ_3 和 SQ_4 也必将动作，从而切断控制线路，电机停转。

图 3.31 的控制线路工作原理如下。

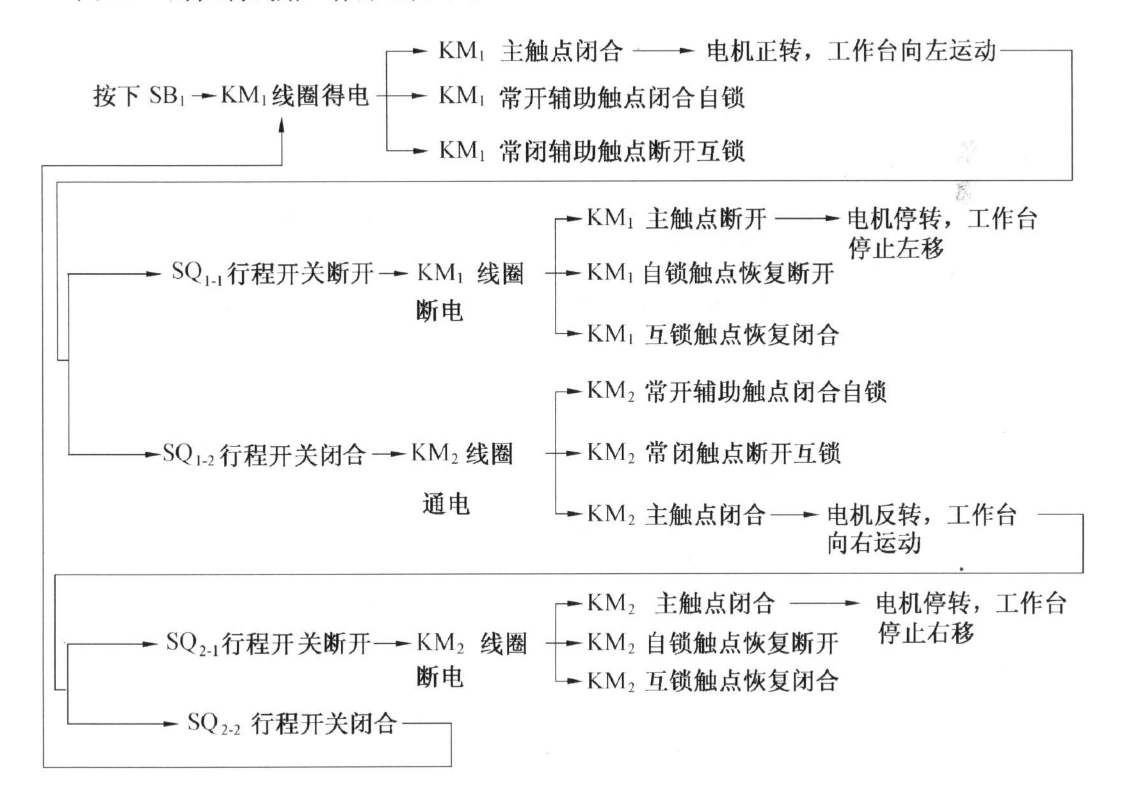

3.4　计算机数字控制系统

自计算机问世以来，数字控制系统在工业控制中得到了越来越广泛的应用，并且随着计算机价格的降低和可靠性的不断提高，把微型计算机作为制造自动化设备的控制装置已成为制造过程自动化控制系统的主流和发展方向。广义地说，计算机控制系统是指为各种以电子计算机作为其主要组成部分的控制系统，由于制造过程中被控对象的不同，受控参数千差万别，因此用于制造过程自动化的计算机控制系统有着各种各样的类型。如可编程控制系统、直接数字控制系统、自适应控制系统、分布式计算机控制系统等。由于电子计算机具有强大的快速运算与逻辑判断功能,并能对大量数据信息进行加工、运算、实时处理,所以计算机控制能达到一般电子装置所不能达到的控制效果,实现各种优化控制。计算机不仅能控制一台设备、一条自动线,而且能够控制一个机械加工车间甚至整个工厂,在制造系统自动化中起着越来越重要的作用。

3.4.1 计算机数字控制系统的组成及其特点

不同的机械制造系统因其完成的任务不同,其机械结构、运动规律、工作原理和完成的工艺过程都存在着千差万别,但其实现计算机控制、实现机电液的有机结合,以及组成计算机控制系统却有着共同之处。也就是说,在计算机数字控制系统中,使用数字控制器代替了模拟控制器,以及为了数字控制器与其他模拟量环节的衔接增加了模数转换元件和数模转换元件,其组成主要有工业对象和工业控制计算机两大部分。工业控制计算机主要由硬件和软件两部分组成,硬件部分主要包括计算机主机、参数检测和输出驱动、输入输出通道(I/O)、人机交互设备等;软件是指计算机系统的程序系统。图3.32所示为计算机数字控制系统硬件基本组成框图。

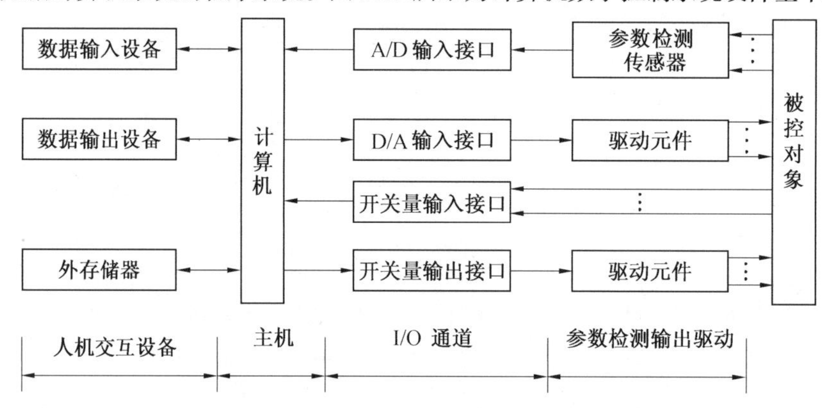

图3.32 计算机数字控制系统硬件基本组成框图

1.硬件部分

(1)主机

这是整个系统的核心装置,它由微处理器、内存储器和系统总线等部分构成。主机对输入的反映制造过程工况的各种信息进行分析、处理,根据预先确定的控制规律,作出相应的控制决策,并通过输出通道发出控制命令,达到预定的控制目的。

(2)参数检测和输出驱动

被控对象需要检测的参数一般分为模拟量和开关量两类。对于模拟量参数的检测,主要是选用合适的传感器,通过传感器将待检参数(如位移、速度、加速度、压力、流量、温度等)转换为与之成正比的模拟量信号。开关量通常指两种工作状态的参数,如电机的启动与停止、阀的开启与闭合等,常用行程开关、光电开关、接近开关、继电器接触器的吸合释放等开关型元件来完成,通过这些元件向计算机输入开关量电信号。还有一类开关量信号是用脉冲数或脉冲频率表征的,它是用光电编码器、压频传感器等相应的检测器件将待检测的参量转换来的,后续接口电路采用计数器或频率计对被测信号进行测量,所得成正比例的数值输入到计算机中。

对被控对象的输出驱动,按输出的控制信号形式,也分为模拟量信号输出驱动和开关量信号输出驱动。模拟量信号输出驱动主要用于伺服控制系统中,其驱动元件有交流伺服电机、直流伺服电机、液压伺服阀、比例阀等。开关量信号输出驱动主要用于控制只有两种工作状态的驱动元件的运行,如电机的启动/停止、开关型液压阀开启/闭合、驱动电磁铁的通电/断电等。还有一种输出驱动,如对步进电机的驱动,是将模拟量输出控制信号转换成一定频率、一定幅值的开关量脉冲信号,通过步进电机驱动电源的脉冲分配和功率放大,驱动步进电机的运行。

(3)输入输出(I/O)通道

I/O通道是在控制计算机和生产过程之间起信息传递和变换作用的装置,也称为接口电路。它包括:模拟量输入通道(AI)、开关量输入通道(DI)、模拟量输出通道(AO)、开关量输出通道(DO)。一般由地址译码电路、数据锁存电路、I/O控制电路、光电隔离电路等组成。随着工业控制用计算机的商品化,I/O通道也已标准化、系列化。控制系统设计时,可以根据实际的控制要求,以及实际所采用的工业控制用计算机型号进行选用。

(4)人机交互设备

人机交互设备是操作员与系统之间的信息交换工具,常规的交互设备包括:CRT显示器(或其他显示器)、键盘、鼠标、开关、指示灯、打印机、绘图仪、磁盘等。操作员通过这些设备可以操作和了解控制系统的运行状态。

2.软件部分

计算机系统的软件包含系统软件和应用软件两部分,系统软件有计算机操作系统、监控程序、用户程序开发支撑软件,如汇编语言、高级算法语言、过程控制语言以及它们的汇编、解释、编译程序等。应用软件是由用户开发的,包括描述制造过程控制过程以及实现控制动作的所有程序,它涉及制造工艺及设备、控制理论及控制算法等各个方面,这与控制对象的要求及计算机本身的配置有关。

计算机控制系统的主要优点是具有决策能力,其控制程序具有灵活性。在一般的模拟控制系统中,控制规律是由硬件电路产生的,要改变控制规律就要更改硬件电路。而在计算机控制系统中,控制规律是用软件实现的,要改变控制规律,只要改变控制程序就可以了。这就使控制系统的设计更加灵活方便,特别是利用计算机强大的计算、逻辑判断和大容量的记忆存储等对信息的加工能力,可以完成“智能”和“柔性”功能。只要能编出符合某种控制规律的程序,并在计算机控制系统上执行,就能实现对被控参数的控制。

实时性是计算机数字控制系统的重要指标之一。实时,是指信号的输入、处理和输出都要在一定的时间(即采样时间)范围内完成,亦即计算机对输入信息以足够快的速度进行采样并进行处理及输出控制,如这个过程超出了采样时间,计算机就失去了控制的时机,机械系统也就达不到控制的要求。为了保证计算机数字控制系统的实时性,其控制过程一般可归纳为三个步骤:

第一,实时数据采集。对被控参数的瞬时值进行检测,并输入到计算机。

第二,实时决策。对采集到的状态量进行分析处理,并按已定的控制规律,决定下一步的控制过程。

第三,实时控制输出。根据决策,及时地向执行机构发出控制信号。

以上过程不断重复,使整个系统能按照一定的动态性能指标工作,并对系统出现的异常状态及时监督和处理。对计算机本身来讲,控制过程的三个步骤实际上只是反复执行算术、逻辑运算和输入、输出等操作。

3.4.2 计算机数字控制系统的分类

计算机在制造过程中的应用目前已经发展到了多种形式,根据其功能及结构特点,一般分为数据采集处理系统、直接数字控制系统(DDC)、监督控制系统(SCC)、分布控制系统(DCS)、现场总线控制系统(FCS)等几种类型。

1.数据采集处理系统

在计算机的管理下,定时地对大量的过程参数实现巡回检测、数据存储记录、数据处理(计算、统计、整理等)、进行实时数据分析以及数据越限报警等功能。严格地讲,它不属于计算机控制,因为在这种应用中,计算机不直接参与过程控制,所得到的大量统计数据有利于建立较精确的数学模型,以及掌握和了解运行状态。

2.直接数字控制系统(Direct Digital Control,DDC)

如图 3.33 所示,计算机通过测量元件对一个或多个物理量进行巡回检测,经采样和 A/D 转换后输入计算机,并根据规定的控制规律和给定值进行运算,然后发出控制信号直接控制执行机构,使各个被控参数达到预定的要求。控制器常采用的控制算法有离散 PID 控制、前馈控

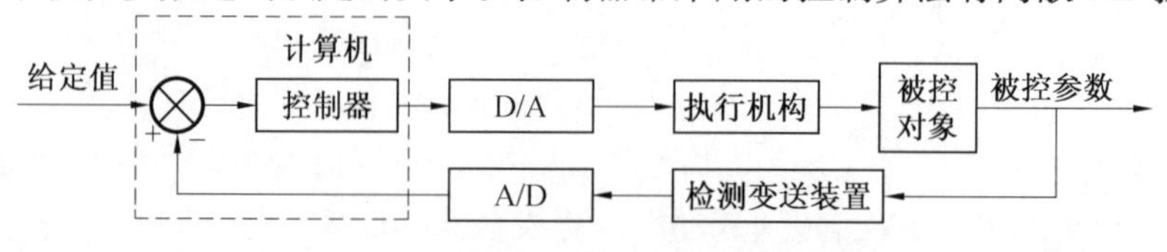

图 3.33 计算机直接数字控制系统框图

制、串级控制、解耦控制、最优控制、自适应控制、鲁棒控制等。

3.监督控制系统(Supervisory Computer Control,SCC)

在DDC系统中,计算机是通过执行机构直接进行控制的,而监督控制系统则由计算机根据制造过程的信息(测量值)和其他信息(给定值等),按照制造系统的数学模型,计算出最佳给定值,送给模拟调节器或DDC计算机控制生产过程,从而使制造过程处于最优的工况下运行。它不仅可以进行给定值控制,还可以进行顺序控制、最优控制及自适应控制等,它是操作指导控制系统和DDC系统的综合与发展。

监督控制系统有两种不同的结构形式:一种是SCC+模拟调节器,另一种是SCC+DDC控制系统。其构成分别如图3.34、3.35所示。

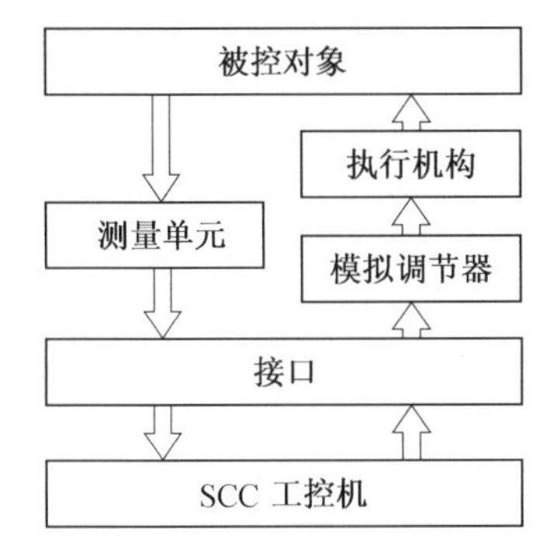

图3.34　SCC+模拟调节器的控制系统图

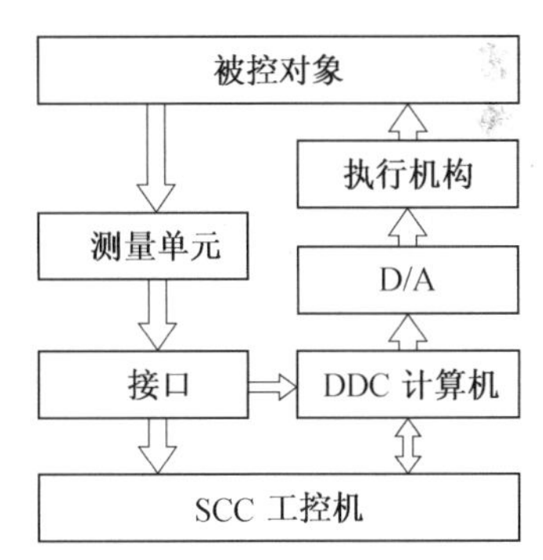

图3.35　SCC+DDC的控制系统图

从图中不难看出,SCC+DDC方式的监督控制系统实际就是分级控制系统,一级为监控级,另一级为DDC控制级。SCC系统较DDC系统更接近生产变化实际情况,它不仅可以进行给定值控制,同时还可以进行顺序控制、最优控制等。在SCC中,由于SCC级计算机承担了先行控制、过程优化与部分管理任务,信息存储量大、计算机任务重,所以一般选用高档型计算机作为SCC级计算机。

4.分布式控制系统(Distributed Control System,DCS)

在生产中,针对设备分布广,各工序、设备同时运行这一情况,分布式控制系统采用若干台微处理器或微机分别承担不同的任务,并通过高速数据通道把各个生产现场的信息集中起来,进行集中的监视和操作,以实现高级复杂规律的控制,又称为集散式控制系统,其结构框图如图3.36所示。

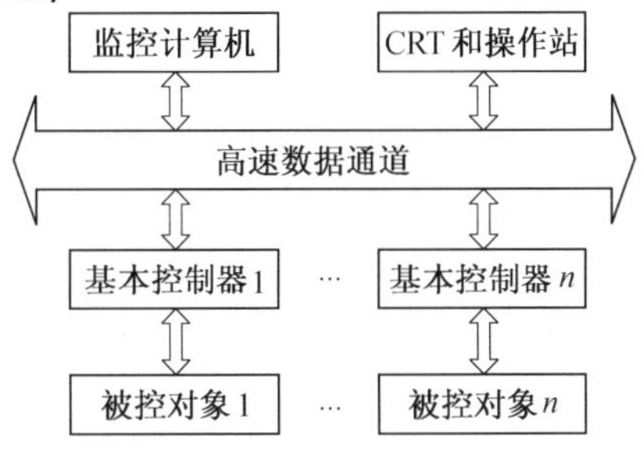

图3.36　分布式控制系统框图

该控制系统的特点是:

第一,容易实现复杂的控制规律。

第二,采用积木式结构,构成灵活,易于扩展。

第三,计算机控制和管理范围的缩小,使其应用灵活方便,可靠性高。

第四,应用先进的通信网络将分散配置的多台计算机有机联系起来,使之相互协调、资源共享和集中管理。

5.现场总线控制系统(Fieldbus Control System,FCS)

现场总线是将自动化最底层的现场控制器和现场智能控制仪表设备互连的实时控制通信网络。具有可互操作的网络将现场可控制器及仪表设备互连,构成现场总线控制系统。控制功能彻底下放到现场,降低了安装成本和维护费用。因此,FCS实质是一种开放的、具有可互操作性的、彻底分散的新一代分布式控制系统,它与管理信息系统(Management Information System,MIS)组合,构成工业企业网。

3.4.3 计算机数字控制系统发展趋势

1.各种新型计算机控制系统大量涌现

计算机控制正向深度发展,特别是向智能化发展出现了许多新的控制理论。

(1)最优控制

在生产过程中为了提高质量,增加产量,节约原材料和能源,要求生产管理及生产过程处于最佳工作状况。最优控制理论就是使生产过程获得最好经济效益的控制。最优控制比一般控制复杂得多。随着控制理论的发展和各种高性能计算机的出现,最优控制系统已经越来越多。

(2)自适应控制

控制系统具有自适应能力,当环境发生变化时,系统本身可适应环境的变化,使系统保持最优化。也就是说,在最优控制系统中,当被控对象的参数、环境以及原材料的成分发生变化时,系统就不再继续处于最佳状态,控制指标将明显下降。若系统本身能适应外界变化而自动改变控制规律(算法),使系统仍处于最佳工作状况,这就是自适应系统。自适应系统包括性能估计(辨识)、决策和修改三部分。它是微型计算机控制系统的发展方向。

(3)模糊控制

对于控制系统来讲,经典控制理论在解决线性定常控制系统的控制问题方面十分有效。但对于那些大滞后、非线性等复杂工业对象,或难以获得数学模型的工业系统,则难以实现自动控制。为此,近些年出现了一种仿照人的思维方法的模糊逻辑理论,并把它应用与计算机控制系统，取得了良好的效果。目前它在国内外正得到越来越广泛的应用。

(4)智能控制

智能化是使计算机具有人脑的部分思维功能，以解决人们难以解决或至今还不知道如何解决的问题。为了实现人工智能，人们一直在进行着智能化计算机的研究，相继出现的专家系统、智能机器人、神经网络技术等都是人工智能研究领域的典型成就。专家系统是指用计算机模拟专家的行为，根据输入的原始数据进行推理，做出判断和决策，从而起到专家的作用。智能机器人是人工智能领域中各个研究课题的综合产物，其目标是努力为机器人配置各种智能，如感知能力、推理能力、规划能力，使机器人能说话，可以主动适应周围环境的变化和通过学习提高自己的工作能力，如代替人值班、代替人完成有害环境或恶劣环境下的危险工作等。神经网络技术就是模拟人脑的细胞结构和信息传递方式来研制智能计算机。相信在不久的将来，生物计算机、神经网络计算机将会展现在人们面前。

2.分布式控制系统大量使用

采用分布式控制系统是计算机控制系统的发展趋势之一。工业控制一般采用集散式或主从式控制系统。它使用单片机来进行直接数字控制，置于分级控制系统的最底层。而用微型计算机或小型计算机作为上级计算机，完成协调各控制器的工作、优化系统特性、采集数据等功能。在需要时，还有更上一级的管理计算机，完成制订生产计划、产品管理、财务管理、人员管理、销售管理等功能，它一般使用高档微机或中、小型计算机实现，具有大容量外存和各种外围设备。分布式控制系统比起集中控制系统来说，具有可靠性高、速度快、系统模块化、价格低、设计开发维护简便等特点。

3.可编程控制器的普及使用

以微处理器为基础的可编程序控制器(简称 PLC)，是过程控制的专用微机系统，它是面向生产过程控制的新型自动化装置。它用来取代传统的继电器来完成开关量的控制，如输入、输出，以及定时、计数等，具有体积小、可靠性高、编程方便、使用简单、抗干扰能力强等特点。近几年来，PLC 得到迅速发展，并且出现了具有 A/D、D/A 和 PID 调节等功能的 PLC，可完成各种工业过程控制。

3.4.4　计算机数字控制系统实例

1.数控机床控制系统

自从 1952 年世界上第一台三坐标数控铣床问世以来，数控机床的发展至今已有了 50 余年历史，在此期间，数控机床技术得到了巨大的发展。从数控系统来看，由以电子管为基础的硬件数控技术发展到目前以微处理器和高性能伺服驱动单元为基础的控制系统，其控制系统如图 3.37 所示。从图中可以看出，数控机床的控制系统是由机床控制程序、计算机数控装置、可编程控制器 PLC、主轴控制系统及进给伺服控制系统组成的。数控系统中，CNC 装置根据输入的零件加工程序，通过插补运算计算出理想的运动轨迹，然后输出到进给伺服控制系统，加工出所需要的零件。

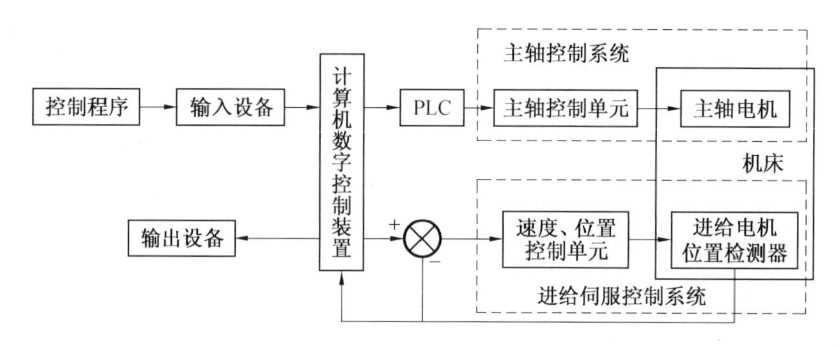

图 3.37 数控机床控制系统的组成

CNC 装置对机床的控制既有对刀具交换、冷却液开停、工作台极限位置等一类开关量的控制，又包含用于机床进给传动的伺服控制、主轴调速控制等数字控制。进给伺服控制实现对工作台或刀架的进给量、进给速度以及各轴间运动协调的控制，是 CNC 和机床机械传动部件间的联系环节，一般有开环控制、闭环控制和半闭环控制等几种控制方式。图 3.38 为闭环控制形式的进给伺服控制系统示意图。该系统直接在移动工作台上安装直线位移检测装置，如光栅、磁尺、感应同步器等，检测出来的反馈信号与输入指令比较，用比较的差值进行控制。它能够平滑地调节运动速度，精确地进行位置控制。

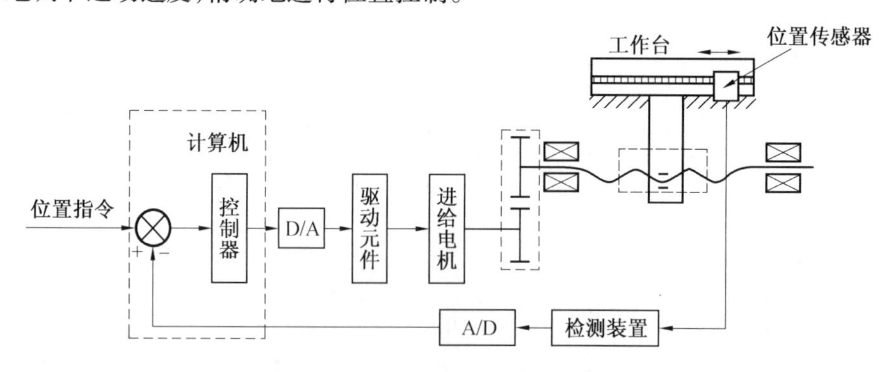

图 3.38 闭环进给伺服驱动系统

2.自动循迹小车控制系统

自动导引车(Automatic Guided Vehicle, AGV)是 20 世纪 80 年代发展起来的智能型移动机器人,它具有电动车的特征。AGV可以选用单片机、DSP等微处理器作为小车的核心控制器,车载轮式驱动系统一般采用直流伺服电动机作为驱动元件。考虑到小车必须能够前进、倒退、停止,并能灵活转向,一般在左右两轮各装一个电机分别进行驱动。当左轮电机转速高于右轮电机转速时小车向右转,反之则向左转。为了能控制车轮的转速,可以采用PWM等调速控制算法。下面以实现小车在白色地板上循黑线行走为例进行说明。

小车在白色地板上循黑线行走,通常采取的方法是红外探测法。红外探测法是利用红外线在不同颜色的物体表面具有不同反射性质的特点,在小车行驶过程中不断地向地面发射红外光,当红外光遇到白色纸质地板时发生漫反射,反射光被装在小车上的接收管接收;如果遇到黑线则红外光被吸收,小车上的接收管接收不到红外光。控制单元根据是否收到反射回来的红外光为依据来确定黑线的位置和小车的行走路线。

具体的循迹过程中,为了能精确测定黑线位置并确定小车行走的方向,需要同时在底盘装设四个红外探测头,进行两级方向纠正控制,提高其循迹的可靠性。这四个红外探头的具体安装位置如图3.39所示。

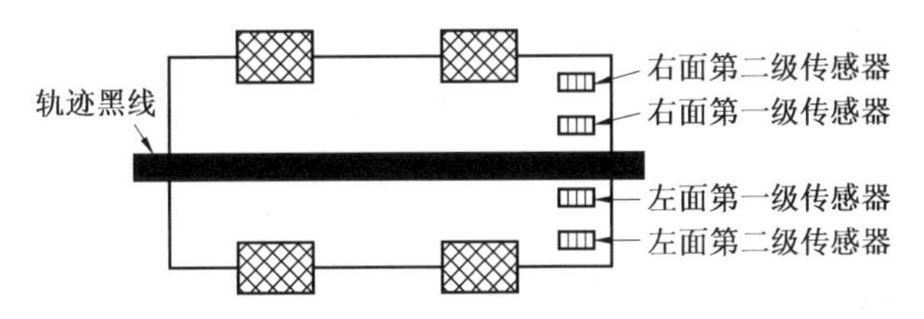

图3.39　自动循迹小车底面俯视示意图

图3.39中循迹传感器共安装四个,全部在一条直线上。当小车偏离黑线时,控制单元根据第一级探测器的信号按照预先编定的程序对小车路径予以纠正。若小车回到了轨道上,即四个探测器都只检测到白纸,则小车会继续行走;若小车由于惯性过大依旧偏离轨道,越出了第一级两个探测器的探测范围,这时第二级动作,再次对小车的运动进行纠正,使之回到正确轨道上去。第二级方向探测器实际是第一级的后备保护,提高了小车循迹的可靠性。为了使小车能够按轨迹行走的更流畅,可以在软件编程时运用一些简单的算法。例如,在对小车进行纠偏时,适当提前停止纠偏,而不要等到小车完全不偏时再停止。

3.5　DNC控制系统

3.5.1　DNC系统概念

1980年颁布的ISO2806对于DNC定义为"Direct Numerical Control(直接数控)",其概念为:

“此系统使一群数控机床与公用零件程序或加工程序存储器发生联系。一旦提出请求,它立即把数据分配给有关机床”。这种技术在上世纪70年代到80年代的研制及应用表明,由于系统复杂,可靠性差,因此得不到发展。后来因CNC和FMS技术的发展,人们更加注意对单台数控系统和FMS的研究。但随着计算机网络和通信技术的发展以及工厂自动化的需要,单台数控设备(包括加工中心)联网运行的要求越来越迫切,同时FMS由于投资风险大,因而国内外关于DNC的研究又重新活跃起来。在1994年颁布的ISO2806定义DNC为“Distributed Numerical Control(分布式数控)”。这样,其概念也发生了本质的变化,其意义为“在生产管理计算机和多个数控系统之间分配数据的分级系统”。DNC技术从单纯的程序数字传输发展为生产环境中底层数据交换,更多地融入了管理数据。

目前,DNC已成为现代化机械加工车间的一种运行模式,它将企业的局域网与数控加工机床相连,实现了设备集成、信息集成、功能集成和网络化管理,达到了对大批量机床的集中管理和控制,成为CAD/CAM和计算机辅助生产管理系统集成的纽带。数控设备上网已经成为现代制造系统发展的必然要求,上网方式通常有两种:一是通过数控设备配置的串口(RS-232协议)接入DNC网络,二是通过数控设备配置的以太网卡(TCP/IP协议)接入DNC网络。流行且实用的方式是通过在数控设备的RS-232端连接一个TCP/IP协议转换设备(如:MOXA公司的NPROT-DE211或CN25160-16等设备)将RS-232协议转换成TCP/IP协议入网,如图3.40所示,这种方式简单、方便、实用,具有许多优点,但从本质上讲它还是RS-232串口模式。

由于技术的不断发展,网络和开放概念的不断深入,世界上各著名数控系统制造商纷纷投资研制具有网络接口的数控系统,提供符合MAP标准的DNC网络接口选件,并提供了开发接口库,第三方开发商可以在此基础上进行二次开发,由此可以形成功能强大的真正的DNC,可以对数控机床进行全面的控制。采用局域网通信方式大大提高了NC程序管理的效率,同时,通过TCP/IP通信协议进行网络通信的局域网模式即将成为一种普及的方式,其系统连接如图3.41所示。但就数控技术的发展现状而言,全面实施局域网式DNC还有相当一段距离,目前还是以串口(RS-232协议)接入DNC网络为主。

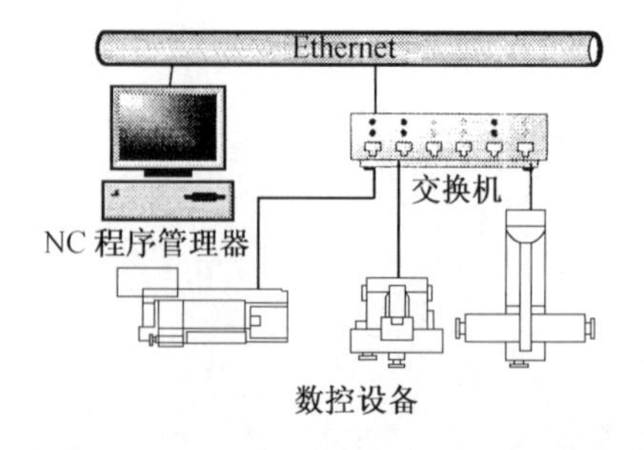

图3.40 串行通信RS-232的DNC网络结构图

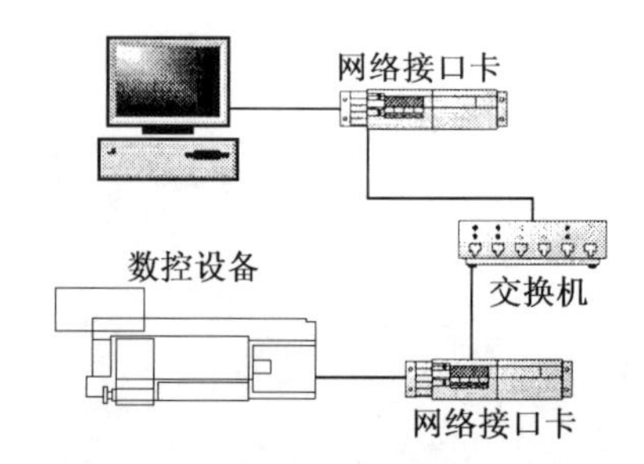

图3.41 局域网式DNC系统结构图

3.5.2　企业实施DNC系统的意义

随着市场经济和企业信息化的发展，企业数控设备的数量越来越多，加上用户使用了多种信息管理系统，如ERP、PDM、CRM、CAD/CAPP/CAM等，各种系统之间还必须考虑信息共享，以避免信息化孤岛。因此，使用DNC技术对数控设备群进行管理势在必行。DNC网络管理更大程度上体现了对数控程序及数控设备管理的功能，满足了企业高自动化生产及资源共享的要求。具体意义如下。

(1)减少固定成本且不需要将来的资金再投入

首先，将减少计算机数量。如果企业想实现所有的数控设备RS-232连线通信且用一台计算机控制一台数控设备，这样一台数控设备需要配备一台计算机，既增加了计算机的投资又造成车间整体的不协调，且影响车间的工作环境，比如油污、噪音、震动等会给计算机的运行造成危害。

其次，将减少软盘的损耗。因软盘的容量、质量及其他原因，造成软盘的使用量大，甚至会影响到机床的有效加工时间。

(2)减少人工成本及提高效率

机床操作者在机床上可以远程调用DNC服务器上的NC程序，也可以在机床上将重要的NC程序保存到DNC服务器上。不必因为程序传输问题在机床和编程室间来回奔波或与编程人员协调交流等，节省了大量的工作时间。较传统的通信方式相比，可提高50%的工作效率。

(3)提高管理水准

可以将设计部、加工部和机床操作者有机地联系起来。设计部通过网络将CAD模型发到加工部，加工部把加工程序文件编好后，只需列一个任务清单给机床操作者。机床操作者就可以在机床上自动调用所需加工的程序文件。这样各个部门相对独立工作，大家均按照同一物料清单工作，各司其职，职责分明，减少了中间工作衔接部分因交接而造成的时间浪费。同时便于编制生产作业计划和减少车间管理工作的强度。

(4)为企业资源管理(ERP)奠定基础

(5)实现一定程度的数控设备监控功能

DNC系统在程序传输过程中可以产生详细的传输报表，可以提供诸如接收、发送时间，DNC加工开始和结束时间，所传输的程序文件名等信息，便于管理人员提取需要的信息进行工时核算，任务分配等工作。

(6)实现更大程度上的资源共享

因为所有的程序均集中在服务器上，机床只是作为一个终端用于加工作业。数控设备基本不需存储数控程序。每台数控设备均可以按要求调用所需的加工程序，即“按需分配”。

(7)合理分配及最大限度利用现有数控设备资源

可以按照任务情况,根据生产计划合理分配机床负荷。当机床因故障等原因无法正常工作时,可以灵活转移工作任务。

(8)构筑企业信息化中重要的一环

生产制造型企业,实施信息化系统,其中最重要的是数据。数据流能否流通是信息化系统实施后能否成功的关键。DNC 是由 CAD/CAM 产生的数据流入数控车间的桥梁,并且可以对该数据进行合理分流,达到生产效率最大化。

(9)提高机床有效工作时间

机床的有效工作时间指机床用于实际加工零件所占用的时间。DNC 系统可以结合车间管理系统(MCE),灵活分配工作任务,既避免机床工作任务超负荷,也避免机床处于空闲状态。即可以对生产任务进行优化,提高机床有效工作时间。

(10)科学保证大规模集成化生产的要求

数控车间的集成化生产可以降低生产成本,提高生产效率及带动相关工序的工作效率。

3.5.3 DNC 系统的构成

综上所述,集成的思想和方法在 DNC 中占有越来越重要的地位,集成已成为现代 DNC 的核心,图 3.42 描述了现代 DNC 系统的构成。

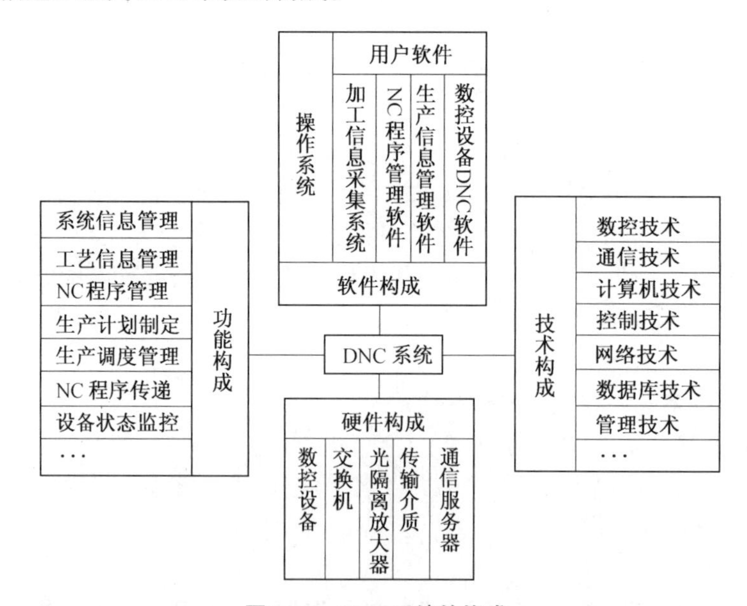

图 3.42 DNC 系统的构成

不难看出,DNC系统是以数控技术、通信技术、控制技术、计算机技术和网络技术等先进技术为基础,把与制造过程有关的设备(如数控机床等)与上层控制计算机集成起来,从而实现制造车间制造设备的集中控制管理以及制造设备之间、制造设备与上层计算机之间的信息交换。因此,DNC系统已经完全成为现代化机械加工车间实现设备集成、信息集成和功能集成的一种方法和手段,是未来车间自动化的重要模式。DNC的构成还可以从结构特征、功能特征和过程特征等几方面进一步描述。

(1)结构特征

DNC系统是把与制造过程有关的设备(如数控机床等)、主控计算机和通信设施等按一定的结构和层次组合起来的一个整体。

(2)功能特征

DNC系统通过DNC主机实现对制造车间的数控机床等制造设备的集中控制管理,并可实现与上层计算机的信息集成,具有与CAD、CAPP、CAM、MPRⅡ等系统的信息接口。

(3)过程特征

DNC系统只涉及与产品制造有关的活动,不包括市场分析、产品设计、工艺规划、检验出厂和销售服务等环节。

3.5.4 典型DNC系统的主要功能

(1)程序双向通信功能

一般DNC系统常采用客户/服务器结构,利用RS-232接口的通信功能或以太网卡控制功能,在数控设备端进行数据的双向传输等全部操作,可实现按需下载和按需发送,服务器端实现无人值守、自动运行。每台DNC计算机可管理多达256台数控设备,且支持多种通信协议,适应各种设备的通信要求(RS-232/422/485、TCP/IP甚至特定的通信协议)。双向通信中一般还要求具有字符和字符串校验、文件的自动比较、数据的异地备份、智能断点续传的在线加工以及数控端的每项操作都有反馈消息(成功、失败、错误、文件不一致等)等功能。

(2)信息采集功能

传统的DNC系统只注重NC程序的传输与管理,而现代化的数控设备管理概念是将数控设备作为一个信息的节点纳入到企业集成信息化的管理中,实时、准确、自动地为整个信息系统提供相应的数据,并实现管理层与执行层信息的交流和协同工作。

目前,DNC系统实现信息采集方式主要有以下几种。

第一种是RS-232协议的串口模式。一般数控系统都配置有RS-232串口,因此只要数控系统具有I/O变量输出功能,即可实现信息采集。这种方式无需数控设备增加任何硬件和修改PLC,因此,对各种数控系统实现信息采集具有普遍性。

第二种是TCP/IP协议的以太网模式。随着技术的发展,数控设备配置以太网功能已是大势所趋,而以太网方式的信息采集内容更加丰富,是未来的发展方向。

第三种是各种总线模式。需要专用的通信协议和专用的硬件,且需要修改数控系统的PLC,需要得到数控系统厂商的技术支持,这种方式的网络只适用于同类型数控系统且管理模式单一的网络系统,因此,不具有通用性的发展意义。

DNC系统具备信息采集功能,其目的主要是以下两个方面:一是实现对数控设备的实时控制,二是实现生产信息的实时采集与数据的查询。前者要做到,控制数控设备上的程序修改,非法修改后,设备不能启动;控制数控设备上的刀具寿命,超过寿命后未换刀,设备不能启动。后者应实现,设备实际加工时间统计、实际加工数量统计、停机统计、设备加工/停机状态的实时监测、设备利用率统计、设备加工工时统计等。

(3)与生产管理系统的集成功能

传统的DNC程序管理属于自成一体,单独使用,其数控程序传递到数控设备的方式为按需下载模式,即操作人员在需要的时候通过DNC网络下载需要的数控程序,其优点是操作人员下载程序方便、灵活、自由度高;缺点是容易下载到错误的程序,不能按照生产任务的派产进行程序的下载。目前的DNC系统既可以做到程序的按需下载,同时也可以做到通过与生产管理系统、信息采集系统进行无缝集成的方式,实现数控程序的按需发送,其优点是操作工只能下载到当前已经排产的数控程序,而不会下载到错误的程序,可以严格执行生产任务安排,防止无序加工;缺点是操作人员下载程序的灵活性降低。

(4)数控程序管理功能

数控程序是企业非常重要的资源,DNC可以实现对NC程序进行具备权限控制的全寿命管理,从创建、编辑、校对、审核、试切、定型、归档、使用直到删除。具体包括:NC程序内容管理、版本管理、流程控制管理、内部信息管理、管理权限设置等功能。

• 内容管理。它包括程序编辑、程序添加、程序更名、程序删除、程序比较、程序行号管理、程序字符转换、程序坐标转换、加工数据提取、程序打印、程序模拟仿真。

• 版本管理。DNC系统中,按照一定的规范设计历史记录文件格式和历史记录查询器,每编辑一次NC程序,将编辑前的状态保存在这个记录文件中,以方便用户进行编辑追踪。

• 流程控制管理。NC程序的状态一般分为编辑、校对、审核、验证、定型五种,具体管理过程如下:NC程序编辑完成后,提请进行程序校对,以减少错误,校对完成后,提交编程主管进行审核,审核通过后开始进行试加工,在此过程中可能还需要对NC程序进行编辑修改,修改完成后再审核,直到加工合格后,由相关人员对程序内容和配套文档做整理验证,验证完成后提请主管领导定型,定型后的程序供今后生产的重复使用。

• 内部信息管理。它主要指对NC程序内部属性进行管理,如:程序号、程序注释、轨迹图号、零件图号、所加工的零件号、加工工序号、机床、用户信息等,还包括对加工程序所用刀具清单、工艺卡片等进行管理。

• 管理权限设置。用户权限管理主要是给每个用户设置不同的NC程序管理权限,以避免自己或别人对NC程序进行误编辑，体现责任分清。

(5)与PDM系统集成功能

目前，能够满足企业各方面应用的PDM产品应具有以下功能：文档管理、工作流和过程管理、产品结构与配置管理、查看和批注、扫描和图像服务、设计检索和零件库、项目管理、电子协作等。

数控程序从根本上讲属于文档资料的范畴，可以使用PDM系统进行管理，但由于数控程序的特殊性，它的使用对象不仅限于工艺编程与管理人员在企业局域网上使用，更重要的且最终使用对象是数控设备，且使用过程中需要不断地与数控机床进行数据交换，因此，只有使DNC与PDM系统进行无缝集成，才能使PDM系统更加灵活的管理数控程序文件。

3.6　多级分布式计算机控制系统

3.6.1　多级分布式计算机控制系统的结构和特征

随着小型、微型计算机的出现，逐渐形成了计算机网络系统，其功能犹如一台大型计算机，而且在众多方面优于单一的大型计算机系统。制造业中有许多任务要处理数字式输入和输出信号，这些任务由微型机和小型机完成是非常合适的。计算机系统设计者详细分析工厂控制这一复杂系统时往往会发现，这些系统能够进一步划分成模块化的子系统，由小型或微型计算机分别对它们进行控制，每台计算机完成总任务中的一个或多个功能模块，于是引入了所谓的多级分布式计算机控制系统，或称递阶控制系统。

计算机多级控制系统中，计算机形成一个像工厂（企业、公司）管理机构一样的塔形结构，其一般结构如图3.43所示。

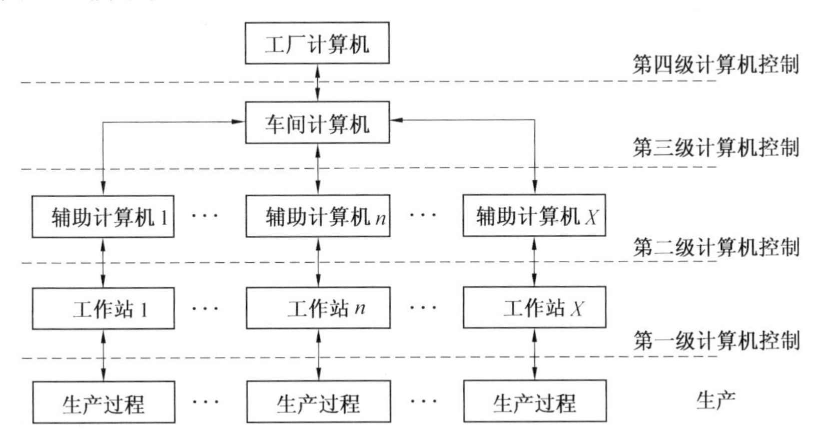

图3.43　计算机多级控制系统机构框图

多级系统中的各种计算机由许多通信线路连接在一起，通过通信线路形成的信息通道，既向上传送数据和状态，也将各种命令等从上向下传送到各个生产设备。

对于多级分布式计算机控制系统各控制级别，其具体功用如下。

• 第一级计算机控制。多级系统的最低一级是直接与生产过程相连接的微型计算机、单片机或可编程控制器，用以对生产过程进行监督和控制，也称为工作站级。工作站级计算机安装在紧靠其监督和控制的生产过程处，在许多情况下，计算机就是加工设备(如 CNC 机床)的一个组成部分。该级计算机专门用于控制生产过程并负责与第二级计算机进行通信联系。

• 第二级计算机控制。也称为单元级控制，一般安装在车间各工(区)段处。其主要功能是协调控制，协调在其控制下的低一级计算机的工作，采集各台机床、观察点的运行数据，反过来又将各项命令传送给各加工过程的观察点，同时也向一台上级计算机发送或接收信息。

• 第三级计算机控制。也称为车间级控制，实现从车间(分厂)的各个工段采集并汇总生产数据，及时向有关部门做出报告。这些报告可以根据信息的性质按天、周或月提出。经过单元级和工作站级控制将指令送回生产设备。

• 第四级计算机控制。也称为工厂级控制，该级计算机采集和汇编来自工厂所属各车间(分厂)的数据，对各个分厂及整个工厂的工作进行汇总，完成原材料价格分析、生产历史记录、管理报告编制、经济指标核算等任务，实现对整个系统的综合管理和自动化控制。

在多级系统中，数据处理通常采用分布式的。即重复的功能和控制算法，诸如数据的收集、控制命令的执行等直接控制任务，是由最低一级来处理。反之，总任务的调度和分配、数据的处理和控制等则在上一级完成。这种功能的分散，其主要好处集中表现在提高最终控制对象的数据使用率，并减少由于硬件、软件故障而造成整个系统失效的事故。

3.6.2 多级分布式计算机控制系统的互联技术

就多级分布式计算机系统的结构而言，其复杂程度既与系统本身的规模有关，也与各个计算机地理位置的分散程度有关。这些中小型或微型计算机系统和装置，有的可能集中在一个或几个相邻的控制单元，有的可能在整个机械制造自动化车间或工厂，甚至更大范围。不同的结构有着不同的互联技术，以下就将针对系统互联的几项关键技术做以简要论述。

1. 多级分布式计算机系统的局域网络(Local Area Network，LAN)

随着多级系统的发展和自动化制造系统规模的不断扩大，如何将各级系统有机地连接在一起，这就很自然地提出了所谓网络的要求。局域网络正是能满足这种要求的网络单元，它可以将分散的自动化加工过程和分散的系统连接在一起，可以大大改善生产加工的可靠性和灵活性，使之具有适应生产过程的快速响应能力，并充分利用资源，提高处理效率。网络技术成为多级分布式计算机控制系统的关键技术之一。

一般来说,局域网络由以下几部分组成:双绞线、同轴电缆或光纤作为通信媒介的通信介质,以星型、总线型或环型的方式构成的拓扑结构,网络连接设备(网桥、集成器等),工作站,网络操作系统,以及作为网络核心的通信协议。

图3.44为适用于中小型企业的局域网络工业控制系统结构图。该系统网络结构由上下两层以太网(Ethernet)组成,采用TCP/IP通信协议,利用TCP/IP提供的进程间通信服务进行异种机进程间实时通信,快速地在控制器与设备间进行报文交换,达到实时控制的目的。上下两层局域网时间用网桥互联,图中的工作站既是生产设备的控制器,又起到设备入网的连接作用。生产设备与工作站之间可通过RS-232接口进行点一点通信。

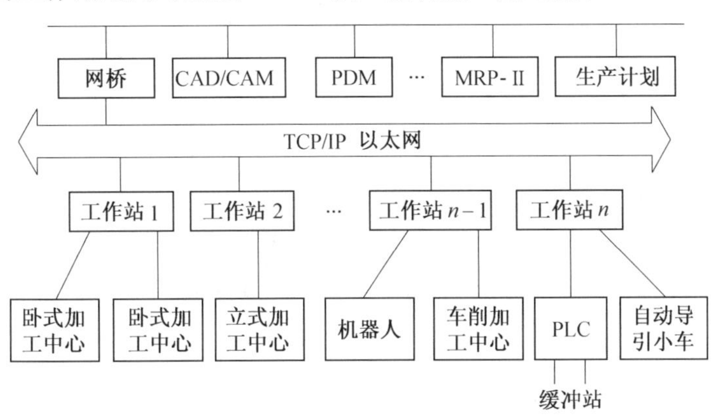

图3.44　局域网络工业控制系统结构

2.多级分布式计算机系统点-点通信

点-点通信是把低层设备与其控制器直接相连后实现信息交换的一种通信方式,在分布式工业控制系统中用得很多,其原因主要如下。

1)分布式工业控制系统中有许多高档加工设备,例如各种加工中心、高精度测量机等,它们都在单元控制器管理下协调地工作,因此需要把它们和单元控制器连接起来。一般有两种连接方法:第一种方法是通过局域网互联,对于具有联网能力的加工设备可以采用这种方法;第二种方法是把设备用点-点链路与控制器直接连接。两种连接方法如图3.45所示。目前,具有网络接口功能的设备还不是很多,因此大多采用第二种方法。

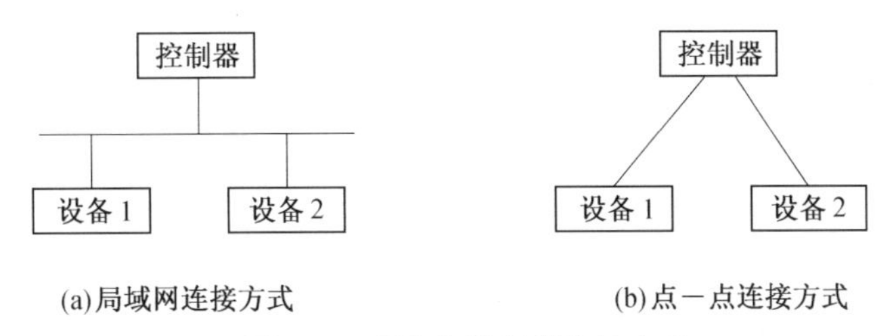

(a)局域网连接方式　　(b)点一点连接方式

图3.45　设备与控制器连接方式

2)点－点通信所需费用低,易于实现,几乎所有的低层设备及计算机都配备有串行通信接口,只要用介质把接口正确连接起来就建立了通信的物理链路。因此这种方法比用局域网所需费用低很多,实现起来也很简单。

点－点通信物理接口标准化工作进行得较早,效果也最显著,使用最广泛的是由美国电子工业协会(EIA)提出的 RS-232C 串行通信接口标准,它规定用 25 针连接器,并定义了其中 20 根针脚的功能,详细功能可查阅手册。具体使用 RS-232C时,常常不用全部 20 条信号线而只是取其子集,例如计算机和设备连接时,由于距离较短,不需调制解调器(MODEM)作为中介,只要把其中的三个引脚互连,如图 3.46 所示,其中的 TXD 是数据发送端,RXD 是数据接收端,SG 是信号地。在规程方面,RS-232C 可用于单向发送或接收、半双工,全双工等多种场合,因此 RS-232C 有许多接口类型。对应于每类接口,规定了相应的规程特性,掌握这些规程特性,对于接口的正确设计与正常工作是至关重要的。

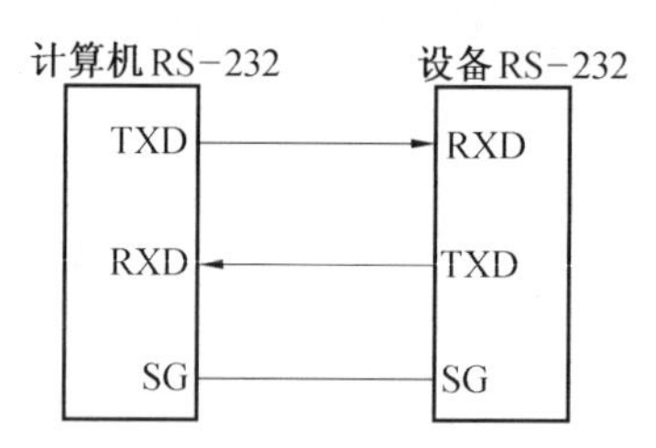

图 3.46 计算机与设备互连

RS-232C 为点－点通信提供了物理层协议,但这些协议都是由厂家或用户自行规定的,因此兼容性差。例如,若单元控制器直接连接两台不同厂家的设备,那么在控制器中就要开发两套不同的通信驱动程序才能分别与两台设备互联通信,这种不兼容性造成低层设备通信开支的浪费。因此点－点通信协议的标准化、开发或配置具有直接联网通信接口的低层设备已成为用户的迫切要求。

3.制造自动化协议(MAP)

制造自动化协议(Manufacturing Automation Protocol,MAP)是美国通用汽车公司(GM)于 1980 年首先提出的。由于自动化水平的不断提高,GM 公司内部已拥有 4 万多台自动化设备,但是由于这些自动化设备如机床、机器人等来自不同的供应厂商,若不解决机器设备之间的通信问题,势必不能连接成一个整体系统。而要解决机器设备之间的通信问题,必须首先制定一个通信标准,此即 MAP。MAP 提出后,得到了世界上许多公司的关注和重视,尤其是一些著名的计算机公司,如 IBM、DEC 和 HP 等。在此形势下,MAP 用户协会于 1984 年 9 月宣告成立,于 1985 年发表了一个参考性 MAP 规范,从而为众多来自不同厂家的各种设备的集成提供了一个标准的、开放式的通信网络环境。

MAP 是基于 ISO 的开放系统互联 OSI 基本参考模型形成的,有七层结构,MAP3.0 与 OSI 的兼容性更好,图 3.47 是 MAP 的协议结构,由于实时要求,局域网的 MAC 协议选用 802.4 的 Token Bus,网络层选用无连接型网络服务。

制造信息规范(Manufacturing Message Specification,MMS)是自动化制造环境中一个极为重要的应用层协议,由于控制语言是非标准化的,造成即使具有标准的网络通信机制,不同生产厂商的设备仍无法交换信息。因而迫切需要一种“行规”,来解决不同类型设备,不同厂商的产品进行统一管理、控制和操作,MMS就是为此而制定的。

MMS协议的核心是虚拟制造设备(Virtual Manufacturing Device,VMD),它是网络中的一个虚拟设备,从网络中看,各种设备的操作都统一于VMD。因此,MMS的控制对象是统一的VMD,从VMD到实际设备的功能映射是由各厂商自己完成的,MMS仅对VMD的行为及控制机制作了规定,它向应用用户提供了80多条服务原语,用户只需填好参数而不必关心报文的交换及其编码就能向设备发出操作命令。MMS主要有八大类应用功能:上下文管理、加工程序传输管理、加工程序运行控制、变量访问、操作员通信、VMD支持、事件管理和日志管理。上下文管理为两个需要通信的MMS实体建立联系并负责对联系进行管理,建立好联系后,MMS用户就可进行程序上下传,控制NC程序运行等各种操作。

FTAM	MMS
CASE	
ACSE	
ISO表示层	
ISO会话层核心	
ISO传输层第4类协议	
ISO网间互连协议	
802.2LLC1	
802.4标记总线	

图3.47　MAP协议参考模型结构

MMS是一种不对称主－从式通信协议,发起者通常是单元控制器或工作站控制器。发起者请求响应者报告某一操作,响应者执行操作并向发起者报告操作结果。MMS发起方有三种可选择的权限,即控制(Control)、监控(Monitor)和对等(Peer)。若发起者具有控制权限,它的能力最强,所有控制机床操作或加工的MMS服务都有效,监控权限允许发起者接收状态信息,监视设备的运行但没有控制设备操作的能力。对等权限使发起者与响应者处于平等地位,此时两个对等设备控制器之间可以建立联系并交换操作员报文和NC程序。

MMS采用有连接证实型通信方式,两个MMS用户必须先在它们之间建立联系然后才可以在MMS环境中交换信息。证实型通信采用请求、响应报文、指示报文和证实报文的交互完成一次报文通信。

3.6.3　多级分布式计算机系统实例

某钢铁厂建立了由基础自动化、过程计算机控制和生产计算机控制系统组成的三级综合计算机控制系统。系统构成如图3.48所示。系统共包含五个过程子系统和一个用于生产管理的生产控制系统,其中过程控制子系统有炼钢过程控制系统、连铸过程控制系统、均热炉过程控制系统、轧机过程控制系统、板型过程控制系统等。所有子系统主机全部采用DEC Alpha Server系列,Open VMS操作系统,终端采用DEC PC、Windows NT操作系统。主干网采用光纤分布数据接口(Fiber Distributed Data Interface,FDDI),各系统主机、终端和网络打印机采用Ethernet连接,并通过FDDI-Ethernet网络交换机DEC Switch 900EF连接到主干网上,采用TCP/IP网络协议。

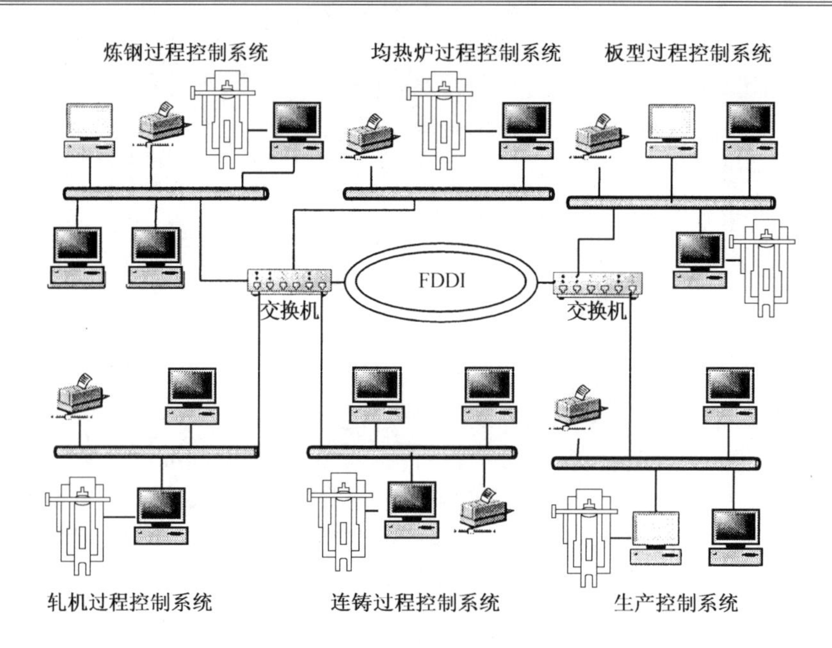

图 3.48 企业综合计算机控制系统组成图

生产控制系统由一台 DEC Server 1200 和七台 PC 组成,终端分布在订单处理、质量管理、调度、检验室和热轧成品仓库等职能办公室。其中,炼钢、连铸过程控制系统和生产控制系统采用了 Oracle 数据库进行开发,并通过网络相互通信,应用软件以 Client/Server 方式运行。

这个系统是一个多级的计算机控制系统,它不仅具有过程控制的功能,而且将生产管理控制集成在一起,实现了管理、控制一体化。生产控制系统不仅具有质量收集功能,而且具有在线质量控制功能,能够及时发现并解决问题,将损失降到最低程度,使企业能够满足用户小批量、多品种、交货及时、质优价廉的要求,从而保证企业在激烈的市场竞争中保持不败。

第4章　物料传输自动化

4.1　概　　述

自动化生产系统中,贯穿着各种物料(如工件、刀具、切屑、冷却液等)的流动,这些物料的流动传输形式是决定机械系统联成自动生产线形式的重要因素。因此,物料自动输送系统是自动化制造系统中最重要的组成部分之一。本章将主要以工件流作为对象对物料传输自动化加以介绍。

4.1.1　物流及物料

物流是指物资实体(物资及其载体)的物理流动过程,即物料场所(位置)的转移及时间的占用。

物流的基本任务是完成物资(包括原材料、燃料、动力、工具、半成品、零配件、成品等)的储存和运输。围绕这一基本任务,物流还应包括物资的计划和管理及检验、包装、装卸等。最终要根据物资的种类、数量和质量,在最合适的时刻,以最低的成本,将其输送到正确的地点。同时,及时完成物料信息的传输和修改,以及输送工具(载体)的回收。

根据物流活动的规律和范围,可分为社会宏观物流(或称大物流)和企业物流(或称小物流)。物流按其业务目的又可以分为供应物流、生产物流、回收物流和废弃物流。

本章所着重研究的物料自动传输技术是属于物流领域的企业物流中生产物流的范畴。生产物流是指从原材料购进、车间生产、半成品与成品的周转直至送到成品库的全过程。

物料是指生产系统中除了固定不变的生产条件(如厂房、设备等)外的一切其他物资。物料在整个生产系统中不断地发生变化,如被加工、被传送、装配和包装等。本章所讨论的物料主要指工件(指在机械制造系统中)或被加工对象(指其他制造系统如制药生产系统中的在制品药粉和水泥制造厂中的在制品水泥粉末等)。

4.1.2　物料的分类

按各种不同的分类方法,物料可以有多种分类。

按物料的物理形态分类,可以分为固体物料和液体物料。

按物料的形状、结构分类,固体物料又可分为件料(如齿轮毛坯、轴承内外环毛坯等)和散料(指散碎物料,一般以颗粒状和粉末状形式存在,如水泥、被加工中的粮食、石化产品乙烯颗粒等)。

件料中按形状分类,又分为规则件料(如短圆柱体类、垫圈类、螺钉、螺母等)和非规则件料(如汽车变速箱中的拨叉等复杂件等)。按质量和尺寸,又可分为大型、中型和小型件料等。

本章中的关于物料传输的讨论主要针对固体物料进行。

4.1.3 物料的定向、定位和定量

1.物料的定向

生产系统中,为了保证加工制造的有序进行,保证物料传输的可靠、高效,必须使物料在传输和加工过程中保持确定的正确姿态。这种使杂乱无序的物料变为有序的确定姿态和方向的过程称为物料的定向。

物料的定向可以采用人工手动完成,如在料仓式自动上料装置中,就是采用人工手动排序安放工件在料仓中实现工件的定向的。

大中型工件的自动定向一般采用专门的机械手(机械人)或起重设备实现。小型件料的自动定向一般是靠自动传输系统中专用定向机构和装置在物料的传输过程中完成的。例如在自动上料的料斗式上料装置中都设有零件的自动定向机构,以完成件料的自动定向。

件料的定向方法取决于其本身的特征,有些件料的定向还需要分级进行。在专门的定向机构中,自动定向方法基本上有两种,即剔除法和矫正法。

剔除法是指工件在自动输送过程中,若它在输送时的位置和姿态与所需的定向姿态不符合,就被剔除器剔出到料斗中,重新进行取料定向。

矫正法是指工件在自动输送过程中,依靠外界条件使不符合定向要求的件料改变姿态和位置,从而达到需要的定向姿态的目的。

2.物料的定位

物料的定位是指物料在加工工位或运送工位保持和占有正确的位置。加工工位、工件的定位通常是通过夹具来保证的。在传送过程中,也是靠专用的定位装置来保证的,例如采用托盘式输送设备时,在托盘上都有定位机构以保证工件具有确定的正确位置,而托盘与传送机构间也是通过特殊的定位办法,确保托盘在整个传输过程中的正确工位;随行夹具也是保证工件在传输过程中正确定位的典型定位夹紧机构。

3.物料的定量

在物料的传输过程中,有时还有必要对物料进行定量。散料一般以质量、容(体)积等加以

定量;件料往往采用计数的方式定量。

物料的定量方法和装置是多种多样的,这取决于物料的性质、形状、结构、尺寸、质量等各种因素。常规地,散碎物料的定量装置有皮带秤、料斗秤、定量料斗等。件料一般是通过自动计数(如光电计数等)方法实现定量。有时为了使物料传输符合生产系统节拍的要求,还采用隔料器及一些间歇机构来实现件料的定量传送。

4.1.4　物料的标识与跟踪

物料的自动识别是指在没有人工干预下,对物料流动过程中某一关键特性的确定。每一关键特性都与生产活动有关。这些关键特性包括产品的名称、数量、设计、质量、物料来源、目的地、体积和运输路线等等。这些数据被采集处理后,能用来确定产品的生产计划、运输路线、路程、库存、储存地点、销售生产、库存控制、运输文件、单据和记账等。

物料信息可以通过声、光、磁、电等多种介质获取。具体实现时,是在生产的关键部位配置自动识别装置。将每一处所获取的信息经过计算机网络系统传输,并进行统一处理,从而实现在整个生产过程中对物料的信息跟踪。

4.2　物料传输机构和装置

机械系统的物料传输机构和装置按用途和应用场合可以分为供料卸料装置、输料装置和物料存储装置。

4.2.1　供料卸料机构和装置

供料系统的作用是将原料、毛坯或其他物料适时、适量地送至生产系统或系统中的各个工位,也包括从工位卸下物料。由于物料的尺寸、形状、结构,以及物理性能、化学特性不同(如件料、棒料、卷料、粉末状料、液体等),所以供料系统的结构和性能有所不同,设计方法也不尽相同。

对于颗粒状料和粉末状料,一般按散料料斗方式设计供卸料机构和装置,靠料的自重作用自动上料。通常在料斗下方设计成可调节开度的出料口。有时为了防止散料堆积堵塞或粘附在料仓四壁,还采用电磁振动使仓壁产生局部高频微振动,破坏物料之间和物料与仓壁之间的摩擦力的平衡,从而保证物料连续地由料斗料仓出料口排出。

这种散料料斗设计中只需进行仓斗壁倾角、出口尺寸及排料能力等计算和验算即可,设计上比较简单,这里仅按卷料、棒料和件料(单件零件)来介绍上料机构和装置。

1.卷料上料机构

卷料的形式有两种,一种是线状材料(金属丝等)绕成的料卷;另一种是薄金属带(如薄钢带、铜带、铝带等)绕成的料卷或由薄钢板、铝板等剪裁成的料带。

加工中材料从轴卷上绕下来,逐步进入加工位置,只有当整卷材料加工完毕后,才重新换上新的料卷,在加工过程中料卷无需主动旋转,因而这种形式的毛坯上料机构结构简单。但为了保证顺利上料和均匀的加工余量,上料前必须进行校直。

卷料上料机构常用以下三种形式,如图 4.1 所示。

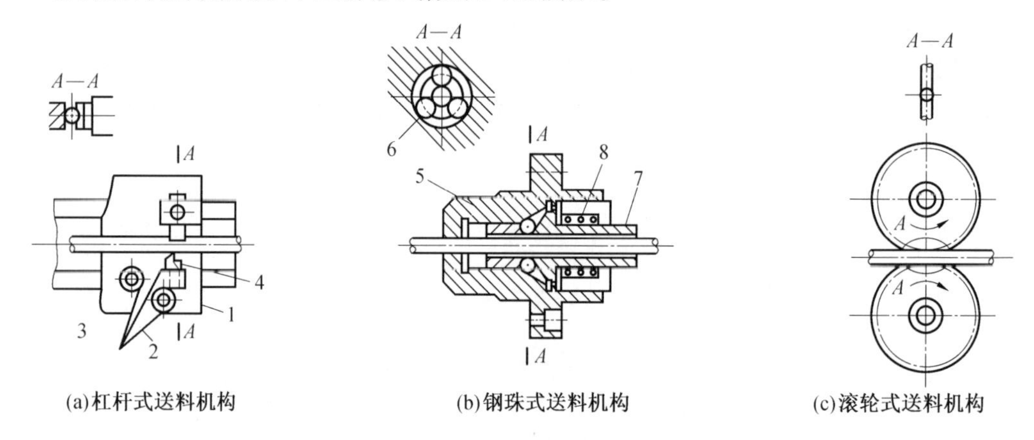

(a)杠杆式送料机构　(b)钢珠式送料机构　(c)滚轮式送料机构

图 4.1　卷料上料机构

1—滑板;2—杠杆;3—弹簧片;4—下夹紧块;5—外锥套;6—钢珠;7—锥形滑套;8—弹簧

(1)杠杆式上料机构

如图 4.1(a)所示,机构安装在滑板 1 上,夹紧卷料由滑板上部可调整的上夹紧块和杠杆 2 上端的下夹紧块 4 实现。弹簧片 3 所产生的夹紧力顶住杠杆,使下夹紧块向上顶紧。上料行程和退回行程由凸轮或其他机构推动滑板进行。这种机构结构简单,缺点是容易损伤坯料表面,适用于对坯料要求不高的工件。

(2)钢珠式上料机构

如图 4.1(b)所示,机构安装在往复运动的机构上,由弹簧 8 推动锥形滑套 7,滑套顶住钢珠 6,钢珠夹紧坯料实现上料动作。三颗钢珠均匀分布。当外锥套 5 向右移动时,依靠锥套斜面的作用将钢珠压紧在坯料表面上进行上料。当外锥套 5 向左移动时,坯料由夹头夹住不动,钢珠滑过坯料表面,外锥套退回原位。这种机构的优点是结构紧凑、制造方便,适用于线状卷料送进。缺点是会在坯料表面压出痕迹,且装料后只能送进,不能后退,调整不方便。

(3)滚轮式上料机构

如图 4.1(c)所示,这种机构是靠一对或两对间歇转动的滚轮,利用滚轮与坯料之间的摩擦作用达到送料的目的。滚轮的间歇运动由其他机构控制(如棘轮 – 棘爪机构、凸轮 – 杠杆机

构等)。两滚轮间的间隙由可调整的、具有弹性的装置来调节,这样不会损伤坯料表面,结构也较简单。但是转动装置的结构较复杂,体积也较大。

2.棒料上料机构

棒料上料机构主要用于单轴和多轴自动车床,棒料直径一般较卷料直径大,装料前常将棒料校直,整径,并切成长度为 1 ~ 5 m 的坯料。装料时通常采用人工装料,之后再靠上料装置自动送料。

棒料上料机构示意图如图 4.2 所示,可分为不用送料夹头的和用送料夹头的两种。其中 1、2、7 为不用送料夹头的送料机构,其余为用送料夹头的送料机构。

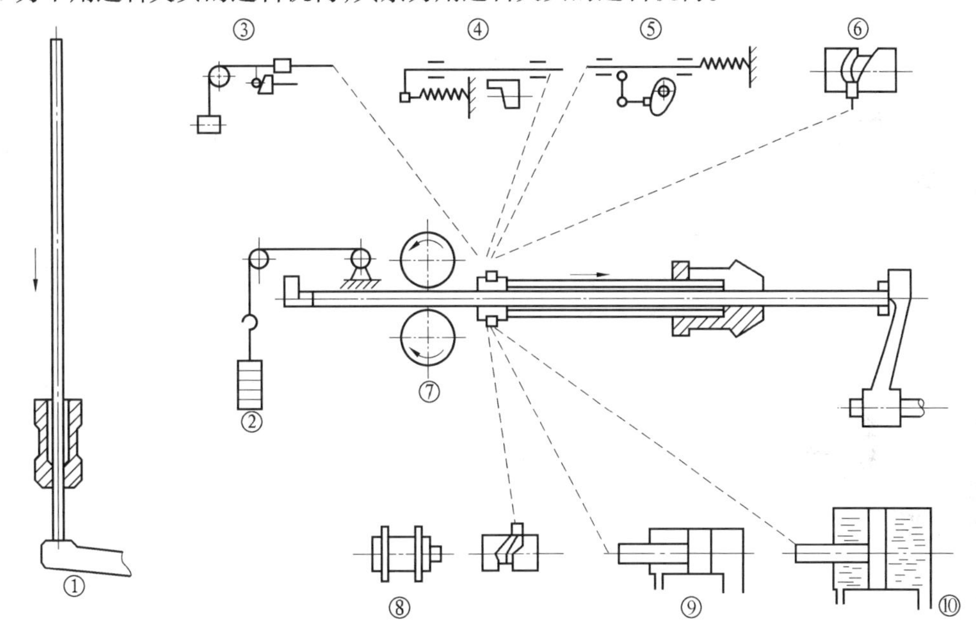

图 4.2　棒料上料机构

图 4.2 中①为自重送料方式,它利用棒料自身重量,使之送进夹头,多用于立式机床。②为重锤送料方式,它利用重锤使棒料推进夹料夹头,结构简单,可应用于卧式机床。这两种方式的缺点是棒料容易弯曲,造成振动、噪音增大、使主轴轴承磨损加快。③为重锤凸轮送料方式,由重锤推动送料夹头带料前进,由圆柱凸轮退回送料夹头。凸轮曲线为抛物线或螺旋线。这种送料机构的特点是工作可靠,送料行程不大。④为弹簧凸轮送料方式,利用弹簧代替上述重锤,作用同前,但结构较紧凑。⑤为圆盘凸轮送料方式,利用圆盘凸轮代替凹槽圆柱凸轮送料。⑥为圆柱凸轮送料方式,利用圆柱凸轮中凹槽的作用送料。⑦为摩擦轮送料方式,利用摩擦轮之间摩擦力带动棒料送料。也属于不用送料夹头的送料机构。这种送料机构结构简单、送进平稳、装料方便、可减少棒料变形。滚轮可间歇旋转,也可连续旋转。滚轮一般安装在

棒料尾部，所以在加工短料时，剩余长度较长，不宜采用。

⑧为单独电动机送料方式，由电机直接带动送料夹头（要求电机间动作协调）。⑨为气缸送料方式，利用压缩空气的压力，使气缸推动送料夹头。⑩为油缸送料方式，利用机械本身已有油压系统的油泵，由压力油推动送料夹头。这种送料机构与气压送料机构的共同特点是送料行程长，结构复杂，机床上必须具有液压或气动设备，因而应用不广泛。

由于有料夹的送料方式送料方便、平稳、准确，适用于较短棒料，因而在自动机床上得到了广泛的应用。但是，这种送料方式比不用料夹的送料方式结构复杂，由于料夹结构尺寸的原因，使机床所能加工的最大棒料直径变小。

采用有送料夹头的送料机构时，应使送料夹头的行程可以调整，以适应被加工工件长度的不同，利用摇杆机构或改变凸轮曲线即可调节送料夹头的行程大小。

图 4.3 为摇杆机构图。凸轮 1 经过摇杆 2 和滑杆 3 使送料滑板 5 作送料运动。转动丝杠 4 使滑块 3 在摇杆槽内移动。即可改变摇杆的摆动，从而调节送料行程。

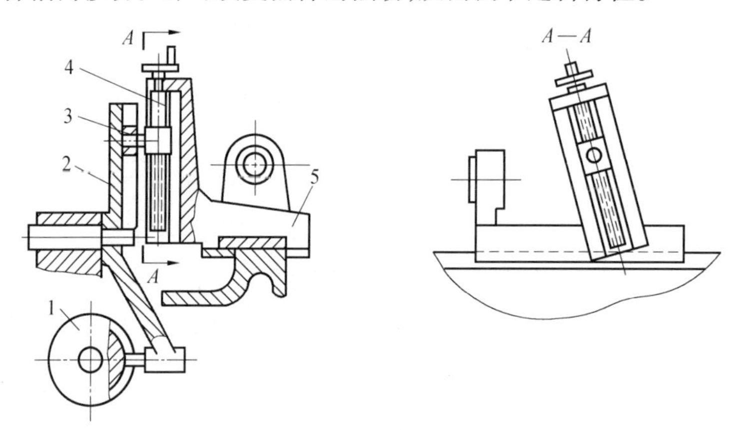

图 4.3 摇杆机构

1—凸轮；2—摇杆；3—滑杆；4—丝杠；5—滑板

3. 件料上料机构和装置

按件料的尺寸、形状、质量和结构等不同，上下料机构和装置也有所不同。一般小型件往往采用料仓或料斗式上料机构，中型件一般采用专用上料机械手或机器人实现自动上下料，大型件则往往采用起重式上料装置和设备，而有些非回转件（如箱体类零件）又可采用托盘及托盘交换装置实现自动供料卸料。

料斗或料仓式上料装置，虽然在结构上千差万别，但它们都是由一些基本职能机构所组成。包括：

- 料斗。它是用来接受、贮存成堆散乱的工件（料仓式无料斗）。
- 定向机构。它是用来使散乱的工件按一定方位定向排列起来（料仓式不需要此机）。

• 料仓。它用来贮存已定向的工件,调剂供求平衡。

• 料道。料道靠自重将工件自定向机构运送到贮料仓或工序间运送工件。

• 隔料器。它把待上料的工件与其余工件分离开,使之单个工件给料(有些上料器兼有隔料作用)。

• 送料器。它把已定向的工件按一定的生产节拍和方位送到机床上。

• 卸料器。它从工作地点取走工件。

• 搅动器。它用来搅动工件,增加定向或然率或者防止工件架空堵塞。

• 剔除器。它用来剔除定向位置不对的或多余的工件,使之返回料斗中。

• 安全保险机构。当发生卡料等事故时,能使上料装置自动停车或保险机构打滑(常用安全离合器或摩擦传动机构等),防止损坏上料机构。

此外,当料仓或料道中毛坯过多时,应考虑排除多余毛坯的问题,这个问题解决的好坏直接影响上料装置工作的可靠性。

为了避免毛坯过多损坏机构和保持规定的工作条件,通常设有自动调节送料量的专门机构,一般有两种方法。

一种是当料道充满毛坯时,发出料满信号,停止毛坯的供给(停止抓取机构运动或使它滑过毛坯或关闭接收口等)。

另一种是将多余毛坯排入其他料箱或返回料斗中,此法有非生产消耗。

理想的上料装置,应符合以下要求:效率高、供料速度快、工作可靠、噪声小、不损伤工件、结构紧凑、通用性好、使用寿命长、易维护修理和制造成本低廉。

图4.4(a)、(b)料仓式上料装置是一种半自动上料装置。它需要工人定期地将一批工件按照规定方向和位置依次排列在料仓中,然后由送料器自动地将工件送到机床夹具中去。

图4.4(c)料斗式上料装置是一种全自动化的上料装置。工人将工件成批地倒入料斗中,料斗的定向机构能将杂乱无章的工件自动定向,使之按规定方位整齐排列起来,并按一定的节拍自动送到加工部位。

4.振动式料斗

振动式料斗是典型的小型件料自动上料装置,它是利用电磁力产生微小的振动,依靠惯性力和摩擦力的综合作用使工件向前运动,并在运动过程中自动定向。其主要特点是上料平稳、通用性好、简单耐用,在生产中得到日益广泛的应用,但有噪声。

在生产中使用的振动式料斗,多数是圆盘式的。工件堆放在圆盘底部,在微小的振动作用下,沿圆筒内部的螺旋形料道向上运动。料道上设有定向机构,定向正确的工件可通过出口进入输料槽中。方位不正确的工件被剔除,落入料斗底部再重新上升。

关于振动式料斗的工作原理、设计及应用,本书第6.4节有较详细的介绍。

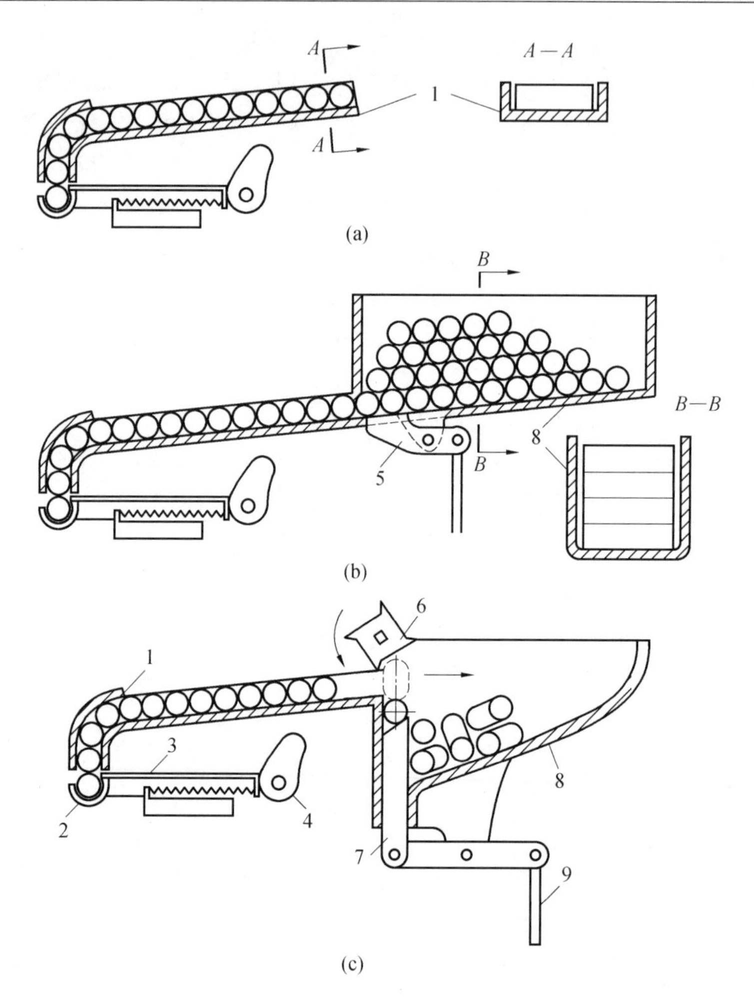

图 4.4 自动上料装置原理图

1—料道;2—送料器;3—送料杆兼隔料器;4、9—驱动机构;5—隔料器;6—剔除器;7—定向机构;8—料斗或料仓

4.2.2 自动输料机构和装置

输料机构和装置是整个生产系统中物流系统的重要组成部分。通过这些机构和装置组成的输料系统,将生产系统中的各种设备、各个工序以及存储仓库之间有机地连接起来,并适时、适量地把物料送达指定位置。

根据被输送物料的结构尺寸特性和物理化学性质以及生产系统中设备的类型和布局的不同,考虑整个生产系统工艺过程的要求,自动输料机构和装置就有各种各样的不同类型。按传送物料性质来划分,可分为单元型私物料的输送机构和装置,散碎物料的输送机构和装置及液体输送装置等;按驱动型式来划分,有重力驱动和动力驱动两大类。

重力驱动式输送系统是指依靠物料重力或人的推力实现物料输送的系统，例如由滚子输送机构成的输送系统；动力驱动式输送系统是电动机提供动力实现物料传输的系统。

1.输料槽

输料槽是一种最为简单实用的自动输料机构，一般分为滚动式输料槽和滑动式输料槽。多用于传送小型回转体工件(如盘、环、齿轮坯、销及短轴等)，滑动式输料槽也可以传送非回转体物料。滚动式输料槽是一种典型的自重式输送机构，在传送过程中，需靠提升机构或机械手，将工件提升到一定高度，而后工件在倾斜料槽中(倾斜角为5°~15°)，靠重力自上而下地滚动，实现机床间的工件传送。

(1)滚动式输料槽

滚动式输料槽的结构形式及特点见表4.1。此种输料槽靠工件重力传送，因而结构简单，应用广泛，并兼有贮料功能。但滚动输料槽受工件形状和尺寸限制，传送并不可靠，有时会因工件阻塞或失去定向，甚至跳出槽外等故障而不能正常工作。

表4.1 滚动式输料槽的形式和特点表

形式	简图	特点及应用范围
开式	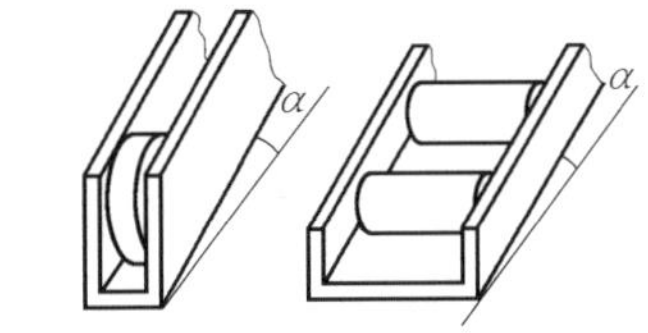	简单，运送距离较长时 $\alpha = 5° \sim 20°$
闭式	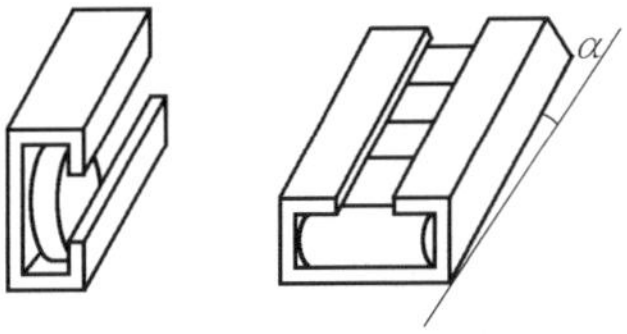	可防止工件在滚动时掉出滚道，适用于：(1)运送距离较短而倾斜角较大($\alpha > 20°$)；(2)工件滚动速度较高时
可调式	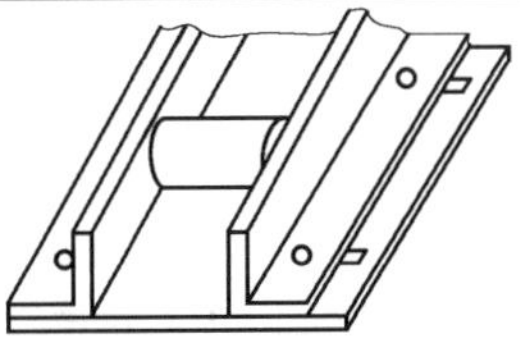	可根据工件规格调整，通用性较广，适用于成批生产
组合式	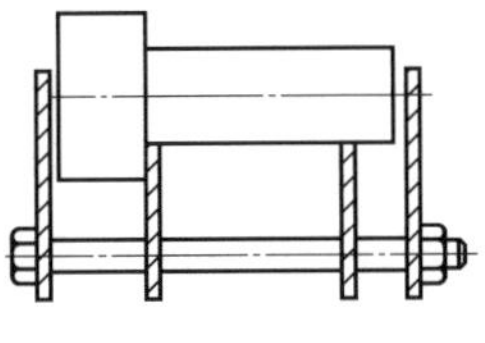	用钢板组装而成，底部可以防止切削脏物的积存，滚动阻力小，还可适用于带肩轴轮类零件

续表 4.1

形　式	简　图	特点及应用范围
杆式		用圆钢拼焊成,轻巧省料,底部不容易积存脏物,适用于盘类、轮类工件,刚性、可拆性差
曲折式		可使工件滚动时减速缓冲;可防止工件偏斜转向;可减轻底部工件的压力,适用于倾斜角较大或垂直传送时

对于外形较复杂的长轴类工件(如曲轴、凸轮轴、阶梯轴等)、外圆柱面上有齿纹的工件(如齿轮、花键轴等)及外表面已精加工过的工件,为了提高滚动输料的平稳性及避免工件相互接触碰撞,而造成歪斜、"咬住"及碰伤表面等不良现象,不可直接采用一般滚动输料槽。需增设可以摆动的缓冲隔料块,将工件逐个隔开。如图 4.5 所示,当前面一个工件压在隔料块的小端时,扇形大端便向上翘起,将其后滚来的工件挡住。

常用的隔料块结构形式有两种:即偏心扇形板式(图 4.5(a),(b))和锤式(图 4.5(c))。其工作原理均是靠工件压翻隔料块时的偏重力来增加滚动阻力(缓冲),并靠隔料块大端翘起挡住其后滚来的工件(隔料),以实现缓冲隔料,保持平稳地滚动。

输送阶梯轴等较长的工件时,应采用固定在同根轴上的两个摆爪同时隔料(图 4.5(c)),以控制滚动方向。两端支承板尽可能选在工件直径相同或相接近的小直径处。并尽可能使工件重心处于两支承板的对称线位置,以保持工件轴线平行地滚动输送。对于一端有法兰盘或台肩头部的不对称工件,可在工件大端(头部)增设导向槽板,以防工件滚偏。

(2)滑动式输料槽

按传送动力分为强制滑动式和自重式两种。强制滑动式料槽,工件平放在 V 型料道中,在油(气)缸直接推动下,以工件一个推一个的方式滑动。适用于外形简单的轴、套类工件的传送。自重滑动式料槽,可在工序间或上下料装置内部输送工件,并兼做料仓,用以贮存已定向排列好的工件。

自重滑动料槽按其结构形式可分为:V 型滑道、管型滑道、轨型滑道和箱型滑道等四种。其特点及适用范围见表 4.2 所示。

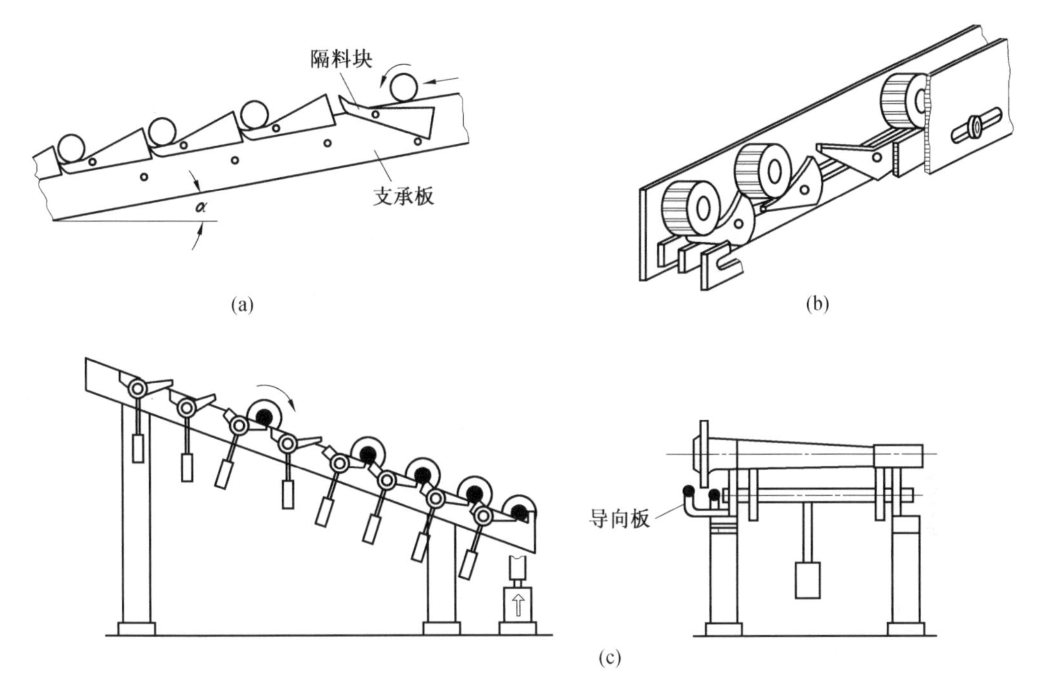

图 4.5　带缓冲隔料块的滚动料槽

表 4.2　滑动式输料槽的形式和特点

形式	简　　图	特点及适用范围
V 型滑道		夹角 = 90°,可用标准角铁,适用于较小工件 夹角 > 90°,可用板条拼焊成,适用于较大工件
管型滑道		整体、刚性管用于工件需密闭的场合 柔性弹簧管用于相对运动部件之间传送工件 半管式用于较大工件

续表 4.2

形式	简　　图	特点及适用范围
轨型滑道		底部漏空,可防止积存切屑 板式滑轨适用于带肩工件 杆型滑轨适用带弯钩工件
箱型滑道		闭箱式适用于短距离要求密闭的传送带肩工件 开式箱型适用于传送时需观察工件状况的场合

滑动式料槽摩擦阻力比滚动式料槽大,因此要求倾斜角较大,通常 $\alpha > 25°$。对于倾斜角较大的长型滑道,为了避免工件最终速度过大产生冲击,可把滑道末段做得平些或采用缓冲减速器。在某些情况下,为了减少输送时的摩擦阻力,也可采用辊道式输料槽代替滑动式输料槽,但辊道式输料槽的结构较为复杂。

(3)输料槽设计

以自重输送工件的输料槽虽然结构简单,但容易产生阻塞或失去定向等故障。因此,在设计时必须针对具体情况,分析保证其工作可靠性的条件,并正确决定其结构参数。

1)滚动式输料槽设计。需确定料槽的宽度、侧壁高度和倾斜角度。

输料槽截面宽度 B 主要根据工件的长径比(L/D)来确定。图 4.6 是工件在输料槽中的输送条件分析图。

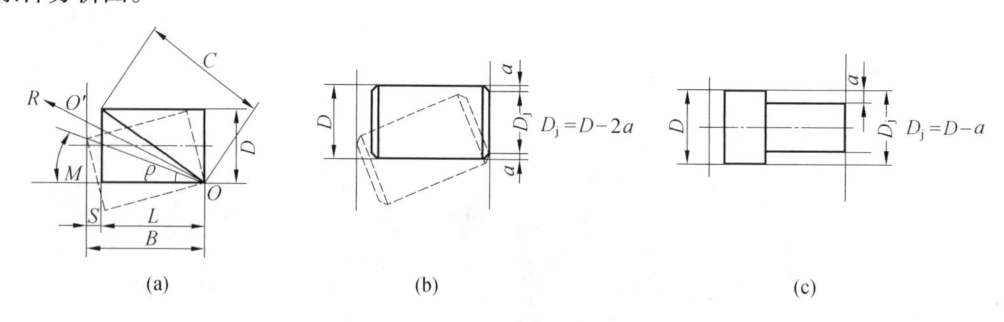

图 4.6　工件输送条件分析

工件在输料槽中滚动时,由于存在间隙 S,可能因摩擦阻力的变化或工件存在一定锥度误差而偏转一个角度，如图4.6(a)。当工件的对角线长度 C 接近或小于槽宽时，工件就可能卡住或完全偏转失去原有方向。

当工件偏转到两对角与输料槽侧壁接触时，其对角线 C 与垂直于侧壁的 OM 线的夹角 γ 应大于摩擦角 ρ，即 $\tan\gamma > \tan\rho$（其中 $\rho = \arctan\mu$，μ 为摩擦系数）；反之，当 $\rho > \gamma$ 时，则 O 点的反作用力的合力 R 有使工件在 O' 点楔紧的趋势，则工件可能被卡住。

由图4.6(a)

$$B = L + S$$

$$\cos\gamma = B/C = (L + S)/C$$

$$S = C\cos\gamma - L$$

又因

$$C = \sqrt{L^2 + D^2}$$

在极限情况下，$\tan\gamma = \tan\rho = \mu$，则

$$\cos\gamma = \frac{1}{\sqrt{1 + \tan^2\gamma}} = \frac{1}{\sqrt{1 + \mu^2}}$$

从而得出工件不被卡住所允许的最大间隙 S_k 的关系式为

$$S_k = D\left[\frac{\sqrt{1 + (L/D)^2}}{\sqrt{1 + \mu^2}} - \frac{L}{D}\right] \tag{4.1}$$

由式(4.1)可知，随着 L/D 的增大，对角线长度 C 将越接近 L，允许的 S_k 将减小。当 L/D 增大到一定程度时，允许的最大间隙 S_k 可能为零，这说明工件在输料槽内已不可能在自重下进行传送。一般当 $L/D > 3.5$ 时，工件以自重传送的可靠性就严重下降。

工件偏转的程度与其端面形状有关，见图4.6(b)。图中的 L/D 比值虽与图4.6(a)相同，但由于两端面倒角，所以偏转严重。用式(4.1)计算时，应将 D 改为 $D_1 = D - 2a$。图4.6(c)为 $D_1 = D - a$。

S_k 是在一定的摩擦系数下所允许的最大间隙，一般只用于校核计算。实际上，确定槽宽 B 时，应考虑槽宽的制造公差 δ_B 和工件的长度公差 δ_L，这样最大间隙为

$$S_{max} = S_0 + \delta_L + \delta_B \tag{4.2}$$

式中　S_0——工件在槽中滚送所必需的最小间隙。

用式(4.2)校核时，应使

$$S_{max} < S_k \tag{4.3}$$

若不满足上述条件，或计算出 $S_k \leqslant 0$ 时，则表明该工件不宜利用自重输送。

侧壁高度也是一个重要参数。侧壁太高则阻力过大；侧壁若太低，则工件在较长的输料槽中，以较大的加速度运送到终点碰撞前面的工件时，可能会跳起来，产生歪斜卡住后面的工件，甚至跳出槽外。一般推荐圆柱工件侧壁高度 $H = (0.6 \sim 0.8)D$，盘状或环状工件 $H \geqslant D$。

输料槽倾斜角的确定须考虑工件传输时克服摩擦阻力的需要，也要考虑输送装置结构布局的合理性。对于滚动式输料槽，倾斜角一般在 $5^\circ \sim 15^\circ$ 范围内选取。

2)滑动式输料槽设计。在结构尺寸设计中,必须考虑避免工件在传送过程中互相挤压或阻塞。此外,在确定输料槽的倾斜角时,要根据工件和斜槽结构形状,计算摩擦阻力,保证工件的可靠输送,必要时需通过实验确定。一般滑动式输料槽的倾斜角不得小于25°。

2.辊道式输送机

这是结构比较简单、使用最广泛的一种输送机械,它由一系列以一定的间距排列的辊子组成(见图4.7),用于输送成件物料或托盘物料。物料和托盘的底部必须有沿输送方向的连续支承面。为保证物料在辊子上移动时的稳定性,该支承面至少应该接触4个辊子,即辊子的间距应小于货物支承面长度的1/4。

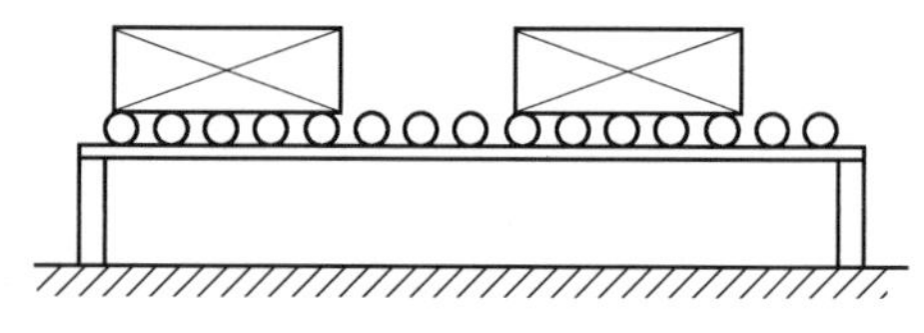

图4.7 辊道式输送机

辊道可以是无动力的,物料由人力推动。辊道也可以布置成一定的坡度,使物料能靠自身的重力从一处自然移动到另一处。这种重力式辊道的优点是结构简单,但缺点是输送机的起点和终点要有高度差。如果输送距离较长,必须分成几段,在每段的终点设一个升降台,把物料提升至一定的高度,使物料再次沿重力式辊道移动。重力式辊道的另一个缺点是移动速度无法控制,有可能发生碰撞,导致物料的破损。虽然有一种限速辊子,当转动速度超过设计值时,它会产生一定的阻力,达到限速的目的,但结构比较复杂,在一定程度上抵消了重力式辊道结构简单的优点。

为了达到稳定的运输速度,可以采用机动辊道输送机。机动辊道有多种实施方案:

1)每个辊子都配备一个电机和一个减速机,单独驱动。一般采用星型传动或谐波传动减速机。由于每个辊子自成系统,更换维修比较方便,但费用较高。

2)每个辊子轴上装两个链轮,如图4.8所示。首先由电机、减速机和链条传动装置驱动第一个辊子,然后再由第一个辊子通过链条传动装置驱动第二个辊子,这样逐次传递,以此实现全部辊子成为驱动辊子。

3)用一根链条通过张紧轮驱动所有辊子(见图4.9)。当货物尺寸较长、辊子间距较大时,这种方案才比较容易实现。

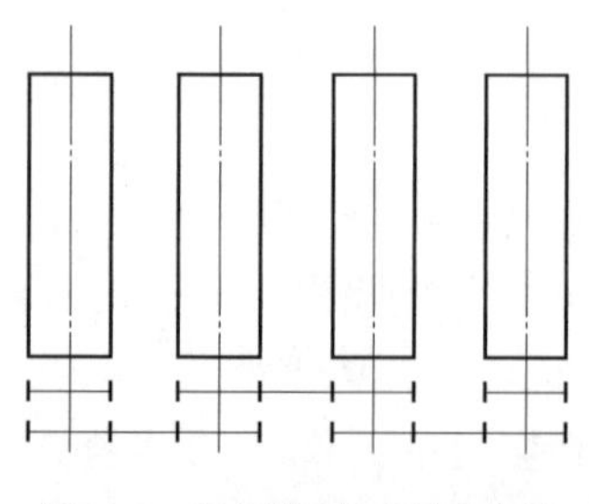

图4.8 辊子传动原理示意图

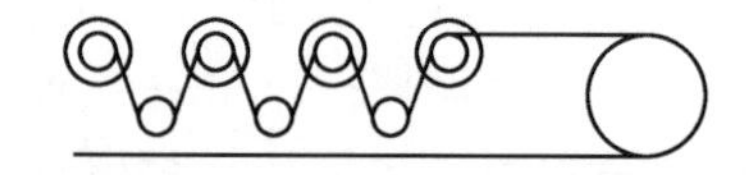

图4.9 单链条传动示意图

4)用一根纵向通轴,通过扭成 8 字形的传动带驱动所有辊子(见图 4.10),在通轴上,对应每个辊子的位置开着凹槽。用传动带套在通轴和辊子上,呈扭转 90°和 8 字形布置,即可传递驱动力,使所有辊子转动。如果货物较轻,对驱动力的要求不大,这种方案结构简单,较为可取。

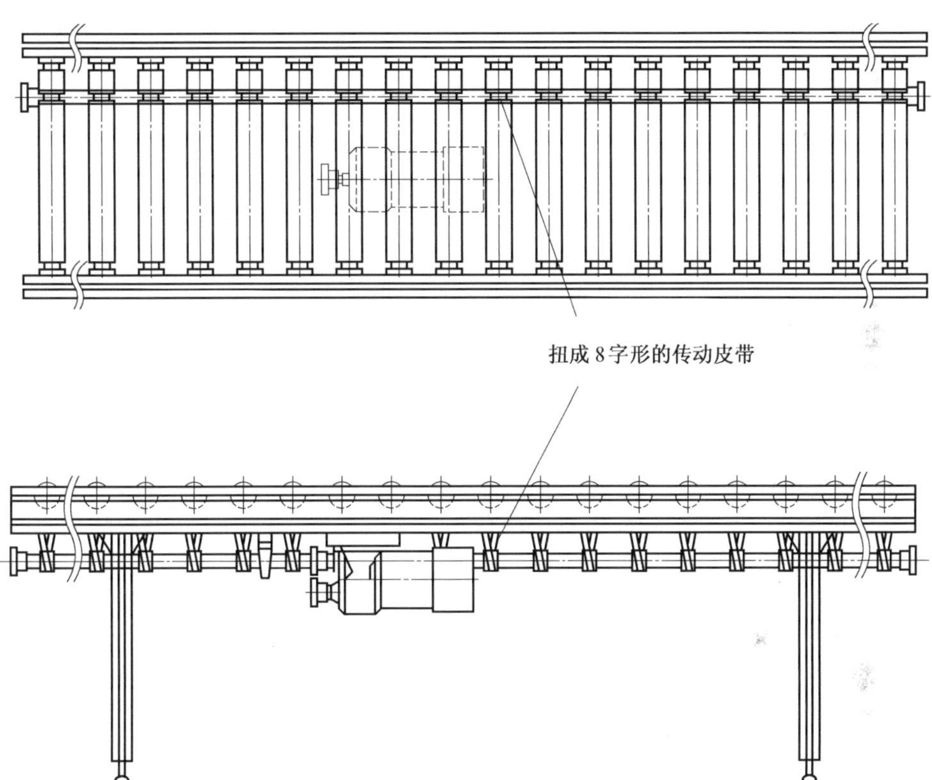

图 4.10　8 字形传动示意图

5)在辊子底下布置一条胶带,用压辊顶起胶带,使之与辊子接触,靠摩擦力的作用,当胶带向一个方向运行时,辊子的转动使货物向相反方向移动(见图 4.11)。把压辊放下使胶带脱开辊子,辊子就失去驱动力。有选择地控制压辊的顶起和放下,即可使一部分辊子转动,而另一部分辊子不转,从而实现货物在辊道上的暂存,起到工序间的缓冲作用。

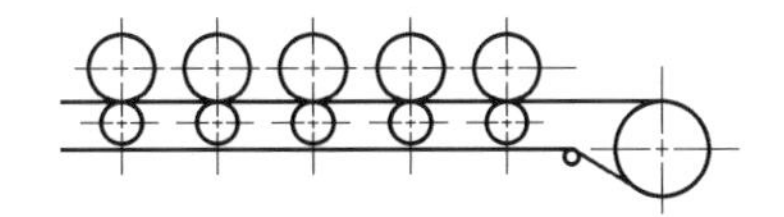

图 4.11　压辊胶带传动示意图

3.链板履带式输送带

该输送带是采用一节节带齿的链板组成的(见图 4.12),链板上表面磨光,靠其摩擦力传送工件。链板下面有齿,与驱动链轮相啮合,带动封闭式链板作单向循环运动。为防止链带下垂,用两条光滑托板支承起来。一般可在链板带上面设置分路挡板机构,实现分料、合料、拨料、限位等运动。

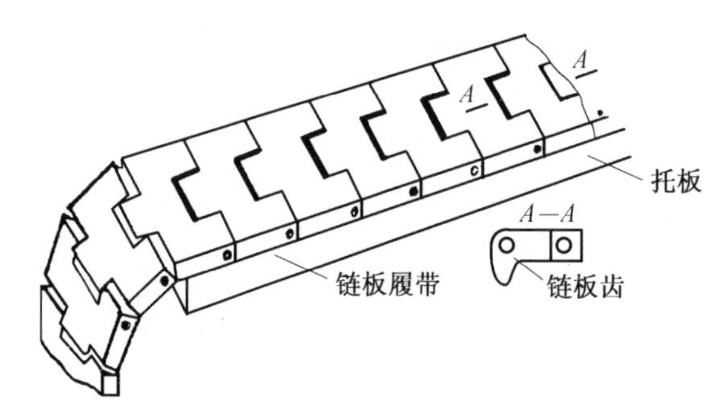

图 4.12 链板履带式输送带

该输送带结构简单,动作可靠,贮料较多,容易实现“分料”及“合料”。其缺点是磨损较快,需定期调整或更换。这种输送带属于自由流动式传送装置,通用性好。国外已把它定为标准传送装置之一。

4.链式输送机

链式输送机有多种形式,使用也非常广泛。最简单的链式输送机由两根套筒辊子链条组成,如图 4.13 所示。链条由驱动轮牵引,链条下面有导轨,支承着链节上的套筒辊子。货物直接压在链条上,随着链条的运动而向前移动。

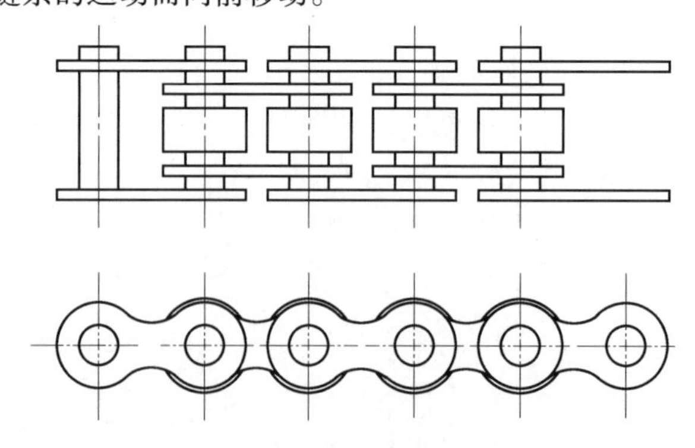

图 4.13 输送链示意图

用特殊形状的链片制成的链条,如图 4.14,可以用来安装各种附件,如托板等。用链条和托板组成链板输送机是又一种广泛使用的连续输送机械。如果链条辊子的支承力方向垂直于链条的回转平面(见图4.15),则可以制成水平回转的链板输送机。

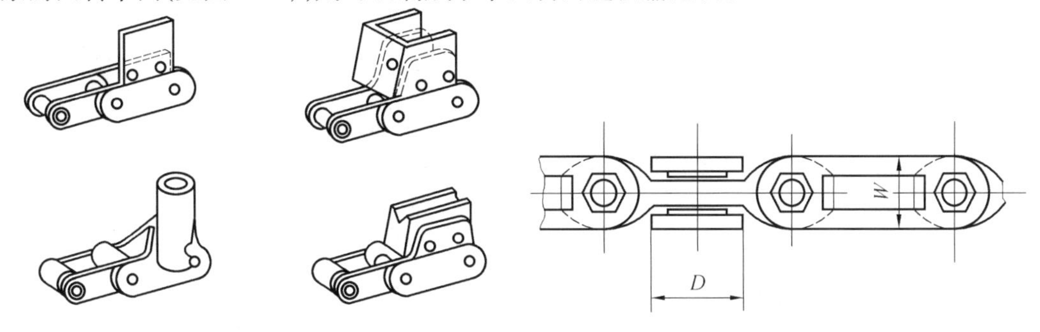

图4.14　特殊链条示意图　　图4.15　可回转链板示意图

5.步伐式输送装置

步伐式输送装置是组合机床自动线的典型工件输送装置。在加工箱体类零件的自动线以及带随行夹具的自动线中,使用非常普遍。常用的步伐式输送装置有弹簧棘爪式、摆杆式及抬起带走式等多种。

(1)弹簧棘爪式输送线

图4.16是组合机床自动线中最常用的弹簧棘爪式输送线。

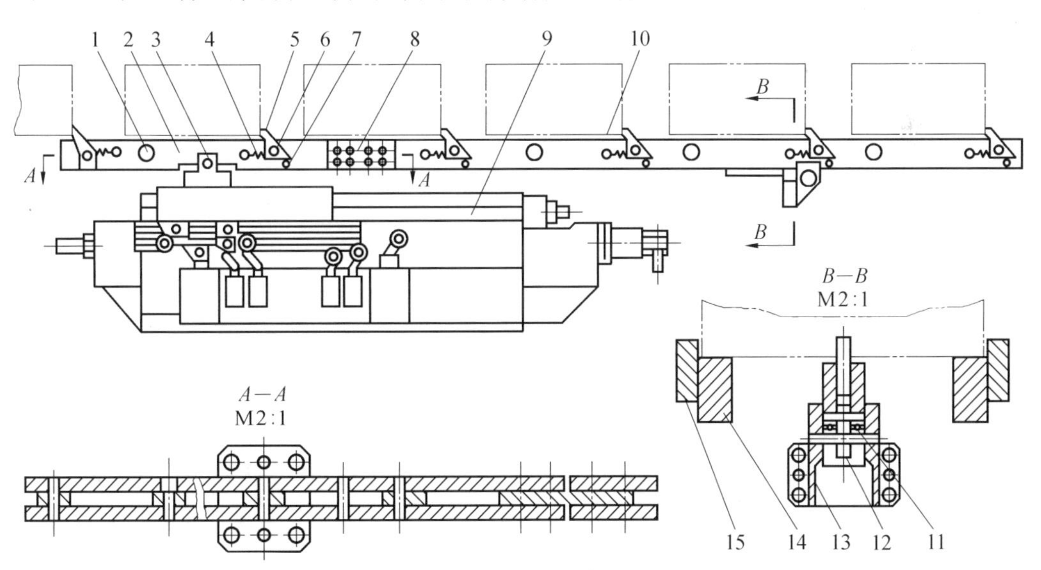

图4.16　棘爪移动步进式输送带

1—垫圈;2—输送杆;3—拉架;4—弹簧;5—棘爪;6—棘爪轴;7—支销;8—连接板;9—传动装置;10—工件;11—滚子轴;12—滚轮;13—支承滚架;14—支承板;15—侧限位板

输送杆在支承滚子上往复移动,向前移动时棘爪推动工件或随行夹具前进一个步距;返回时,棘爪被后一个工件压下从工件底面滑过,退出工件后在弹簧作用下又抬起。工件在固定的支承板上滑动,由两侧的限位板导向,以防止歪斜。

(2)摆杆式输送线

图 4.17 为摆杆式输送带的一个实例。它是由一条圆管形输送杆 1 和若干刚性拨块(每个工件有两个拨块)所组成。在驱动油缸作用下,输送杆向前移动,杆上拨块卡着工件输送到下一个工位。摆杆在返回前,在回转机构作用下,旋转一定角度。使拨块让开工件后再返回原位。摆杆的位置可在工件的侧面或下方。设计时,每对拨块的间距,应比工件长度大 1 ~ 2 mm,以使指状拨块能顺利地旋入或脱开工件。

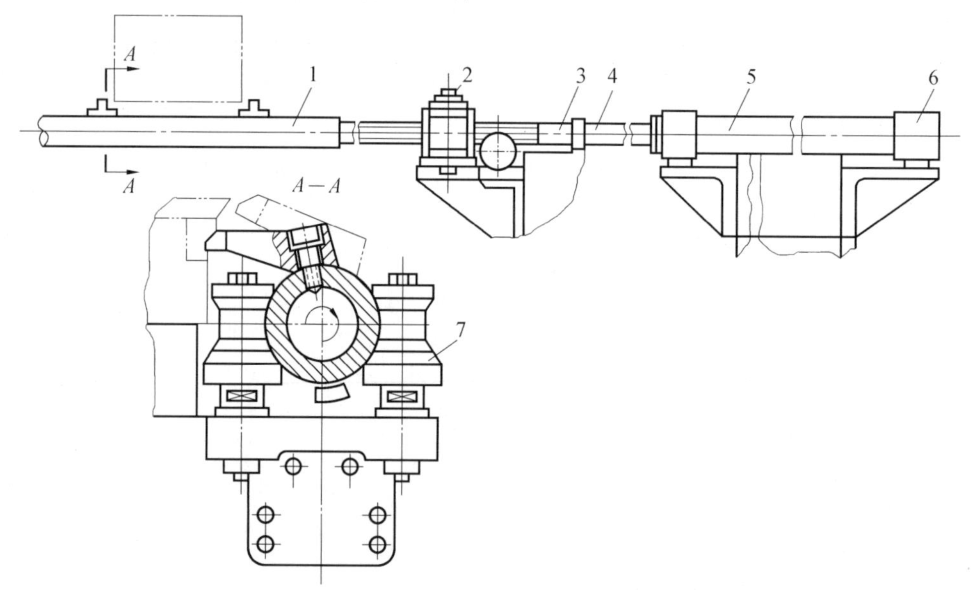

图 4.17 摆杆式输送带

1—输送杆;2—回转机构;3—回转接头;4—活塞杆;5—驱动油缸;6—液压缓冲装置;7—支撑滚

(3)抬起带走式输送装置

图 4.18 为连杆称重去重自动线上使用的抬起式输送装置。输送板 1 上装有工件限位用的削边限位销 2 和 3(也可装 V 形块),通过抬起油缸 9、齿条杆 11 及齿轮,使滑柱 4 及输送板 1 升起。同时将限位销插入连杆孔中,连杆从固定夹具上抬起。输送带的驱动油缸 6 一端固定在滑柱上,另一端通过滚轮 7 挂在输送板上,使驱动油缸 6 跟着输送板一起上下移动,并驱动工件水平移动一个步距。输送板下降,工件先落入夹具中,输送板继续下降使其上的限位销完全脱开工件后,再水平返回原位。

此种输送装置，动作与结构较复杂，驱动装置一般为两套，分别实现“抬起”和“带走”两种运动。多用于不便采用直接输送的畸形件或软质材料工件，适合狭长形工件的横置输送，可节省随行夹具。要求固定夹具上下方各敞开，以便输送带及工件通过。

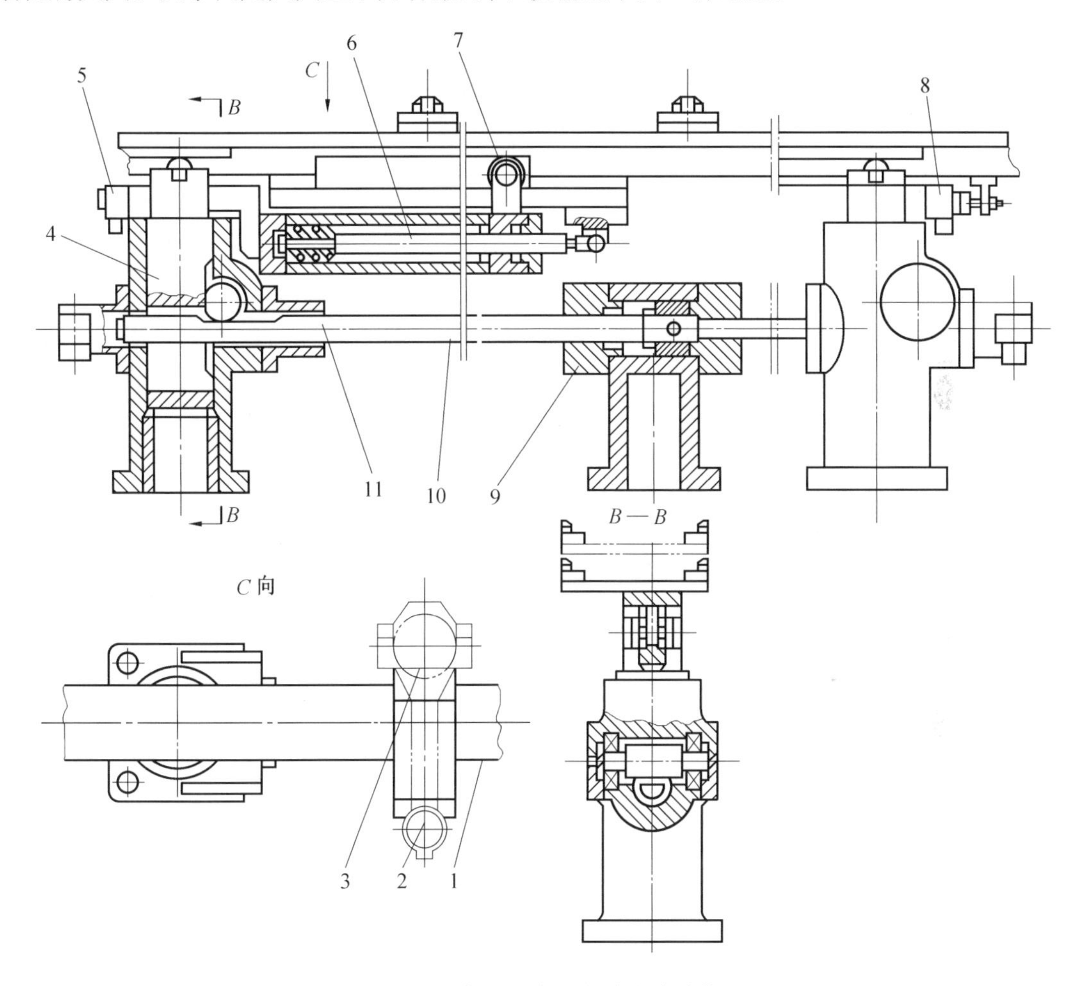

图4.18　连杆称重去重自动线输送装置

1—输送板；2、3—削边限位销；4—滑柱；5—行程开关；6—驱动油缸；7—滚轮；8—行程开关；9—抬起油缸；10—浮动接杆；11—齿条杆

6.悬挂式输送机

悬挂于工作区上方的输送机具有很多优点，把物料挂在钩子上或其他装置上，可利用建筑结构搬运重物。悬挂输送方式多用于批量产品的喷漆。挂在钩子上的产品自动通过喷漆车间，接受喷漆或浸泡。

悬挂输送也用于在制品的暂存，物料可以在悬挂输送系统上暂时存放一段时间(在有的工厂最多可存放一天)，直到生产或装运为止。这就避免了在车间地面暂存所造成的劳动力和空间的浪费。安全性是在悬挂输送系统设计和实施中应着重考虑的一个因素。

普通悬挂输送机是最简单的架空输送机械，它有一条由工字钢一类的型材组成的架空单轨线路。承载滑架(见图 4.19)上有一对滚轮，承受货物的重量，沿轨道滚动。吊具挂在滑架上，如果货物太重，可以用平衡梁把货物挂到两个或四个滑架上(见图 4.20)，实行多滑架传送。

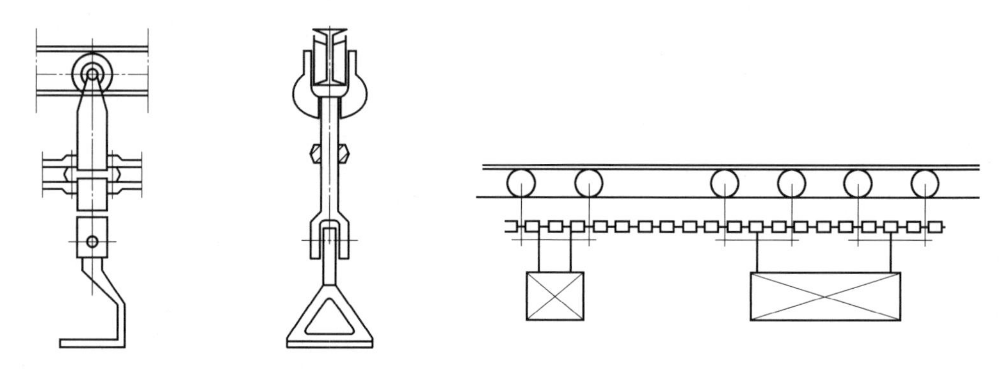

图 4.19 承载滑架 **图 4.20 多滑架输送**

滑架由链条牵引，由于架空线路一般为空间曲线，要求牵引链条在水平和垂直两个方向上都有很好的挠性，一般采用可拆链(见图 4.21)。标准可拆链的链环转角在 2°40′ ~ 3°12′范围内，要求垂直弯曲半径较大。

悬挂输送机的上、下料作业是在运行过程中完成的。通过线路的升降可实现自动上料(见图 4.22)。

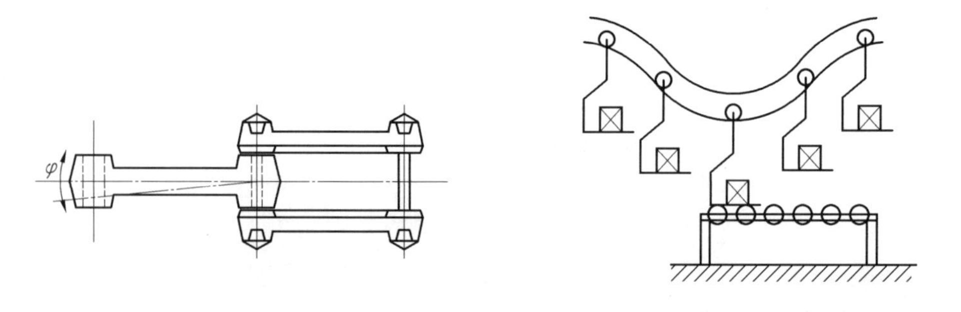

图 4.21 可拆链 **图 4.22 可上下料的输送机**

推式悬挂输送机可以组成复杂的、自动化程度较高的架空搬运系统。它的特点在于载货小车不固定在牵引链条上，而是由链条上的推头推动载货小车上的推杆实现其运动。推杆伸出时与推头啮合,推杆缩下时与推头脱开,从而可以使载货小车的运动得到控制。典型的载货小车如图 4.23 所示。推杆在前爪重力的作用下始终处于伸出的状态,只要把前爪抬起即可使推杆缩下。如果有一辆载货小车已经停止,后面的小车在继续前进时,其前爪被前一辆小车的后爪抬起,即能自动停止运行。当前一辆小车被释放后,后一辆小车的前爪又使推杆自然伸出,于是后一辆小车跟随前进,因此这种悬挂输送机又称释放式悬挂输送机。

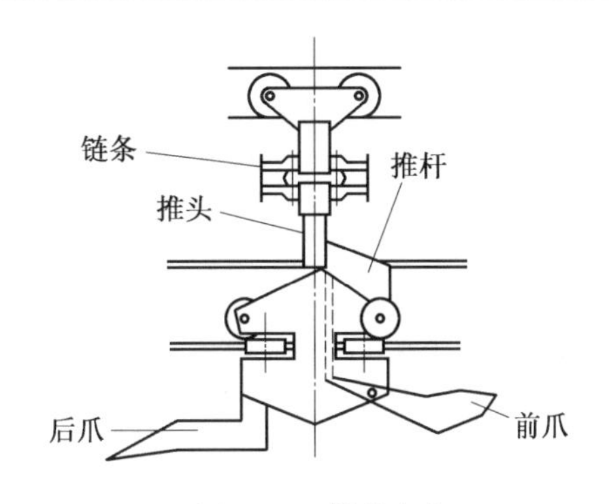

图 4.23　载货小车

推式悬挂输送机的线路上可以设置各种道岔,载货小车可以离开主牵引链条,通过道岔进入副线,由副线上的牵引链条推动前进。在线路上还可以设置升降段,载货小车进入升降段后,可以根据工艺作业的需要而控制其升降。

推式悬挂输送机上都有载货小车的自动识别装置,根据载货小车的编码将其拨入道岔、升降或停止前进,以实现完全自动的输送过程。

使用电动小车或电动葫芦的单轨输送系统是 20 世纪 70 年代以后迅速发展起来的新技术,这种输送系统与推式悬挂输送机一样,可以有各种道岔和升降装置。所不同的是载货小车是自行的,不需要牵引链条,线路的更改或者扩充比较容易实现,而且可以根据实际需要增加或减少在线路上运行的电动小车或电动葫芦的数量。与此形成鲜明对比的是,即使线路上只有一台载货小车,悬挂输送机整条线路的链条都要不停地转动,因此能量消耗比较大。

7.皮带式输送机

皮带式输送机是最广泛使用的散料运输机械。运输带的上表面是用来装载物料的,运输带由托辊支承,靠滚筒处的摩擦力带动。为了保证在驱动过程中运输带不打滑,必须使运输带保持足够的张力,为此需要设置张紧装置,典型的皮带机结构示意图如图 4.24 所示,其中使用了重锤式张紧装置。普通橡胶运输带由若干层涂橡胶的棉织物和上、下覆盖胶构成。由于棉织物的抗张强度较低,因此运输距离较短。在水平运输时,距离一般不超过 300 m。远距离运输时需要采用合成纤维物胶带式夹钢绳芯胶带(见图4.25)。合成纤维织物虽然强度较高,但是伸长率大,需要的皮带张紧行程也大,一般用在大提升高度的场合。对于长距离运输,一般采用夹钢绳芯胶带。最高强度超过 5×10^{7} N/m^{2},相当于 100 层棉织物的强度,单条夹钢绳芯皮带机的长度可达 1 000 m 以上。皮带机的运输量取决于带

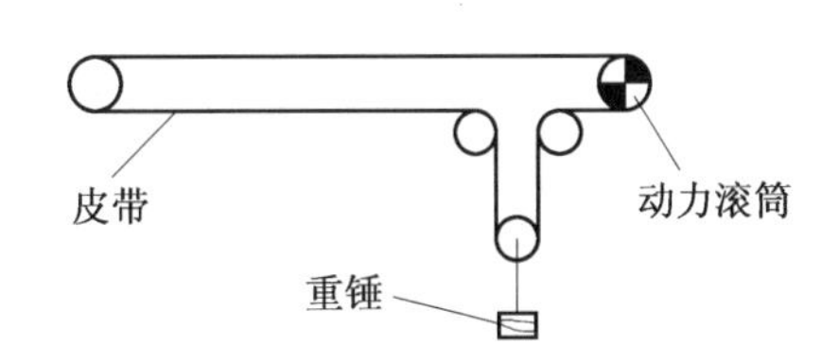

图 4.24　典型皮带机及其张紧装置

宽和带速,而且与托辊的槽角和物料的安息角 β 有关(见图 4.26)。理论计算和实践经验表明,$\alpha = 30° \sim 60°$时,运输量最大。物料的安息角越小,说明物料的流动性越好,要求的托辊槽角也越大。

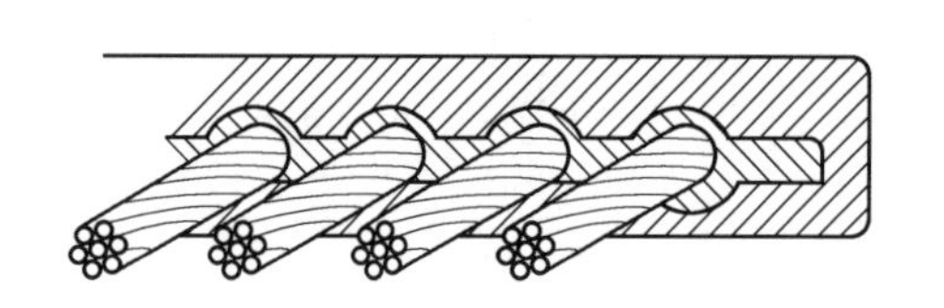

图 4.25　夹钢绳芯胶带

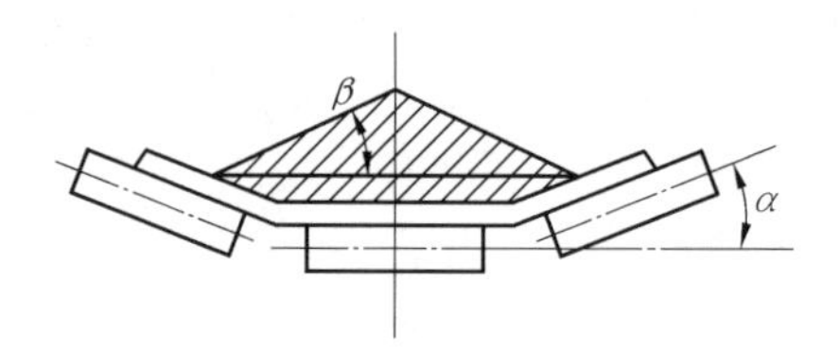

图 4.26　托辊槽角与物料安息角

8.斗式提升机

斗式提升机是垂直散碎物料的连续输送机械。它的牵引件可以是运输带或者链条。在牵引件上按一定的间距固定着很多料斗,驱动装置带动牵引件回转,物料从提升机的底部搂起物料,随牵引件上升到顶部后,绕过链轮或者卸料滚筒,物料即从料斗内卸出(见图 4.27(a))。按卸料方式,斗式提升机可分为三种形式:离心卸料型、导板卸料型和完全卸料型。离心卸料型的斗式提升机有比较高的提升速度(约 90 m/min),利用斗子在顶部链轮或滚筒处回转时产生的离心力将物料抛出,它的运输量比较大。但不适用于输送那些破碎后品级降低的物料,也不适用于容易飞扬的粉尘状物料。导板卸料型斗式提升机如图 4.27(b)所示。它的料斗一个接着一个,在顶部卸料时利用前一个料斗的背面作为导板溜槽,为此料斗背面两侧应有挡板。这种提升机的速度比较低(约 60 m/min),但由于料斗间距短,运输量仍然比较大。它在卸料时不会引起物料与卸料模板的冲击,故障少,可靠耐用,但不适用于输送粘性物料,造价也比较高。完全卸料型与离心卸料型相似,但在顶部链轮的卸料侧还有一个改向链轮(见图 4.27(c))。链条从改向链轮的内侧绕过,这样就可使料斗内的物料全部卸出。这种斗式提升机的运行速度比较慢(约 30 m/min),运输量也比较少,但卸料时斗口垂直向下,即使粘性物料也能靠自重比较容易地卸出。

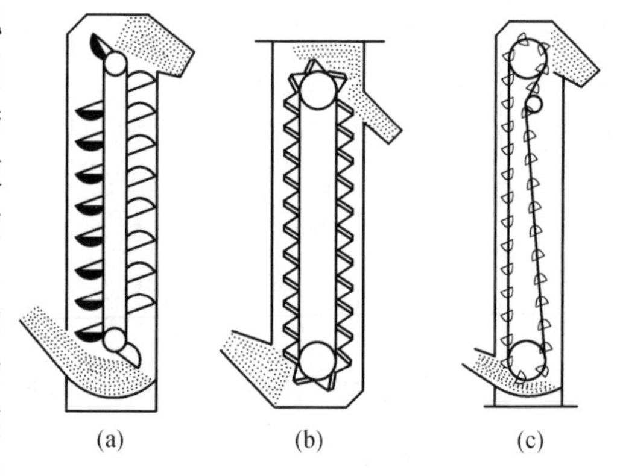

图 4.27　斗式提升机

9.自动搬运小车

自动搬运小车是生产系统中搬运物料的一种重要工具。从当前的应用和研制水平看,自动搬运小车分为自动小车(Rail Automated Vehicle,RAV)和自动导引小车(Automated Guided Vehicle,AGV)(见图4.28)两大类,其中每一类又包括各种不同形式。

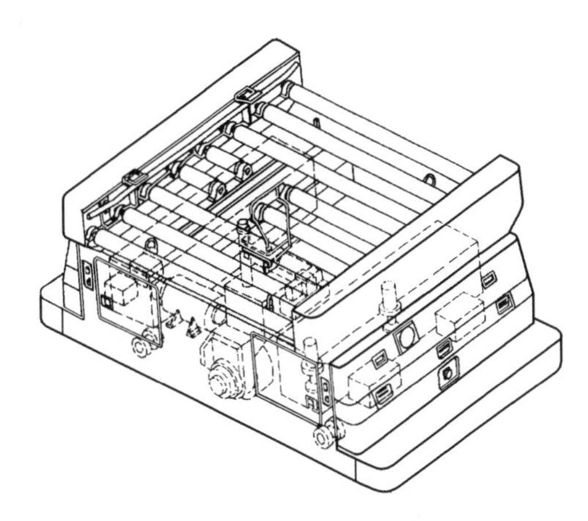

图4.28　自动导引小车

有轨自动小车依靠铺设在地面上的轨道进行导向搬运物料,是搬运小车发展初期普遍采用的一种方式。轨道可以设计成水平、垂直、斜坡等形式,并构成多层、地下、壁内等轨迹网。在车间地面铺设轨道,影响车间的空间利用、噪声大、造价高,并影响保洁工作。近年来,自动导引小车越来越受到重视。自动导引小车不必铺设轨道,其线路形式有固定路线型、半固定路线型和无固定路线型。其中固定路线型技术成熟,应用最广泛。从导向原理看,有电磁式和光电式之分。电磁式自动小车需要在小车行走路线的地面下埋设环形感应电缆,制导小车运动,这对于固定运输线路的生产系统较为适合,但不能随意延长或改变路线。光学反射式自动小车由涂在地面上的能反射光的线条制导,易于改变路线,施工简便,目前应用最广泛。

固定路线型自动小车仍需要在地面上作一定的改造,并限制行走路线。目前国外已研制了半固定路线自动小车,采取部分固定路线与标志制导相结合的方式实现搬运功能,但尚未在工业界大面积使用。

无固定路线型是最理想的方式。这种小车不受固定路线的限制,根据任务指令,自动寻找目的地。工业发达国家投入了相当多的力量研制无固定路线自动小车,正在研制的有回转仪式、自动巡航式、坐标式、超声式、激光式等。在未来的生产系统中,这种小车将成为物料搬运的主要装置。

目前在自动化制造系统中用的AGV大多数是磁感应式AGV,图4.29是一种能同时运送两个工件的AGV。它由运输小车、地下电缆和控制器三部分组成,小车由蓄电池提供动力,沿着埋设在地板槽内的用交变电流激磁的电缆行走,地板槽埋设在地下4 cm左右深处,地沟用环氧树脂灌封,形成光滑的地表,以便清扫和维护。导向电缆铺设的路线和车间工件的流动路线及仓库的布局相适应,AGV行走的路线一般可分为直线、分支、环路或网状。

图4.29　磁感应式AGV

小车驱动电动机由安装在车上的工业级蓄电池供电,通常供电周期为20 h左右,因此必须定期到维护区充电或更换。蓄电池的更换一般是手工进行的,充电可以是手工的或者自动的,有些小车能按照程序自动接上电插头进行充电。

为了实现工件的自动交接,小车装有托盘交换装置,以便与机床或装卸站之间进行自动连接。交换装置可以是辊轮式,利用辊轮与托盘间的摩擦力将托盘移进移出,这种装置一般与辊式传送带配套。交换装置也可以是滑动叉式,它利用往复运动的滑动叉将托盘推出或拉入,两边的支承滚子是为了减少移动时的摩擦力。升降台式交换装置是利用升降台将托盘升高,物料托架上的托物叉伸入托盘底部,升降台下降,托物叉回缩,将托盘移出。托盘移入的工作过程相反。小车还装有升降对齐装置,以便消除工件交接时的高度差。

AGV 小车上设有安全防护装置,小车前后有黄色警示信号灯,当小车连续行走或准备行走时,黄色信号灯闪烁。每个驱动轮带有安全制动器,断电时,制动器自动接上。小车每一面都有急停按钮和安全保险杠,其上有传感器,当小车轻微接触障碍物时,保险杠受压,小车停止。

图 4.30 是磁感应 AGV 自动导向原理图,小车底部装有弓形天线 3,跨设于以感应导线 4 为中心且与感应线垂直的平面内,如图 4.30(a)所示。图 4.30(b)为磁感应 AGV 沿着感应导线自动转向运动的俯视示意图。感应线通以交变电流,产生交变磁场。当天线 3 偏离感应线任何一侧时,天线的两对称线圈中感应电压有变化,产生差值,即是误差,此误差信号经过放大,分别驱动左、右电动机 2,左、右电动机有转速差,经驱动轮 1 使小车转向,使感应线重新位于天线中心,直至误差信号为零。

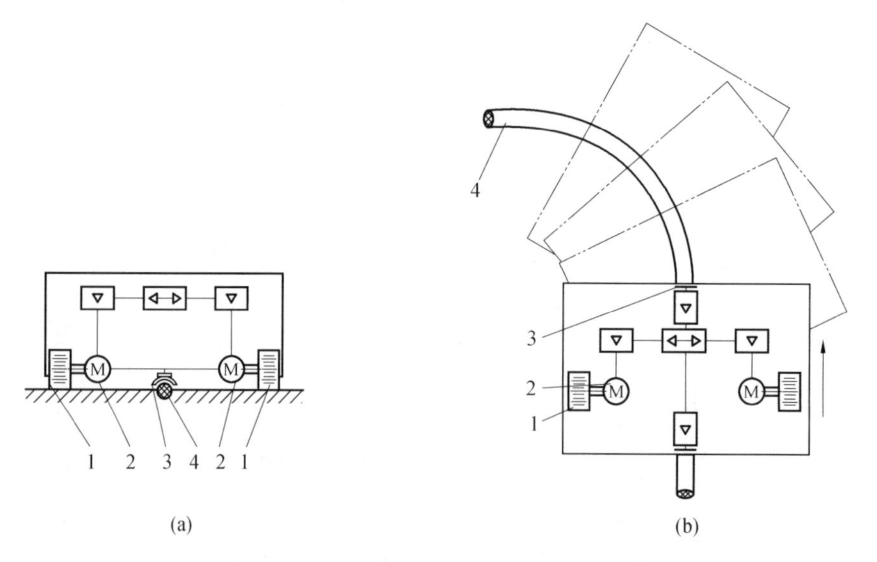

图 4.30　磁感应 AGV 自动导向原理图

1—驱动轮;2—驱动电机;3—天线;4—感应线

AGV的路径寻找就是自动选取岔道，AGV在车间行走路线比较复杂，有很多分岔点和交汇点。地面上有中央控制计算机负责车辆调度控制，AGV小车上带有微处理器控制板，AGV的行走路线以图表的格式存储在计算机内存中，当给定起点和目标点位置后，控制程序自动选择出AGV行走的最佳路线。小车在岔道处方向的选择多采用频率选择法，在决策点处，地板槽中同时有多种不同频率信号，当AGV接近决策点（岔道口）时，通过编码装置确定小车目前所在位置，AGV在接近决策点前作出决策，确定应跟踪的频率信号，从而实现自动路径寻找。

自动导向小车的行走路线是可编程的，FMS控制系统可根据需要改变作业计划，重新安排小车的路线，具有柔性特征。AGV小车工作安全可靠，停靠定位精度可以达到±3 mm，能与机床、传送带等相关设备交接传递货物，运输过程中对工件无损伤，噪声低。

4.2.3　物料自动存储装置

广义的物料存储应当包括除了在传送过程和加工过程以外的其他全过程。但根据对物料存储目的的不同，又分为贮料和仓储两种作业，与之对应的就是物料贮料装置和物料仓储系统。本小节介绍贮料机构和装置，物料的仓储技术和系统将在4.4节介绍。

对于规模较大、线较长的自动线，常因某一设备的偶然故障或换刀等原因造成全线停车。为了减少自动线的停车损失，或使节拍相差较大的工序能连续工作较长时间，应在自动线各工段之间或工序之间设置贮料装置。当某台设备因故停车时，前、后设备可以不停车，而由贮料装置贮料或供料，还可以用来补偿前后工序节拍的不平衡。

贮料装置按其工作方式可分为通过式和仓储式两种。通过式即上台机床送来的每一工件均从贮料装置中通过，再送至下台机床。而仓储式的贮料装置在进出口处设有活门控制。将来料分两路，一路通向贮料装置，另一路直接通向下台设备，直接供料。只有当某序设备发生故障而停歇时，贮料装置的进口或出口活门才打开，以接受或送出工件。

贮料装置按结构和用途又可分为贮料器和贮料库。贮料器多用于回转体加工自动线，而贮料库多用于步伐式输送带连接起来的组合机床自动线中。某些小型工件或加工周期较长的自动线，工序间贮料和输料装置合二为一（如输料槽、提升机及输送带等），即输料装置兼有贮料作用。

根据被加工零件的形状大小、输送方式及贮料量大小不同，贮料装置的结构形式也不同。

1.贮料器

常用来贮存圆柱形、环形及盘形等回转体零件。

图4.31为带有通过式的曲折形贮料器的供料系统。工件在本身重力作用下向下滚动。通过曲折形贮料器1及提升机2，到达输料槽3，经回转隔料器4、5送出一个工件，工件6由上料器8给机床7供料。这种贮料器，结构简单，适用于盘环类零件。

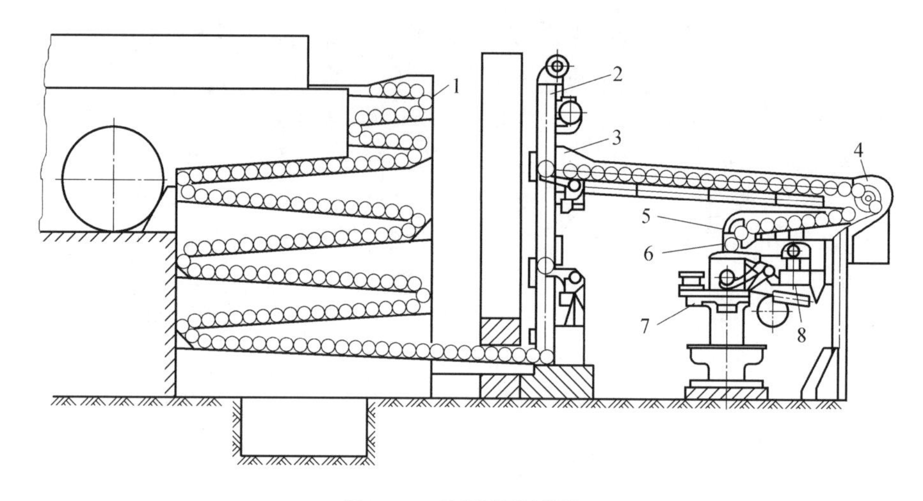

图 4.31　曲折形贮料器

1—贮料器；2—提升机；3—输料槽；4、5—隔料器；6—工件；7—机床；8—上料器

图 4.32 为通过式鼓轮形贮料器，工件通过进口料槽 1、提升机 2 及输料槽 3，然后滚入转鼓 4 的槽里。转鼓旋转，将工件转到送料槽 7 中。旋转着的挡料器 5 和 6 控制着送出工件的速度。转鼓的槽中装满后，自动线的前一工段即自动停车。

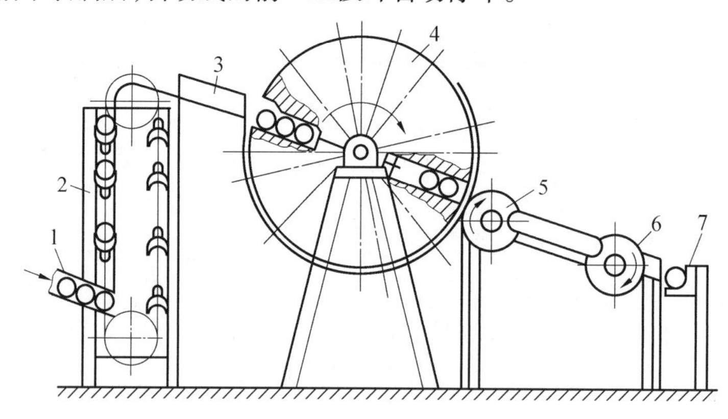

图 4.32　鼓轮形贮料器

1、3、7—料槽；2—提升机；4—转鼓；5、6—挡料器

图 4.33 为垂直链式贮料器，在贮料箱垂直地装有几组链条，在链条上装有钩钉托住工件。当电机经减速器驱动链条回转时，工件被钩钉带起绕过链轮后，遇到窗口便滚到另一条链条上去，如此传送直至跟随最后一根链条下降到出口后传出去。此种贮料器适用于盘、环、短轴和带肩小轴类工件。

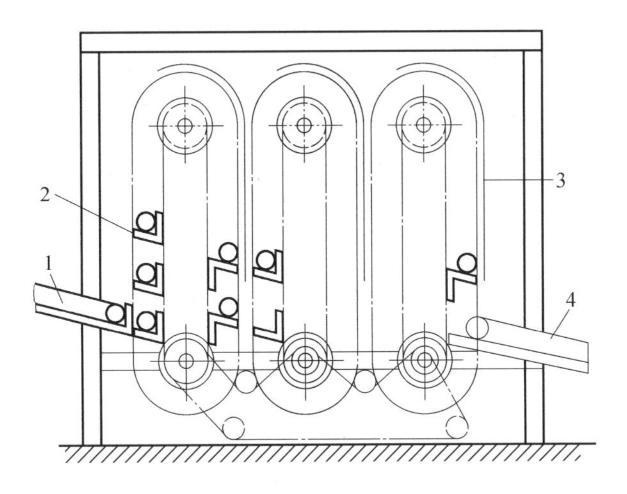

图 4.33　垂直链条式贮料器

1—进料槽;2—钩杆;3—隔板;4—出料槽

2.中间贮料库

多用于由步伐式输送带连接的组合机床自动线。中间贮料库为仓储式的,设在必要的工段之间,而不设在每台机床之间。它的优点是贮量大、占地面积小。当自动线正常工作时它不工作,当自动线某一段停歇时它才工作。常用的贮料库有以下几种形式。

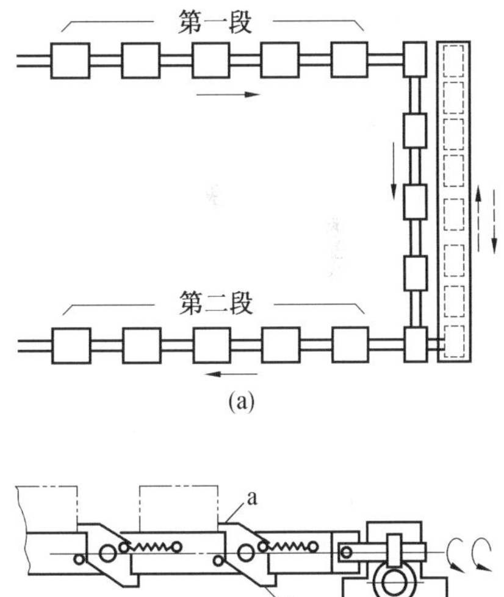

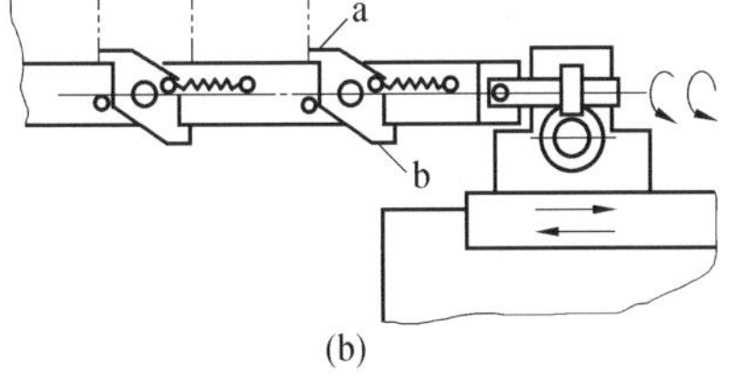

图 4.34　贮料辅助输送带

图 4.34 为水平贮料库,它是由双向动作的步伐辅助输送带所组成,通常安排在主输送带旁边(见图 4.34(a)),也可安排在垂直方向。自动线正常工作时,它不工作。当某一段停歇时,就按虚线箭头方向或贮入取出工件。输送杆为圆柱形,其拨爪可以两面工作(见图 4.34(b)),当向左运送工件时拨爪 a 端朝上,当需向右运送工件时,用油缸齿条机构使其回转 180°,拨爪为 b 端向上。这种贮料库可以根据需要设计成多排,以增大贮料容量。水平贮料库结构简单,占地面积大,适用于工件纵、横方向均可移动传送的外形规则的大中型箱体类工件。

图 4.35 为链式贮料库的结构图。它放置在与两段自动线相垂直的方向上。链条 4 由电机 5 通过减速器 6 作间歇传动。链条上装有容纳工件的框架 3,主输送带 1 通过其中的一个框

架。当后段自动线停车时,链条依次向左步进移动实现贮料;而当前段自动线停车时,链条向右逐次步进,使框架内的工件被主输送带拉走供料。

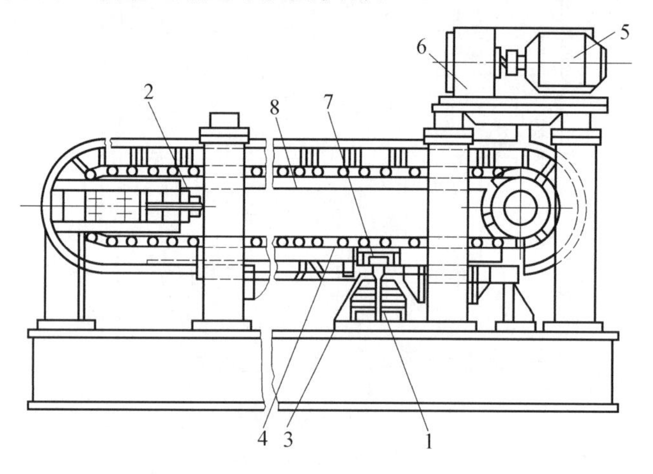

图 4.35 链式水平贮料库

1—主输送带;2—张紧装置;3—框架;4—链条;5—电机;6—减速器;7—工件;8—导板

链式贮料库结构笨重,占地面积大,但动作简单、结构可靠、故障少。

当要求贮料量较大时,贮料库可以做成多层,以减少占地面积。

图 4.36 为多层贮料库,设置在 I、II 段自动线的拐角处(见图 4.36(a))。A 为三层贮料库、2 为转位台、B 为贮料库的水平传送装置、C 为工件提升装置。

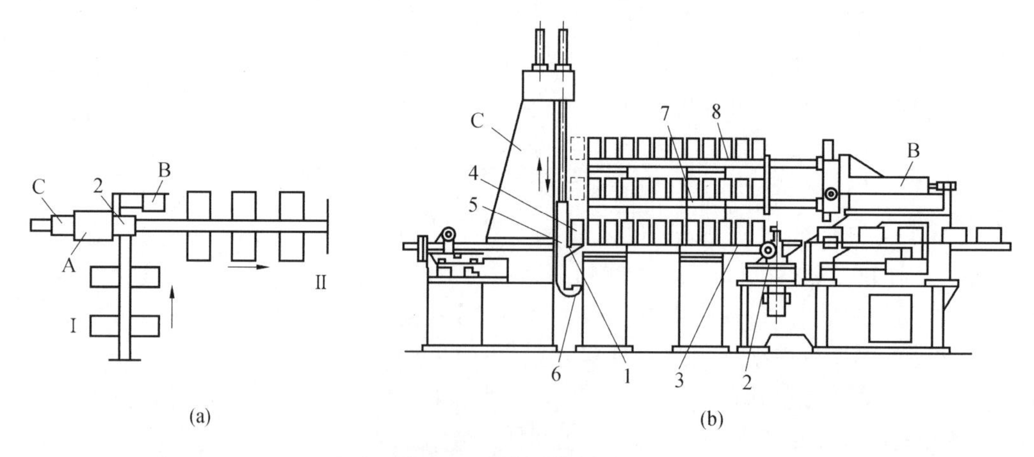

图 4.36 多层贮料库

A—贮料库;B—传送装置;C—提升装置;I、II—自动线

1—平台;2—转位台;3—输送带;4—工件;5—升降台;6—平台;7、8—输送带

在正常工作下,转位台不工作,工件由 I 段输送带送来后,由 II 段输送运走。当第 II 段自

动线停车时，转位台 2(见图 4.36(b))使工件逆时针方向转 90°后，放置在贮料库下层的第一工位上，然后由步伐式输送带将工件向左推移，实现步进贮料。当下层料满后，通过升降台 5 向上提升一个步距到中间层，待下一个工件被送到升降台 5 的下部平台 6 上，然后再上升一步，再由中上层的输送带 7 和 8 同时将两个工件运入贮料库中。当第 I 段自动停歇而需从贮料库中取料时，具有双向拨爪的输送杆回转 180°，然后按上述的逆过程工作。

4.3　机械手和机器人在物料传输中的应用

在生产过程中，为了减少人所担负的繁重体力劳动及有害作业，实现机械化和自动化；为了显著地减少产品生产中的辅助时间和减少某些基本作业的时间，来提高劳动生产率；为了降低产品成本，提高经济收益，人们早就想创造一种模仿人的通用性机械来帮助人或代替人做那些繁重、有害和人们不愿做的工作。到 20 世纪 50 年代，终于研制成功了机械手。60 年代研制成功第一代机器人，并且在 70 年代迅速得到了进一步的发展和广泛的应用。在此基础上，又研制出了示教再现型机器人和智能机器人。

目前，机械手和工业机器人日益成为生产机械化自动化的重要手段。尤其在多品种小批量生产中，工业机器人是使自动化制造系统具有多种工作机能的通用设备。

自动化制造系统中，工业机器人除了应用于对工件加工(如焊接、喷漆等)外，还广泛地应用于物料传输，典型的应用有上下料机械手、搬运和堆垛机器人等。

4.3.1　机械手和机器人的定义

机械手是一种能模仿人手的某些工作机能，按给定的程序、轨迹和要求，实现抓取、搬运工件，或者完成某些劳动作业的机械化、自动化装置。国外把它称为：操作机(Manipulator)、机械手(Mechanical Hand)。机械手只能完成比较简单的一些抓取、搬运及上下料工作，常常作为机器设备上的附属装置。因此具有一定的专用性，所以又称为专用机械手，如图 4.37 所示是一种上下料专用机械手。

机器人是能模仿人的某些工作机能和控制机能，按可变的程序、轨迹和要求，实现多种工件的抓取、定向和搬运工作，并且能使用工具完成多种劳动作业的自动化机械系统。因此，机器人比机械手更为完善，它不仅具有劳动和操作的机能，而且还具有“学习”、记忆及感觉机能。国外也把它称为程序控制操作机(Programmable Manipulator)，通常则称为机器人(Robot)。机器人可以用于各个领域，当用于工业生产中时，常常叫做“工业机器人”(Industrial Robot)。

当赋予机器人一定的人工智能后，就把它称为“智能机器人”(Intelligent Robot)。这种类型的机器人具有人工视觉、感觉、学习、记忆及一定的逻辑判断机能。因此，它能根据工作环境的变化自动变更程序，自动完成机械手难于实现的许多复杂工作，如机械制造过程中的自动检验及分选、自动装配、自动喷漆、自动焊接等工作。所以，又把它称为工业用智能机器人。

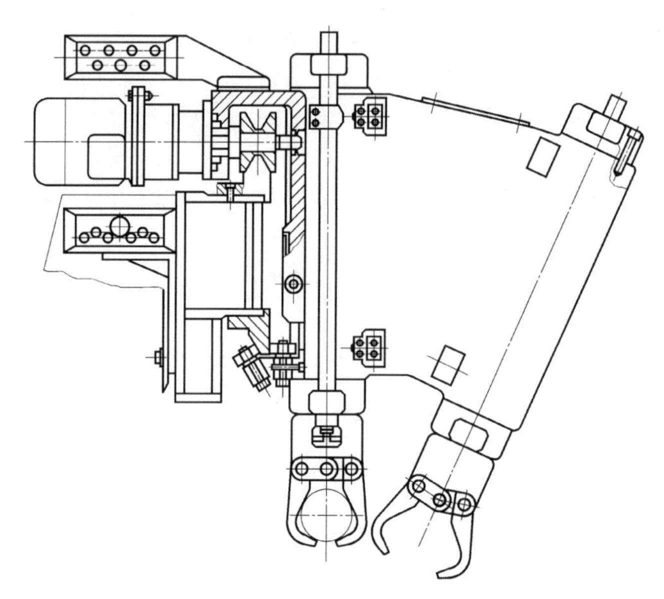

图 4.37　上下料专用机械手

4.3.2　机械手与机器人的分类

目前国内外对机械手与机器人的分类方法很多,通常可按使用范围、作业类别、搬运质量、驱动方式、坐标形式和控制方式等来分类,见表 4.3。

表 4.3　机械手与机器人分类表

分类方式	使用范围	作业类别	搬运质量	驱动方式	坐标形式	控制方式	运动轨迹	行业部门
机器人与机械手的名称	专用机械手	铸造机械手(人)	微型机械手(人)	液压机械手(人)	直角坐标机械手(人)	固定程序控制机械手	点位轨迹型机械手(人)	工业机械手(人)
	通用机械手(人)	锻压机械手(人)	小型机械手(人)	气动机械手(人)	圆柱坐标机械手(人)	可编程控制机械手(人)	连续轨迹型机械手(人)	医疗机械手(人)
	机器人(机械人)	冲压机械手(人)	中型机械手(人)	电动机械手(人)	球坐标机械手(人)	示教再现式机械手(人)		伐木机械手(人)
		焊接机械手(人)	大型机械手(人)	气液压机械手(人)	多极点极坐标式机械手(人)	智能型机械手(人)		采矿机械手(人)
		热处理机械手(人)	超重型机械手(人)	机械式驱动机械手(人)	又称多关节式机械手(人)	计算机控制机械手(人)		冶金机械手(人)
		切削机械手(人)						清扫用机械手(人)
		搬运机械手(人)						水下作业机械手(人)

注:表中“(人)”指机器人,以后机械手与机器人本书简称为“机械手(人)”。

4.3.3　工业机器人的组成

各类工业机器人一般都由操作机(也称执行机构,一般包括手部、腕部、臂部、机身等部分)、驱动装置和控制系统等组成。图4.38和图4.39分别给出了固定机座和带有行走机构的机器人的例子。

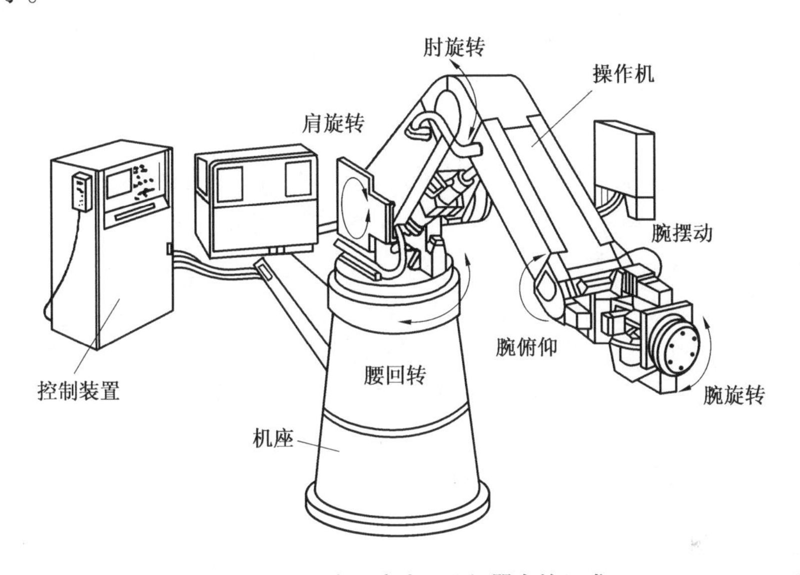

图4.38　固定机座式工业机器人的组成

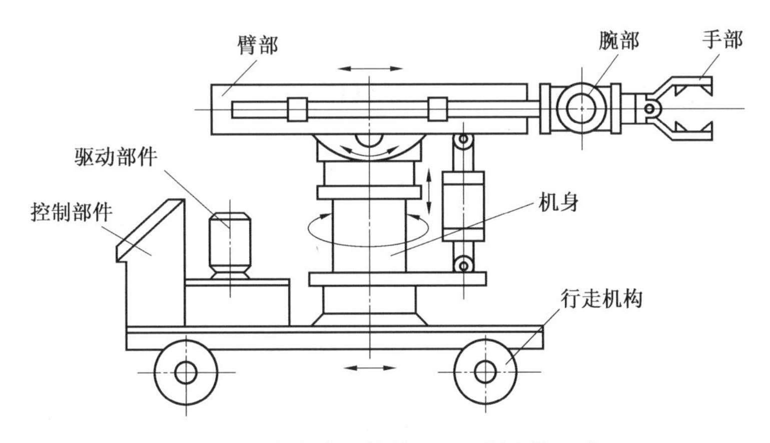

图4.39　带行走机构的工业机器人的组成

1.操作机(也称执行机构)

操作机具有和人臂相似的功能,是可在空间抓放物体或进行其他操作的机械装置。包括机座、手臂、手腕和末端执行器。

末端执行器(又称手部)是操作机直接执行工作的装置,可安装夹持器、工具、传感器等。夹持器可分为机械夹紧、真空抽吸、液压张紧和磁力等多种。

手腕是连接手臂与末端执行器的部件,用来支承和调整末端执行器的姿态,一般有2~3个回转自由度,并可扩大手臂的工作范围。有的专用机器人可以没有手腕而直接将末端执行器安装在手臂的端部。手腕有弯曲式和旋转式两种。

手臂由操作机的连接杆件和关节组成,用于支承和调整手腕和末端执行器。手臂有时不止一条,还应包括肘关节和肩关节。一般将靠近末端执行器的一节称为小臂,靠近机座的称为大臂。手臂与机座间用关节连接,因而扩大了末端执行器姿态的运动范围。

机身称为立柱,是支承臂部的部件,作用是带动臂部运动,扩大臂部的活动范围。

机座是机器人中相对固定并承受相应力的部件。分为固定式和移动式两类,移动式机座下部安装行走机构,可扩大机器人的工作范围;行走机构多为滚轮或履带,分为有轨与无轨两种。近些年来发展的步行机器人,其行走机构多为连杆机构。

2.驱动装置

机器人的驱动装置用来驱动操作机工作,按动力源的不同分为电动、液动和气动三种,其执行机构电动机、液压缸和气缸可以与操作机直接相连,也可通过齿轮、谐波减速器和链条装置等传动机构与操作机连接。

3.控制系统

控制系统用来控制工业机器人按规定要求动作,可分为开环控制系统和闭环控制系统。很多工业机器人采用计算机控制,一般分为决策级、策略级和执行级三级。决策级的功能是识别环境,建立模型,将作业任务分解为基本动作序列;策略级将基本动作变为关节坐标协调变化的规律,分配给各关节的伺服系统;执行级给出各关节伺服系统执行给定的指令。

4.行程位置检测装置

行程位置检测装置的作用是控制机械手每个动作的运动位置,或将运动系统的位置反馈给控制系统,再由控制系统进行调节,使机械手实现位置精度的要求。

上述是工业机器人的一般组成,有些工业机器人视其功能的不同,也可以不必完全具备所有的系统。

4.3.4　工业机械手的主要规格参数

(1)主参数。臂力——额定抓取质量或称为额定负荷,单位为 kg(必要时注明限定运动速度下的臂力)。

(2)自由度数目。整机、本体、臂部以及腕部共有几个自由度,并说明坐标形式。

(3)定位方法。如固定机械挡块,可调机械挡块,行程开关,电位器及其他各种位置设定和检测装置;各自由度能设定的位置数目或位置信息容量;电位控制或连续轨迹控制。

(4)驱动方式。液压、气动、电动、机械。

(5)基本参数

行程——行程大小;行程范围。

速度——在全行程的平均运动速度(必要时应注明需限定的臂力)。

定位精度——位置设定精度及重复定位精度。

控制系统动力——电、气。

(6)其他参数

驱动源——如气动的气压大小、液压的使用压力、油泵规格、电机功率等。

轮廓尺寸——长 × 宽 × 高。

质量——整机质量。

4.3.5　工业机械手的主要设计要求

1.手部的设计要求

(1)手部应有足够的夹紧力。除工件的重力外,还要保证工件在传送过程中不能松动或脱落。

(2)夹持范围要与工件相适应。手爪的开闭角度(手爪张开或闭合时两个极限位置所摆动的角度)应能适应夹紧较大的直径范围。

(3)夹持精度要高。既要求工件在手爪内定位准确,又不允许夹坏工件表面。一般要求根据工件的形状选择相应的手爪结构,如圆柱形工件应采用带 V 形槽的手爪来定位;对于工件表面光洁度较高的,应在手爪上镶铜、夹布胶木或其他软质垫片等。

(4)夹持动作要快速、灵活。

(5)结构应简单紧凑、刚性好、自重轻、易磨损处应便于更换,在腕部或臂部上安装要方便,更换要迅速。

2.腕部的设计要求

(1)腕部自由度的选取

在臂部运动的范围内,当可以满足抓取工件和传送工件等要求时,应尽可能不设计腕部的运动。这样,可使机械手结构简单、制造方便和成本降低。

根据抓取对象和机械手的坐标形式的需要,可增加腕部的自由度。如腕部的回转运动,这是在手爪夹持工件后,需要翻转角度,或者机械手从一个工位转到另一个工位时,需要工件翻转。若是采用臂部回转则使机械手的稳定性降低,因为臂部长度大,回转时稍有偏心(特别是高速回转时),使机械手的离心力增加,臂部振动加大,影响定位精度。因此,应设计腕部的回转,若机械手是球坐标形式,腕部应设计具有俯仰运动,以保持手爪位于水平位置,不影响手爪的工作。

还要根据加工工艺的要求,设计腕部在 Y 轴方向的移动。如机械手将工件送到某一工位后,需要把工件定位夹紧,为使机床运动简化,而要求腕部沿 Y 轴方向做少量的移位运动。如用顶尖支承的轴类零件,在用机械手取下工件时,为脱离主轴顶尖而需要有腕部的横移运动。

腕部自由度的选取应在臂部自由度确定以后,再根据工件的料道位置、工艺要求、应用范围及制造成本等方面综合分析,以确定最佳的方案,确定出腕部合适的自由度数。

(2)腕部的动作要灵活、自重要轻

在设计腕部结构时,应力求结构简单紧凑,减轻结构的质量。机械手配合机器运转,腕部的动作时间往往在几秒钟以内,甚至不超过一秒,所以腕部一定要灵活,在保证构件的强度和刚度的条件下,回转件尽量采用滚动轴承或滚柱,减少阻力,降低摩擦。

(3)腕部运动位置要准确

手腕的回转、俯仰与左右摆动等运动位置都要求准确,除对零部件配合精度严格要求以外,要采取措施消除传动部件之间的间隙。根据需要可设置位置检测元件,来控制手腕的准确位置。

3.臂部的设计要求

(1)臂部应承载能力大、刚性好、自重轻

根据这一要求,在设计手臂时,要对其进行挠度计算,其变形量应小于许可变形量。悬臂梁(应当指出机械手的手臂结构不完全等同于悬臂梁)的挠度计算公式为

$$Y=\frac{QL^3}{3EJ} \tag{4.4}$$

式中 Y——挠度;

E——弹性模数;

Q——载荷;

J——惯性矩；

L——悬臂长。

从上式可知，挠度与载荷、悬臂长成正比，而与弹性模数、惯性矩成反比。在 Q 与 L 的值已确定情况下，只有增大 E、J 值，才能减少梁的弯曲变形，而碳钢和合金钢的 E 值差别不大，所以为了提高刚度，从材质上考虑意义不大，主要应选用惯性矩 J 大的梁。在截面积和单位质量基本相同的情况下，钢管、工字钢和槽钢的惯性矩要比圆钢大得多，所以，机械手中常用无缝钢管作导向杆，用工字钢或槽钢作支撑板。这样既提高了手臂的刚度，又大大减轻了手臂的自重。

为增加刚性，还应采取以下一些措施。设计臂部时，元件越多，间隙越大，刚性就越低，因此应尽可能使结构简单。要全面分析各尺寸链，在要求高的部位合理确定调整补偿环节，以减少重要部位的间隙，从而提高刚性；全面分析手臂的受力情况，合理分配给手臂的各个部件，避免不利的受力情况出现；水平放置的手臂，要增加导向杆的刚度，同时提高其配合精度和相对位置精度，使导向杆承受部分或大部分自重和抓取质量。

(2)臂部运动速度要高，惯性要小

机械手的运动速度一般是根据生产节拍的要求来决定的。确定了生产节拍和行程范围，就确定了手臂的运行速度(或角速度)。在一般情况下，手臂的移动和回转均要求匀速运动，但在手臂的启动和终止瞬间，运动是变化的。为了减少冲击，要求启动时的加速度和终止前的减速度不能太大，否则引起冲击和振动。

为减少惯性力矩，可采取如下一些措施。减少手臂运动件的质量，如采用铝合金等轻质材料；减少手臂运动件的轮廓尺寸，使手臂结构紧凑小巧；减少回转半径，在安排机械手动作顺序时，一般是先缩回再回转或尽可能在较小前冲位置下进行回转动作；驱动系统中加设缓冲装置。

(3)臂部动作要灵活

要使手臂运动轻快灵活，手臂的结构必须紧凑小巧，或在运动臂上加滚动轴承或采用滚珠导轨。对于悬臂式的机械手手臂上零部件的布置要合理，以减少回转升降支承中心的偏重力矩，否则会引起手臂振动，严重时会使手臂与立柱卡死。对于双臂同时操作的机械手，应使两臂布置尽量对称以达到平衡。

(4)位置精度要高

手臂的刚性好、偏重小、惯性力小，则位置精度就容易控制，所以设计手臂时要周密考虑和计算；还要合理的选择机械手的坐标形式，一般说来，直角和圆柱坐标式机械手位置精度较高；关节式机械手的位置最难控制，精度差；在手臂上加设定位装置和自动检测机构，来控制手臂运动的位置精度；还要减少或消除各传动、啮合件之间的间隙。

4.3.6 物料传输机器人的末端执行器

末端执行器是工业机器人直接用于抓取和握紧(或吸附)工件和物料进行操作的机构,它具有模仿人手动作的功能,所以也称为机器人的“手部”,它安装于机器人手臂的前端。一般按结构大致可分为以下几类。

1)夹钳式取料手;

2)吸附式取料手;

3)专用操作器及转换器;

4)仿生多指灵巧手。

这里仅以较常用的前两种加以介绍。

1.夹钳式取料手

(1)手部的组成

夹钳式取料手由手指(手爪)和驱动机构、传动机构及连接与支承元件组成,如图4.40所示。通过手指的开、合动作实现对物体的夹持。

• 手指。它是直接与工件接触的部件。手部松开和夹紧工件,就是通过手指的张开与闭合来实现的。机器人的手部一般有两个手指,也有三个或多个手指,其结构形式常取决于被夹持工件的形状和特性。

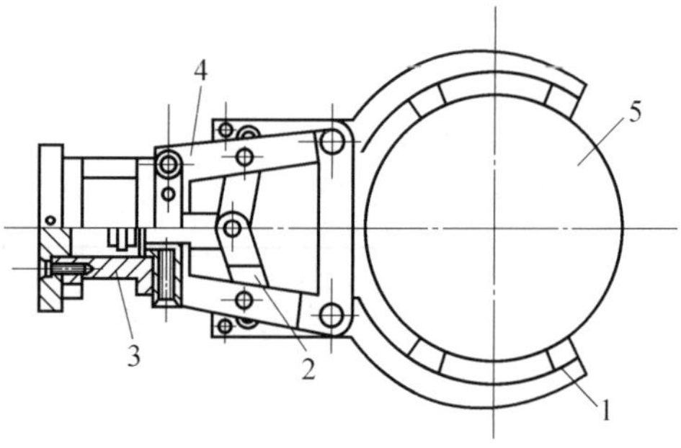

图4.40 夹钳式手部的组成

1—手指;2—传动机构;3—驱动装置;4—支架;5—工件

指端是手指上直接与工件和物料相接触的部位,其结构形状取决于工件的形状。常用的指端类型有V型指、平面指、尖指和薄长指及适应抓取不规则物体的特形指等。

为了适应对不同操作对象的抓取,指面形式也有多种。如可采用光滑表面、网纹或齿纹表面或柔性表面(镶衬橡胶、泡沫等)。

• 传动机构。它是向手指传递运动和动力,以实现夹紧和松开动作的机构,该机构根据手指开合的动作特点分为回转型和移动型。回转型又分为一支点回转和多支点回转。根据手爪夹紧是摆动还是平动,又可分为摆动回转型和平动回转型。

• 驱动装置。它是向传动机构提供动力的装置。按驱动方式不同,可有液压、气动、电动和机械驱动之分,还有利用弹性元件的弹性力抓取物件不需要驱动元件的。

(2)几种典型手爪

第一种,弹性力手爪。弹性力手爪的特点是其夹持物体的抓力是由弹性元件提供的,不需要专门的驱动装置,在抓取物体时需要一定的压力,而在卸料时,则需要一定的拉力。

图 4.41 所示为几种弹性力手爪的结构原理图,图 4.41(a)所示的手爪有一个固定爪 1,另一个活动爪 6 靠压簧 4 提供抓力,活动爪绕轴 5 回转,空手时其回转角度由固定爪和活动爪的接触平面 2、3 限制。抓物时爪 6 在推力作用下张开,靠爪上的凹槽和弹性力抓取物体,卸料时需固定物体的侧面,手爪用力拔出即可。

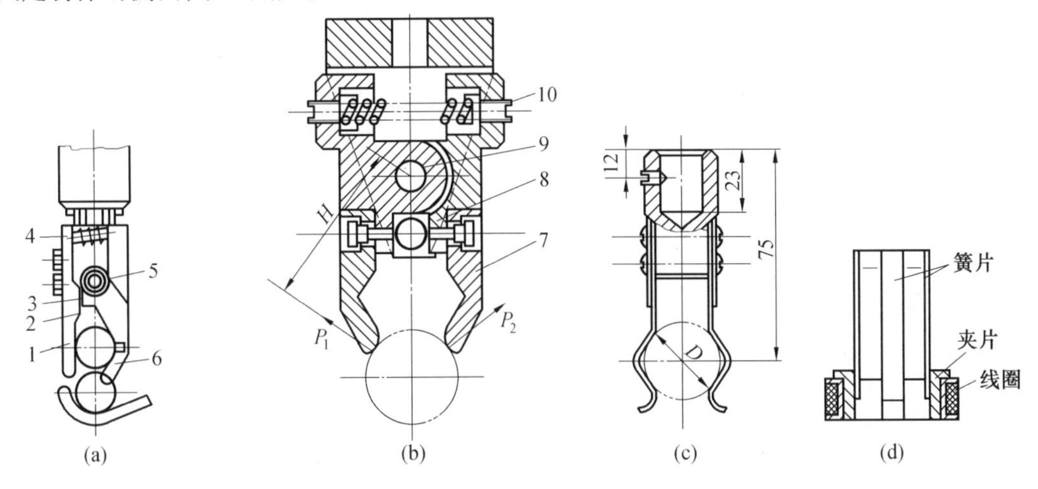

图 4.41　几种弹性力手爪

1—固定爪;2,3—接触平面;4—压簧;5,9—绕轴;6,7—活动爪;8—销轴

图 4.41(b)所示为具有两个滑动爪的弹性力手爪。压簧 10 的两端分别推动两个杠杆活动爪 7 绕轴 9 摆动,销轴 8 保证二爪闭合时有一定的距离,在抓取物体时接触反力产生手爪张开力矩。图 4.41(c)所示是用两块板弹簧做成的手爪。图 4.41(d)所示的是用四根板弹簧做成的内卡式手爪,用于电表线圈的抓取。

第二种,摆动式手爪。摆动式手爪的特点是在手爪的开合过程中,其爪的运动状态是绕固定轴摆动的,结构简单,使用较广,适合于圆柱表面物体的抓取。

图 4.42 所示为两种摆动式手爪的结构原理图。图 4.42(a)所示为连杆摆动式手爪,活塞杆的移动,通过连杆使手爪围绕同一轴摆动,完成开合动作。

图 4.42(b)所示为齿轮齿条摆式手爪,推拉杆端部两侧有齿条,与固定于手爪上的齿轮啮合,齿条的上下移动带动两个手爪绕各自的转轴摆动。

第三种,平动式手爪。平动式手爪的特点是手爪在开合过程中,其爪的运动状态是平动的。可以有圆弧式平动和直线式平动之分。平动式手爪适用于被夹持面是两个平行平面的物体。

图 4.43 所示为连杆圆弧平动手爪的结构原理图。它是采用平行四边形平动机构,使爪在开合过程中保持其方向不变,作平行开合运动。而爪上任一点的运动轨迹为一圆弧摆动。这种手爪在夹持物体的瞬时,对物体表面有一个切向分力。

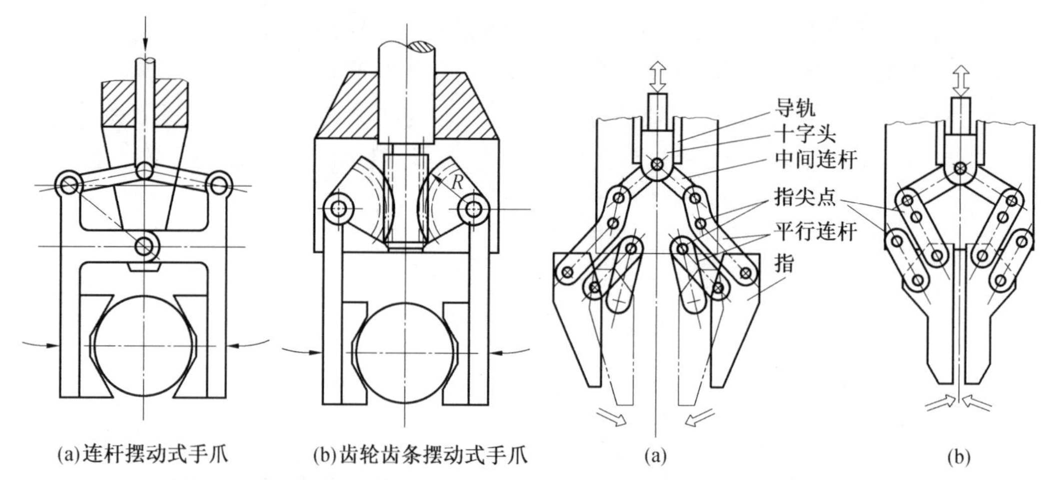

(a)连杆摆动式手爪　(b)齿轮齿条摆动式手爪

图 4.42　摆动式手爪

(a)　(b)

图 4.43　连杆圆弧平动式手爪

图 4.44 所示为直线平动式手爪的结构原理图。图 4.44(a)所示的是螺杆副直线平动式手爪,螺杆分左右两段,旋向相反,爪上有螺孔(即为螺母),螺杆旋转时,两爪做开合动作。

图 4.44(b)所示为凸轮副直线平动式手爪。在连接爪的滑块上有导向槽和凸轮槽,当活塞杆上下运动时,通过滚子对凸轮槽的作用使滑动块沿着导向滚子平移完成爪的开合动作。

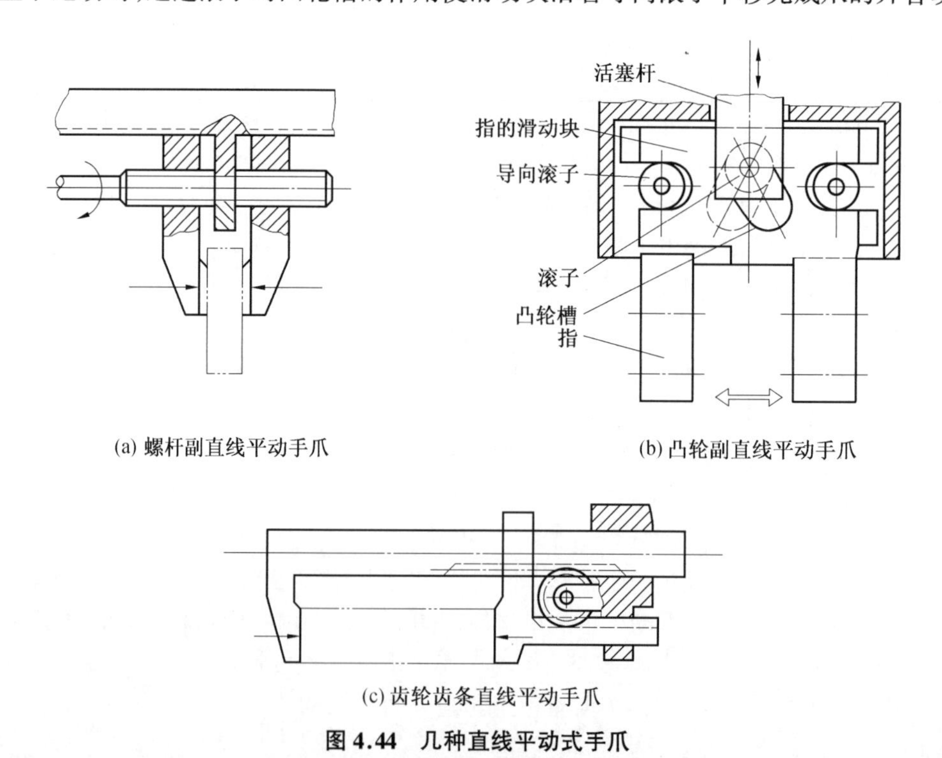

(a) 螺杆副直线平动手爪　(b) 凸轮副直线平动手爪

(c) 齿轮齿条直线平动手爪

图 4.44　几种直线平动式手爪

图 4.44(c)所示为差动齿条平动式手爪,两爪面上都有齿条与过渡齿轮啮合,当拉动一个爪时,另一个爪反向运动,完成开合动作。

2.吸附式取料手

吸附式取料手靠吸附力取料,根据吸附力的不同分为气吸附和磁吸附两种。吸附式取料手适应于大平面(单面接触无法抓取)、易碎(玻璃、磁盘)、微小(不易抓取)的物体,因此使用面较广。

(1)气吸附式取料手

气吸附式取料手是利用吸盘内的压力和大气压之间的压力差而工作的。按形成压力差的方法,可分为真空吸附、气流负压气吸、挤压排气吸式几种。

气吸式取料手与夹钳式取料手指相比,具有结构简单、质量小、吸附力分布均匀等优点。对于薄片状物体的搬运更具有其优越性(如板材、纸张、玻璃等物体),广泛应用于非金属材料或不可有剩磁的材料的吸附。但要求物体表面较平整光滑,无孔无凹槽。下面介绍几种气吸附式取料手的结构原理。

图 4.45 所示为真空气吸附取料手结构原理。其真空的产生是利用真空泵,真空度较高。主要零件为碟形橡胶吸盘 1,通过固定环 2 安装在支承杆 4 上,支承杆由螺母 5 固定在基板 6 上。取料时,碟形橡胶吸盘在边缘既起到密封作用,又起到缓冲作用,然后真空抽气,吸盘内腔形成真空,实施吸附取料。放料时,管路接通大气,失去真空,物料放下。为避免在取放料时产生撞击,有的还在支承杆上配有弹簧缓冲。真空取料有时还用于微小无法抓取的零件,如图 4.46 所示。

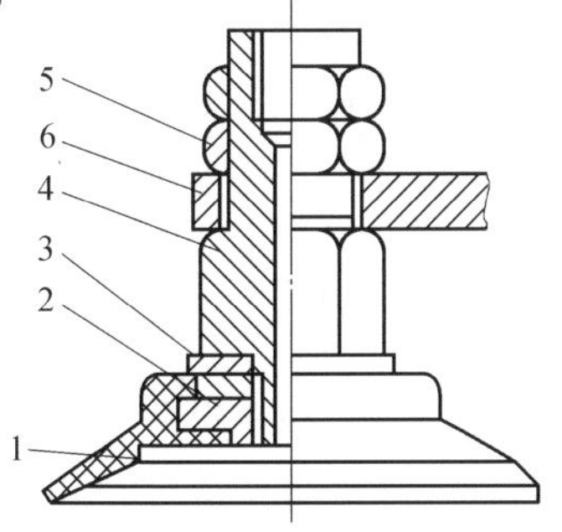

图 4.45　真空气吸附取料手

1—橡胶吸盘;2—固定环;3—垫片;4—支承杆;5—螺母;6—基板

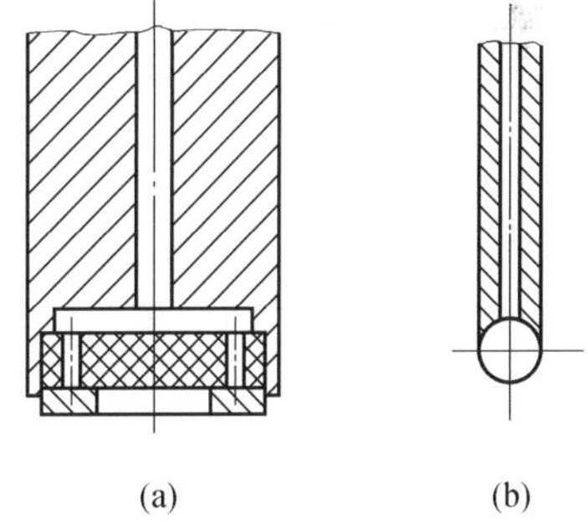

图 4.46　微小零件取料手

真空吸附取料工作可靠,吸附力大,但需要有真空系统,成本较高。

气流负压吸附取料手如图 4.47 所示,利用流体力学的原理,当需要取料时,压缩空气高速流经喷嘴 5,其出口处的气压低于吸盘腔内的气压,于是腔内的气体被高速气流带走而形成负压,完成取料动作,当需要释放时,切断压缩空气即可。这种取料手需要的压缩空气,工厂里较易获得,故成本较低。

挤压排气式取料手如图 4.48 所示,其工作原理为:取料时吸盘压紧物体,橡胶吸盘变形,挤出腔内多余的空气,取料手上升,靠橡胶吸盘的恢复力形成负压,将物体吸住。释放时,压下拉杆 3,使吸盘腔与大气相连通而失去负压。该取料手结构简单,但吸附力小,吸附状态不易长期保持。

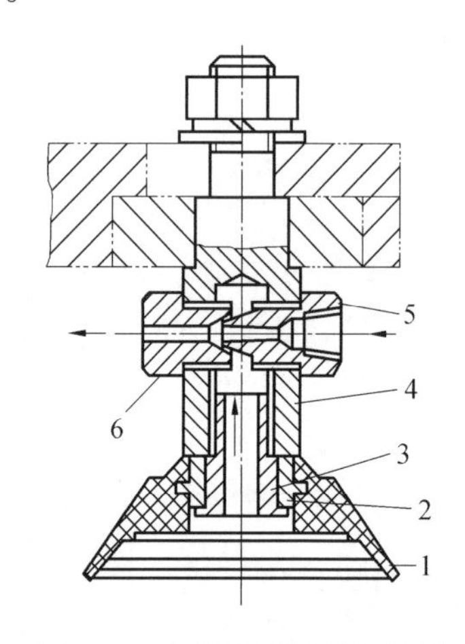

图 4.47 气流负压吸附取料手

1—橡胶吸盘;2—心套;3—通气螺钉;4—支承杆;5—喷嘴;6—喷嘴套

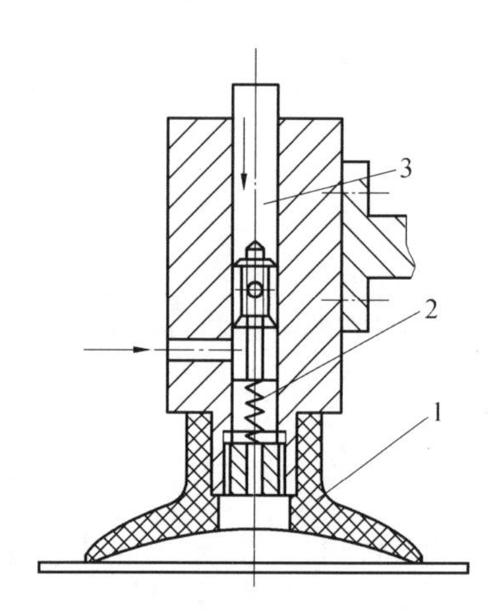

图 4.48 挤压排气式取料手

1—橡胶吸盘;2—弹簧;3—拉杆

(2)磁吸附式取料手

磁吸附式取料手是利用电磁铁通电后产生的电磁吸力取料,因此只能对铁磁物体起作用。另外,某些不允许有剩磁的零件要禁止使用,所以,磁吸附取料手的使用有一定的局限性。

图 4.49 所示为几种电磁式吸盘吸料的示意图。图 4.49 (a)为吸附滚动轴承座圈的电磁式吸盘;图 4.49(b)为吸取钢板用的电磁式吸盘;图 4.49 (c)为吸取齿轮用的电磁式吸盘;图 4.49 (d)为吸附多孔钢板用的电磁吸盘。

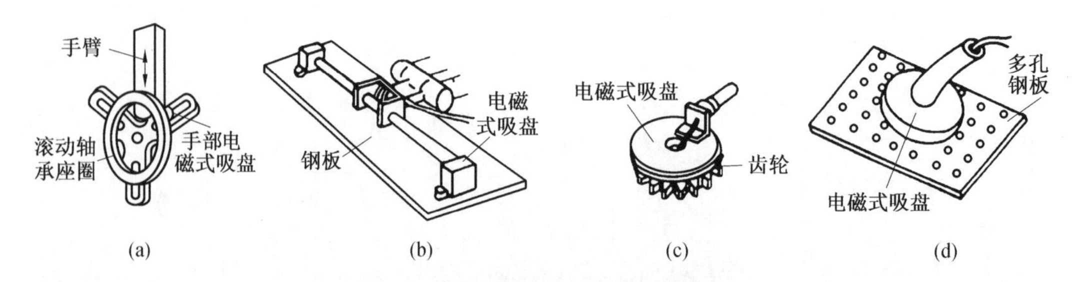

图 4.49 几种电磁式吸盘吸料示意图

4.3.7　机械手和机器人用于自动上下料

用机械手和机器人实现自动化生产系统的上下料操作,是机械手和机器人的典型应用之一。

由于机器人的通用性和可编程性,相对于专用的自动上下料装置而言,更易于实现多品种小批量生产自动化的柔性制造方式。上下料机械手和机器人可以是仅为单一一台加工设备服务,也可以设计成为多台加工设备分时服务,有些甚至可以兼有完成各台设备和各个工序之间工件及物料的传递工作。

普遍地来讲,上下料机器人基本都采用固定机座式的,也有特殊场合下采用带有行走机构的可移动式的。

1.单台机床应用的自动上下料机械手

由于仅为单台加工设备应用,因此这类机械手动作单一,结构上也较为简单,一般具有2~3个自由度就基本够了,成本较低,目前应用较多。

图4.50为由机械手上料机构和气动虎钳夹具组成的自动装夹装置,用于铰衬套内孔加工工序。机械手通过升降和左右回转运动可以完成取料和上料操作,其操作顺序是①→②→③→④→⑤→⑥。(① - 顺时针回转;② - 下降抓取工作;③ - 上升;④ - 逆时针回转;⑤ - 下降、上料,上料后夹具夹紧工件;⑥ - 上升)。完成上述动作后机械手再次顺时针回转后,铰刀下降进行铰孔加工。加工结束后,气动夹具将工件松开,由顶料杆(未画出)将工件顶出,以便由机械手给夹具送上新的待加工工件。这种机构操作简单、通用性好,机械手可以作为独立部件用于多种加工方法之中,只要更换不同形式的手爪,便可抓取不同形状及尺寸规格的工件(工件质量应在允许范围之内)。既可抓取工件的内表面,又可抓取工件的外表面。缺点是由于机械手要有单独的驱动源及控制装置等,因而成本较高。

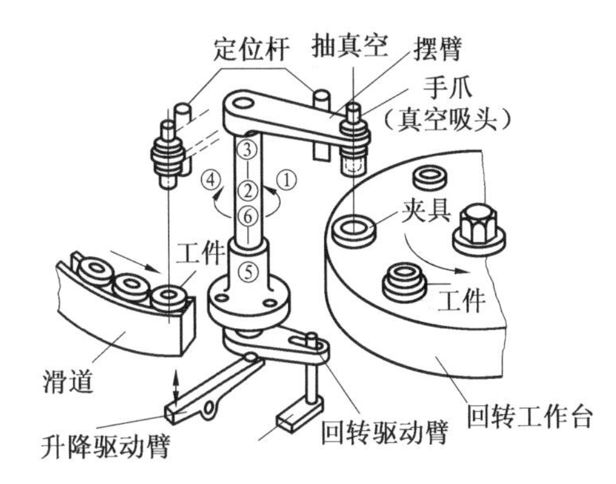

图4.50　摆臂式机械手上料机构

本装置中机械手摆臂的伸缩和升降等运动可以采用凸轮,也可以采用气动、油压等多种方式进行驱动。

2.为多台加工设备服务的机器人

这种自动上下料机器人,可以是固定机座式的,一般布置在被服务的机床中间,如金属切削机床,锻压、压铸设备的上下料等,一般一台工业机器人可以为 3 ~ 4 台设备服务。

图 4.51 为由一台上下料机器人与三台加工设备组成的小型生产线。工作过程为:当第一台机床加工完成后,发出指令,机器人卸下被加工工件放在工件中转站中。然后从毛坯上料装置中取出毛坯,安装在第一台机床上并启动机床加工。接下来等待第二台机床加工完毕,机器人卸下第二台机床工件放在工件中转站中,抓取从第一台机床卸下放在中转站中的工件安装在第二台机床上并再行启动加工,依次再进行第三台机床的卸料和上料操作,最后机器人回到原始位置等待下一个工作循环。

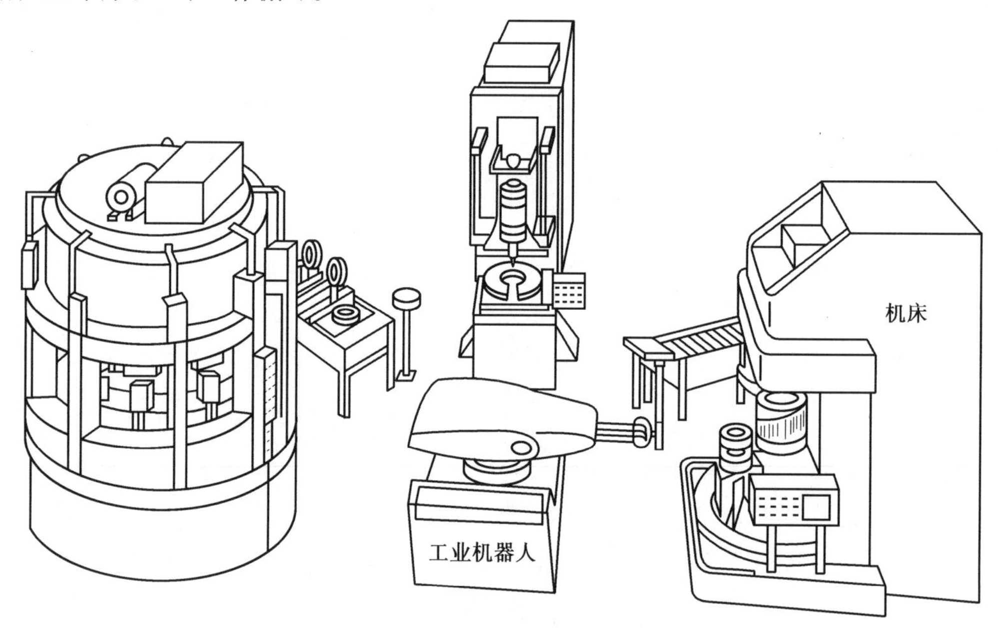

图 4.51 "机器人"(通用机械手)正在为三台机床装卸料

为多台加工设备服务的上下料机器人,也可以设计成可移动式的,这时不受服务设备数的限制,一般是将机器人以地面轨道或天车方式移动,它所服务的加工设备排列在一侧,工业机器人在这些设备之间移动并进行操作,这种布置可以扩大机器人的动作范围。

图 4.52 为日本川崎重工公司采用川崎万能 5100 型工业机械手的生产线,设备有标准数控车床两台、立式数控车床一台、川崎万能自动 5100 型工业机械手一台、机械手行走机构一台、川崎 5130 型行走机构、上下料装置一台、刀杆和工件装卸装置两台和控制装置一台。能生产重约 10 ~ 20 kg 的机床零件。在生产过程中,机械手完成搬运和上下料的任务。这台工业机械手可以行走 9 m。

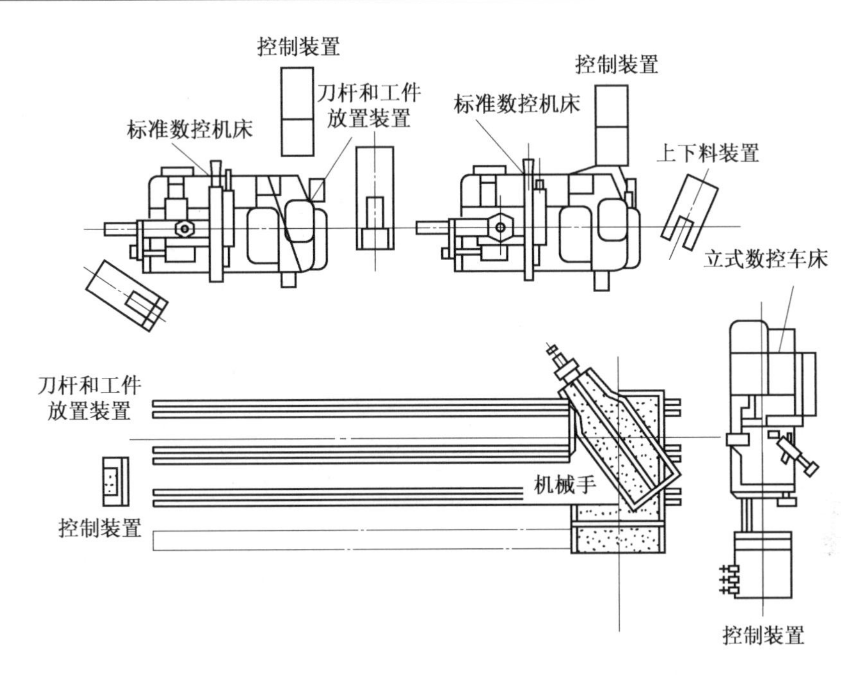

图 4.52　采用川崎万能自动 5100 型工业机械手的生产线

4.3.8　机械手用于轴承体(环形零件)自动化生产线

1.轴承体自动生产线概述

工艺要求是车内孔端面、外圆和两端的止口。

自动线的总布置——此自动线由四台液压半自动单机加工车床,每台车床上由一只机械手(共四只机械手)、料架、滚道等组成。

(1)自动线的主要技术参数

节拍时间	4 min
生产率	15 件/h
机械手总数	4 只
全线总功率	30 kW

(2)机械手主要参数

臂力	270 N
坐标	双手臂圆柱坐标式
自由度	2 个

驱动源	自动线内液压驱动
机械手回转半径	300 mm
机械手回转角度	180°(分两次)

(3)全线工序顺序

第一台车床	平端面,车内孔,粗车止口
第二台车床	平端面,粗车止口
第三台车床	精车内孔及精车止口
第四台车床	精车止口倒棱

2.机械手的结构

(1)机械手的动作循环

本机械手为双手,固定于床头箱顶盖上,图4.53是其示意图。它有三个动作:平行于机床主轴的轴向往复运动;周向旋转运动;夹紧、松开动作。

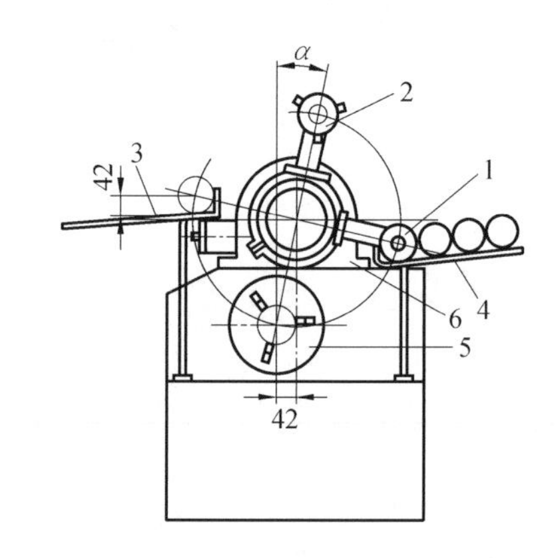

图4.53 机械手动作示意图

1—卸料手;2—上料手;3—卸料架;4—上料架;5—机床卡盘;6—支承部分

机床在进行加工时,机械手给刀架让出空间,处于图4.53所示原始位置上。当机床加工完毕,两刀架退回原位,主轴停止,机械手开始动作。机械手顺时针方向旋转90°,手1和手分别对正卡盘上已加工的工件和上料架上待加工的工件,接着机械手作轴向运动靠近卡盘,使两手都靠近工件(此时上料手2上的三个弹簧被工件压缩),分别卡紧工件,待卡盘松开之后,机械手作轴向退出,使工件脱离卡盘和上料架。机械手带着两个工件顺时针方向再旋转90°,分别使从卡盘上卸下的工件对正卸料架,从上料架上拿下的工件的中心对正卡盘中心,机械手再作轴向运动,将工件送到卸料架和卡盘上,双手松开工件,此时手1上的已加工工件靠自重落在卸料架上,手2上的工件被压缩着的三个弹簧推动,使工件的工艺基准面靠在卡盘三个基准点上,卡盘卡紧之后,机械手作轴向退出,脱离卸料架和卡盘上的工件,最后逆时针方向旋转180°,回到原位。机械手一次循环完毕,给主轴、刀架发出信号,进行加工。机械手每一循环动作时间为30~40 s。

(2)机械手的结构

圆盘状手掌焊接在臂上,油缸里的往复运动,通过L状齿条使手里面的齿轮产生转动,通过固定在齿轮上的三个圆柱销钉与三个手爪背面的斜槽,使三个手爪产生径向运动,其行程为3.5 mm。斜槽的角度(圆柱销钉运动的方向和手爪滑槽方向间的夹角)为16°,利用结构上的摩擦，抓取工件之后，去掉动力源，仍能自锁。机械手在工件定位、夹紧之后，手臂油缸换向，手爪松开，退回原位。手指抓取深度不超过 5 mm。

(3)机械手的设计

机械手液压传动源的压力 $P = 1 \times 10^6\ \text{N/m}^2$，则各项性能参数如下(不考虑摩擦力时)，如图 4.54 所示。

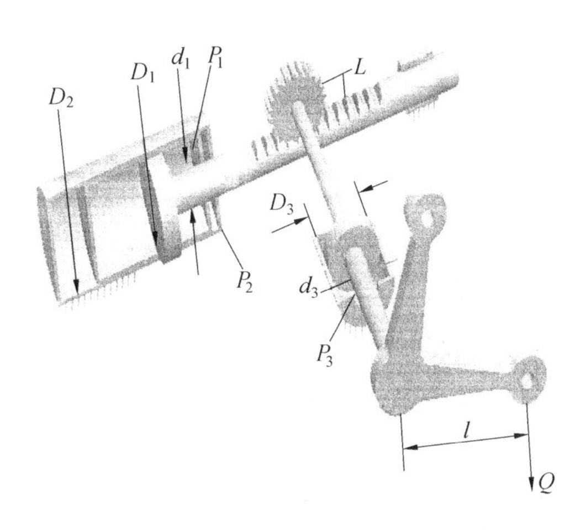

图 4.54 机械手的力传递示意图

1) 求小油缸推力使机械手产生第一个 90° 旋转的扭矩 M_1。先计算小油缸产生的推力

$$P_1 = \frac{\pi}{4}(D_1^2 - d_1^2) \cdot P = \frac{3.14}{4} \times \left(\frac{75^2 - 40^2}{10^6}\right) \times 10^6 = 3\ 159.63\ \text{N}$$

$$M_1 = P_1 \cdot L = 3\ 159.63 \times 35 \times 10^{-3} = 110.59\ \text{N} \cdot \text{m}$$

式中 D_1—— 小油缸活塞直径，$D_1 = 70$ mm；

d_1—— 小油缸活塞杆直径，$d_1 = 40$ mm；

L—— 力臂(即齿轮的节圆半径)，$L = 35$ mm。

2) 求大油缸推力使机械手产生第二个 90° 旋转的扭矩 M_2。先求大油缸产生的推力

$$P_2 = \frac{\pi}{4}(D_2^2 - d_2^2) \cdot P = \frac{3.14}{4} \times \left(\frac{90^2 - 40^2}{10^6}\right) \times 10^6 = 5\ 102.5\ \text{N}$$

$$M_2 = P_2 \cdot L = 5\ 102.5 \times 35 \times 10^{-3} = 178.59\ \text{N} \cdot \text{m}$$

式中 D_2—— 大油缸活塞直径，$D_2 = 90$ mm；

d_2—— 大油缸活塞杆直径，$d_2 = 40$ mm。

手和臂的不对称质量移到手心，其计算值为 $Q = 5\ 400$ N。

在第一个 90° 旋转时即使没有动力，靠双手的不对称质量也可以动作(在第一个 90° 旋转时两手都没有工件)，所以机械手能带动工件的最大质量决定于 M_2，即 M_2 带动机械手(此时双

手带有工件）作第二个 90° 旋转，接近终点位置时所需要的扭矩最大。

因为$(Q_{max}+Q)\times l\leqslant M_2$，所以 $Q_{max}\leqslant M_2/l-Q=\left(\dfrac{178.59}{30\times10^{-3}}-5\ 400\right)=553\ \mathrm{N}$。

式中 l—— 机械手臂长，$l=30\ \mathrm{mm}$。

从实际使用情况看来，可以带动小于 400 N 的重物。

3）轴向推力 P_3

$$P_3=\frac{\pi}{4}(D_3^2-d_3^2)\cdot P=\frac{3.14}{4}\times\left(\frac{65^2-35^2}{10^6}\right)\times10^6=2\ 355\ \mathrm{N}$$

式中 D_3—— 轴向往复油缸活塞直径，$D_3=65\ \mathrm{mm}$；

d_3—— 轴向往复油缸活塞杆直径，$d_3=35\ \mathrm{mm}$。

4）手爪的夹紧力 F（见图 4.55）

已知：$D_4=40\ \mathrm{mm}$（为油缸活塞直径）；$d_4=20\ \mathrm{mm}$（为油缸活塞杆直径）；$R_c=60\ \mathrm{mm}$（齿轮节圆半径）；$R_x=50\ \mathrm{mm}$（三个销销孔中心距半径）。

对 L 型齿条进行受力分析，可以看出，即使活塞与齿条不在一条线上，在不考虑摩擦的情况下，齿条对齿轮周向作用力 P_z 的大小与活塞推力 P_4 相等。

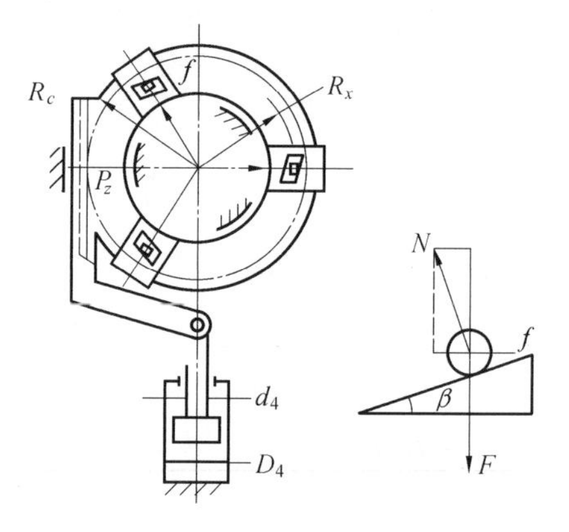

图 4.55 夹紧力分析图

$$P_z=\frac{\pi}{4}(D_4^2-d_4^2)\cdot P$$

三个手指对三个手指圆柱销钉的周向反作用力为 f，则

$$P_z\cdot R_c=3f\cdot R_x$$

$$f=\frac{R_c}{3R_x}\cdot\frac{\pi}{4}(D_4^2-d_4^2)\cdot P=\frac{60}{3\times50}\times\frac{3.14\times(40^2-20^2)}{4\times10^6}\times10^6=376.8\ \mathrm{N}$$

手爪对圆柱销的夹紧力为 $F=f\cdot\cot\beta=376.8\times\cot16^\circ=1\ 314\ \mathrm{N}$

式中 β—— 圆柱销钉运动方向与手爪滑槽方向间的夹角。

取手爪与工件间的摩擦系数为 0.07，则手爪可抓起的物重为 $3\times1\ 314\times0.07=275.94\ \mathrm{N}$。

（4）机械手的液压系统和电气系统

机械手的液压系统如图 4.56。由于一台机床有一个机械手，它在机床停止运转时进行工作，所以没有另外增加压力源，直接把机床油泵打出的压力油，经减压阀把压力降到 $8\times10^5\sim12\times10^5\ \mathrm{N/m^2}$，供机械手使用。

除轴向往复油缸外，其他油缸都用二位四通电磁阀（24D－25B）来配油。轴向往复油缸用三位五通电磁阀（35D－25B）配油，使机械手在旋转时，轴向油缸活塞的两边处于卸压状态，从

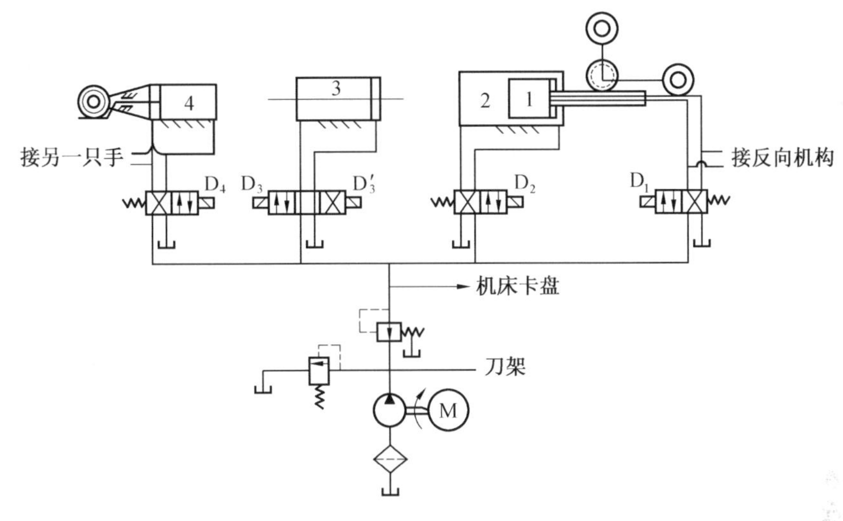

图4.56 机械手液压系统原理图

1—小油缸;2—大油缸;3—轴向往复油缸;4—手指油缸

而减少了旋转阻力,延长了轴向活塞O型密封圈的寿命。

机床与机械手动作的配合由电气系统来完成。原机床液压半自动车床的电气线路大体上没有改动,增加了机械手的单独调整和自动循环线路。电气控制元件由继电器、时间继电器、限位开关、控制按钮等组成,配盘后集中于控制箱中。

自动线每台机械手除能完成生产线本身所要求的动作外,又可与各该机床相结合作单机自动循环。机械手还可单独进行调整。

以一台机械手自动循环为例,电气部分将保证机械手完成两次90°顺时针旋转,两次轴向往复进退,两次手指动作,一次逆时针旋转180°,启动主轴及使机床开始工作,各继电器电磁铁的动作如表4.4所示。

表4.4 电磁铁动作表

运动 \ 电磁铁	D_1	D_2	D'_3	D''_3	D_4
原位	−	−	−	−	−
第一90°顺时旋转	+	−	−	−	−
轴向靠近卡盘	+	−	+	−	−
双手抓工件	+	−	+	−	+
轴向退出	+	−	−	+	+
第二90°顺时旋转	+	+	−	−	+
轴向靠近卡盘	+	+	+	−	+
双手松工件	+	+	+	−	−
轴向退出	+	+	−	+	−
逆时返回180°旋转	−	−	−	−	−

电气部分的动作程序为:当工件加工完了,刀架返回原始位置后,主轴停止,接触器 1C 断电释放,其常闭触点闭合。按压 11QA,继电器 1J 通电吸引并自锁,控制电源到达 567 # 。继电器 11J 吸引,常开触点闭合,电磁阀 11MQ(D_1)动作,完成机械手第一个 90°顺时针旋转。旋转中挡块瞬时压合限位开关 11XK,时间继电器 11JS 通电吸引并自锁,常开触点经延时闭合。继电器 12J 通电吸引,常开触点闭合电磁阀 21MQ(D_1)动作,机械手沿轴向前进,逐渐靠近装有工件的卡盘与上料架,待手爪伸入工件后,挡块压合 12XK,继电器 13L 及 12JS 同时吸引并自锁,13J 常开触点闭合,31MQ(D_4)动作,完成手爪对工件的抓取动作,同时还完成卡爪松开工件的动作。12JS 吸合后,常开触点经延时闭合,14J 及 15JS 同时通电吸引。14J 吸引后,41MQ(D_2)动作,机械手沿轴向退离卡盘。15JS 吸引后其常开触点延时闭合,15J 吸引并自锁,使电磁阀 51MQ(D_2)动作,机械手完成第二个 90°顺时针旋转。旋转中挡块第二次短时压合 11XK,又完成机械手的第二次沿轴向靠近卡盘。待工件放入位置后,挡块压合 13XK,继电器 13JS 通电吸引,常闭触点延时断开,13J 及电磁阀 31JS(D_4)先后断电释放,完成机械手将工件放入的动作及卡盘卡紧工件的工序。13JS 常开触点经延时闭合后,14JS 吸引。14JS 常开触点经延时闭合后,使继电器 14J 第二次动作,完成机械手的第二次轴向后退动作。14J 及 15J 先后吸引后,16JS 接通,其常开触点延时接通 1JS,使 1JS 常闭触点打开 1J。567 # 断电,使五个液压电磁阀全部断电。释放机械手按逆时针旋转 180°,返回原始位置,完成机械手全部上、下料的动作。

主轴的启动靠限位开关 15XK。当机械手返回原始位置后压合,继电器 3J 动作,完成主轴的启动。为了保证生产工人的安全和机床的正常工作,电气控制部分还加入了机械手与机械手、机床与机械手、机床与机床之间的电气连锁环节。

4.3.9 堆列码垛机器人

一些粉状或颗粒状物料往往需要装袋传输和堆放,这些袋装料的搬运和堆列码垛操作可以采用工业机器人来完成,是机器人在物料传输中应用的典型之一。如图 4.57 所示,机器人是用来抓取、搬运来自输送带或输送机上流动的物品的自动化装置,主要由搬入机械部件、机器主体部件、搬出机械部件、系统控制装置等几部分组成;可根据被搬运物品的形状、材料、大小等,按照给定的堆列模式,自动地完成物品堆列及搬运操作,具有较高的操作可靠性和安全性。该机器人的搬入机械部件,包括有横向进给式输送机和多工位输送机;横向进给式输送机由输送带和高速分离滚组成,可使物品紧凑而连续地流动,并可靠地分开一定间隔,输送到多工位输送机上去;多工位输送机以端正的姿态托住被输送的物品,确保可靠地向板式输送机上堆列物品。机器主体部件是由机座、z 轴(转向柱)、x 轴(上下移动梁)、y 轴(横向移动梁)和抓取机械手组成;其中机械手可根据被堆列物品的类型选择相应的结构形式。

搬出机械部件主要是由板式分配器、板式输送机和卸载输送机构成;板式分配器保证每次有一块货板送到板式轨道机上,然后由机器人按给定的模式堆列物品,完成装货操作;板式输送机再将已装货的货板向卸载输送机传送,等待二次包装或直接入库;同时板式输送机又把空货板传送到该机的装货位置,等待机械手的下一次堆列物品操作。系统控制装置主要由微型计算机、操作工作台、动力驱动装置等构成;微机内已存储有物品在货板上的各种堆列模式,可供调用,完成物品的自动堆列过程;并且还可以采用示教输入的方式,存储各轴的动作指令,完成给定的示教模式下的物品自动堆列与搬运操作。图 4.58 是哈尔滨工业大学开发的应用在"全自动称重包装、码垛成套设备"中的码垛机器人的照片。

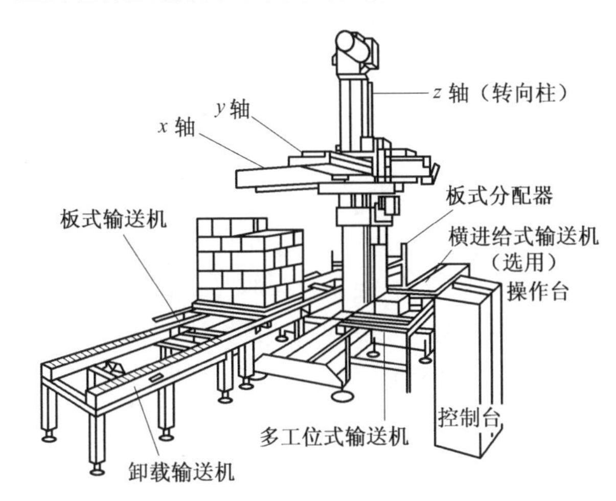

图 4.57　堆列码垛机器人的构成

图 4.58　全自动高位码垛机器人

该码垛机器人的码垛高度为 8 层,码垛能力为每小时 1 000 ~ 1 600 袋。它是一个典型的直角坐标机器人,所有自由度的运动都是平动的,没有回转自由度。在各个坐标运动方向上装有行程开关和光电传感器,用以确定物料到位情况,探测码垛高度以便各运动方向协调动作。

4.3.10　材料搬运机器人

机器人可用于搬运几千克到重达 1 t 以上的负载。微型机械手可搬运至几克甚至几毫克的样品,用于超纯净实验室内的样品传送。例如,法国克利翁(Cleon)的雷瑙尔特(Penault)工厂,应用 ACMA 机器人把 800 根曲轴运送到传送带上。每个工件重 12 kg,每小车工件操作时间达 43 min。在采用机器人之前,需要三个搬运工人,他们每天要搬运装卸几吨重的材料。在凯特皮拉(Caterpillar),重 80 kg 的卡车部件也全部由机器人来装运。

将装卸料机械手配以行走机构,就可构成搬运机器人。最简单的设计方法是将自动导引小车(AGV)作为行走机构,用装卸机械手的设计方法设计手部、腕部、臂部和驱动装置。下面举几个更具体的例子。

1.纸浆成品和铸锻件搬动

图4.59表示某条纸浆生产线最后一道工序装运机器人的配置。此机器人的任务是将打捆好的纸浆成品包,从装运小车上搬下来,放到传送带上去。捆包的尺寸为600 mm×800 mm×500 mm,质量为250 kg。过去,要由两个工人来翻转。

对于恶劣环境,如铸造和锻造,往往采用机器人进行高温搬运,尤其是模压(锻压或压铸)操作。如图4.60所示为锻床上所使用的搬运机械手工作示意图。当毛坯由输送带送来时,搬运机械手正好反转到此位置,限位开关3xwk发信使手指打开并抓取一个毛坯,然后合上,升降汽缸驱使机械手的手臂上升。在上升过程中,碰限位开关8xwk(图中未画出)发信,使上料机械手向左旋转到滑道上,搬运机械手与手爪联结的推料爪将滑道上的毛坯(前一次送来的料)推入锻床的铁砧上,上臂上的撞块碰到限位开关3xwk发信,使手爪打开,毛坯就落到滑道上。同时3xwk使中继器(图中未画出)断电,二位四通电磁阀换向,使上料机械手向右反向回转。在回转60°时,碰限位开关5xwk发信,使二位四通电磁阀换向,控制锻床的气动离合器接合上,锻床曲轴由传动装置带动回转,进行一次锻压动作。上料机械手向右转回原位(即转到输送链上方时,)撞块碰限位开关7xwk发信,上料机械手重复上述动作。

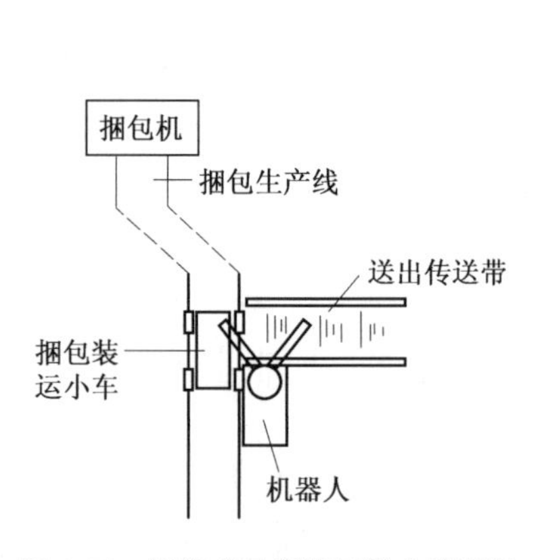

图4.59　纸浆成品搬运机器人的配置

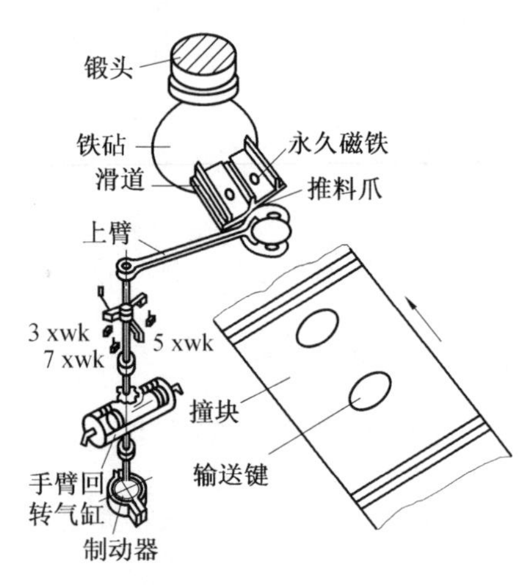

图4.60　锻床用搬运机器人的工作示意图

2.CONSIGHT带视觉搬运系统

对于一些比较精细的零件搬运,必须采用传感器,尤其是视觉系统。这里简要介绍美国通用汽车公司(GM)研制的一个用于零件搬运与装配的视觉控制机器人,CONSIGHT系统。它能够捡起任意摆放在传送带上的零件。该视觉子系统能在机械制造工厂的视觉噪声环境中工作,测定传送带上零件的位置和方向。机器人子系统跟踪零件,并把它们抓放至规定位置。

CONSIGHT由视觉、机器人和监控三个独立的子系统组成。

图4.61表示CONSIGHT系统的硬件框图(未画出装配系统),它由PDP11/34计算机(其操作系统为RSX-LL S实时执行系统)、RL256C固态摄像机、斯坦福工业机器人、传送带及其编码器(用于测量传送带的位置和速度)系统组成。

本系统能够测定各种不同类型的机械零件(包括具有复杂曲线的物体)的位置和方向;通过插入新的零件数据,系统易于提供程序再编能力;视觉子系统采用结构光,不需要高的景物对比度;能够对许多典型工厂环境中具有视频噪声的图像数据进行有效的处理。视觉子系统和机器人子系统的功用是十分显然的,而监控子系统具有定标(测量视觉坐标系统与机器人坐标系统间关系的过程)、零件编程(教会系统识别并捡起新零件的过程)以及CONSIGHT系统的操作状态等。图4.62给出控制此系统操作状态的程序流程图。

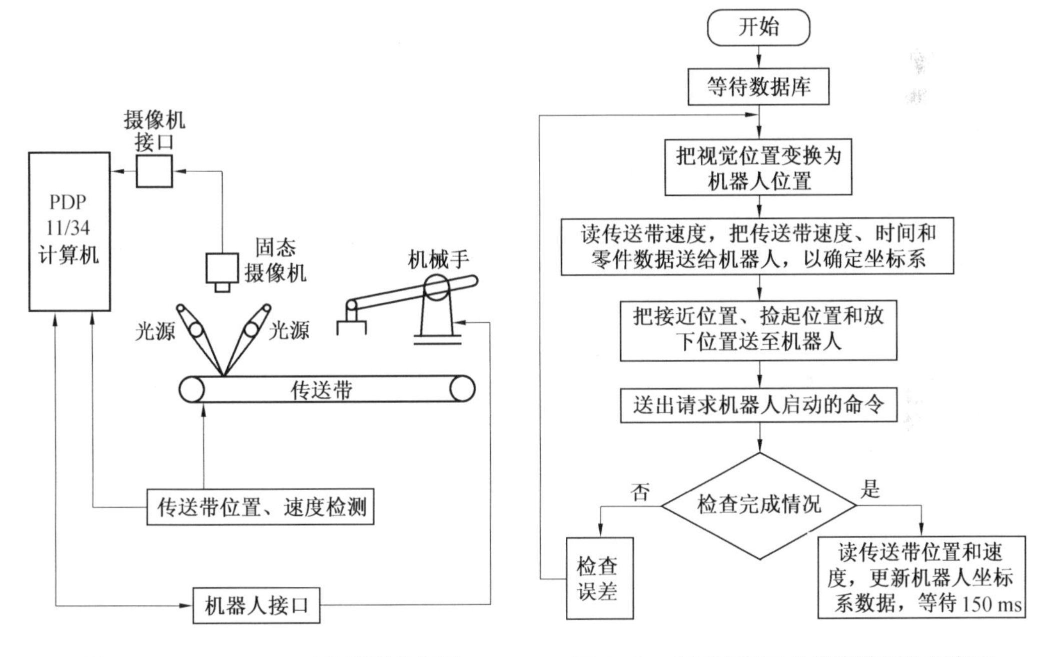

图4.61　CONSIGHT系统的硬件框图　　**图4.62　CONSIGHT监控系统操作状态图**

当CONSIGHT用于工业生产系统时,以工业部件代替实验室部件,例如,用PDPLS1-11/03计算机作为监控器,用其他的机器人代替斯坦福机械手等。这个实用系统现已开发出零件排队、零件分类和拾起不对称物体等功能,以提高系统对零件的识别能力和工作能力。

4.4　物料仓储技术

生产系统中的物料仓储技术按其技术发展一般可分为五个阶段,即人工仓储阶段、机械化仓储阶段、自动化仓储阶段、集成自动化仓储阶段和智能自动化仓储阶段。

第一阶段是人工仓储技术阶段，在这一阶段，物资输送、存储、管理和控制主要靠人工实现。至今，国内外生产和服务行业中的许多环节都是这一技术的实例。迄今，我们经常见到高度机械化和自动化场合，仍存在人工仓储技术的应用例子。例如从传送带上取下货箱或把货物放在托盘上。

人工仓储技术的实时性和直观性是其明显的优点，面对面地接触，比较直观，便于联系，减少了过程衔接之间的问题。人工仓储技术在初期设备投资的经济性指标上也经常具有其优越性。在设计这种系统时，许多基本仓储规则可以不予考虑，结合我国情况，劳动力多而且便宜，更不宜片面追求过高的自动化程度。

第二阶段是机械化仓储技术阶段，它包括通过各种各样的传送带、工业输送车、机械手、吊车、堆垛机和升降机来移动和搬运物料，用货架、托盘和可移动式货架存储物料，通过人工操作机械存取设备，用限位开关、机械制动和机械监视器等控制设备的运行。

对某些要求来说，机械化方式比人工方式要好一些，在物料的移动、存储、管理和控制过程中，第一代系统不能代替后几代系统，尤其是第二代系统。机械化满足了人们的许多要求，如速度、精度、重复存取和搬运、所达到的高度和提取的质量等。当然，机械化仓储也有其缺点，如需要大量的资金投入和维护费用。在第一代和第二代之间进行选择时要在资金投入和操作费用之间做全面衡量。考虑到经济性，设计者必须注意这样的原则，即实施必要的操作并采用最廉价的操作方式。

第三阶段是自动化仓储技术阶段，自动化技术对仓储技术的发展起了重要的促进作用。20 世纪 50 年代末和 60 年代，相继研制和采用了自动导引小车（AGV）、自动货架、自动存取机器人、自动识别和自动分拣等系统。70 年代和 80 年代，旋转式货架、移动式货架、巷道式堆垛机和其他搬运设备都加入了自动控制的行列。随着计算机技术的发展，工作重点转向物料的控制和管理，要求实时、协调和一体化，信息自动化技术逐渐成为仓储自动化技术的核心。计算机之间、数据采集点之间、机械设备的控制器之间以及它们与主计算机之间的通信可以及时地汇总信息，仓库计算机及时地记录订货和到货时间，显示库存量，计划人员可以方便地做出供货决策，他们知道正在生产什么、订什么货、什么时间发什么货，管理人员随时掌握货源及需求。信息技术的应用已成为仓储技术的重要支柱。

第四阶段是集成自动化仓储技术阶段。在 20 世纪 70 年代末和 80 年代，自动化技术被越来越多地用到生产和分配领域，显然，“自动化孤岛”需要集成化，于是便形成了“集成系统”的概念。在集成化系统中，整个系统的有机协作，使总体效益和生产的应变能力大大超过各部分独立效益的总和。

集成化仓库技术作为计算机集成制造系统中物资存储的中心受到人们的重视。虽然人们在 20 世纪 80 年代已经注意到系统集成化，但至今在我国已建成的集成化仓储系统还不多。在集成化系统里，包括了人、设备和控制系统，前述三个阶段的技术是基础。

20世纪70年代初期,我国开始研究采用巷道式堆垛机的立体仓库。1980年,由北京机械工业自动化研究所等单位研制建成的我国第一座自动化立体仓库在北京汽车制造厂投产。从此以后,立体仓库在我国得到了迅速的发展。据不完全统计,目前我国已建成的立体仓库近300座,其中全自动的立体仓库有30多个。我国的自动化仓库技术已实现了与其他信息决策系统的集成,正在做智能控制和模糊控制的研究工作。

第五阶段是智能自动化仓储技术阶段。人工智能技术的发展推动了自动化技术向更高级的阶段——智能自动化方向发展。现在,智能自动化仓储技术还处于初级发展阶段,这是未来自动化仓储技术的发展方向。

体现自动化仓储技术的最典型系统就是自动化仓库。本节就以自动化仓库为例来介绍自动仓储技术。

4.4.1　自动化仓库的定义

自动化仓库系统(Automated Storage and Retrieval System,AS/RS)是指在不直接进行人工干预的情况下能自动地存储和取出物料的系统,这是一个最广义的定义。一般的自动化仓库(Automated Warehouse)是指这样的一种仓库,它使用多层货架,将物料存放在标准的料箱或托盘内,然后由巷道式堆垛起重机对任何货位实现物料的存储和取出操作,并利用计算机实现对物料的自动存取控制和管理。由于自动化仓库基本上都是立体式的,因此又称为自动化立体仓库或高层货架仓库。

4.4.2　自动化仓库的特点

自动化立体仓库是一种先进的仓储设备,相对于传统的常规仓库,具备以下特点。

1.采用计算机控制和管理

计算机能够始终不知疲倦并且准确无误地对各种信息进行存储和管理,因此能减少货物处理和信息处理过程中的差错。同时借助于计算机管理还能有效地利用仓库储存能力,便于清点和盘库,合理减少库存,加快储备资金周转,节约流动资金。因此,物资库存账目清楚,物料存放位置准确,对自动化制造系统物料需求响应速度快。

2.采用立体存储方式

由于使用高层货架存储货物,存储区可以大幅度地向高空发展,充分利用仓库地面和空间,因此节省了库存占地面积,提高了空间利用率。目前世界上最高的立体仓库高度已达50 m。立体仓库单位面积的储存量可达7 500 kg/m^2,是普通仓库的5～10倍。采用高层货架储存,并结合计算机管理,可以容易地实现先入先出(First In and First Out,FIFO),防止货物的自然老化、变质、生锈或发霉。立体仓库也便于防止货物的丢失及损坏,对于防火防盗等大有好处。集装箱化的存储也利于防止货物搬运过程中的破损。

3.采用自动存取技术

AS/RS使用机械和机械自动化设备,运行和处理速度快,提高了劳动生产率,降低操作人员的劳动强度。同时,能方便地纳入企业的物流系统,使企业物流更趋合理化。减少管理人员,降低管理费用。

4.采用计算机信息集成

自动化仓库的信息系统可以与企业的生产信息系统集成,实现企业信息管理的自动化。同时,由于使用自动化仓库,促进企业的科学管理,减少了浪费,保证均衡生产。从而也提高了操作人员素质和管理人员的水平。

由于仓储信息管理及时准确,便于企业领导随时掌握库存情况,根据生产及市场情况及时对企业规划做出调整,提高了生产的应变能力和决策能力。

由于使用自动化仓库,会带动企业其他部门人员素质的提高,还有其他间接的社会效益,如提高装卸速度等。

4.4.3 自动化仓库的分类

自动化仓库的分类一般是从其结构形式或作用及性质来进行分类。

1.按建筑形式可以分为整体式和分离式

整体式是指货架除了储存货物以外,还可以作为建筑物的支撑结构,就像是建筑物的一个部分,即库房与货架形成一体化结构。分离式是指储存货物的货架独立存在,建在建筑物内部。它可以将现有的建筑物改造为自动化仓库,也可以将货架拆除,使建筑物用于其他目的。

2.按货物存取形式可以分为单元货架式、移动货架式和拣选货架式。

单元货架式是一种最常见的结构。货物先放在托盘或集装箱内,再装入单元货架式仓库货架的货格中。移动货架式是由电动货架组成。货架可以在轨道上行走,由控制装置控制货架的合拢和分离。作业时货架分开,在巷道中可进行作业。不作业时可将货架合拢,只留条作业巷道,从而节省仓库面积,提高空间的利用率。

拣选货架式仓库的分拣机构是这种仓库的核心组成部分。它有巷道内分拣和巷道外分拣两种方式。两种方式又分人工分拣和自动分拣。

3.按货架构造形式可分为单元货格式、贯通式、水平循环式和垂直循环式仓库

单元货格式仓库(见图4.63)是使用最广、适用性较强的一种仓库形式。其特点是货架沿仓库的宽度方向分成若干排,每两排货架为一组,其间有一条巷道供堆垛起重机或其他起重机作业。每排货架沿仓库纵长方向分为数列,沿垂直方向又分若干层,从而形成大量货格,用以储存货物。在大多数情况下,每个货格存放一个货物单元(一个托盘或一个货箱)。

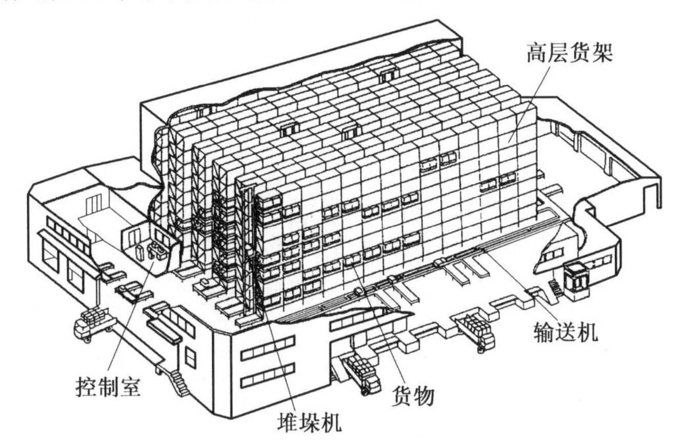

图4.63　单元货格式仓库示意图

在单元货格式仓库中,巷道占去了三分之一左右的面积。为了提高仓库面积利用率,在某些情况下可以取消位于各排货架之间的巷道,将货架合并在一起,使同一层、同一列的货物互相贯通,形成能依次存放多货物单元的通道。在通道一端,由一台入库起重机将货物单元装入通道;而在另一端由出库起重机取货。这就是贯通式仓库。根据货物单元在通道内移动方式的不同,贯通式仓库又可进一步划分为重力式货架仓库(见图4.64)和梭式小车式货架仓库。

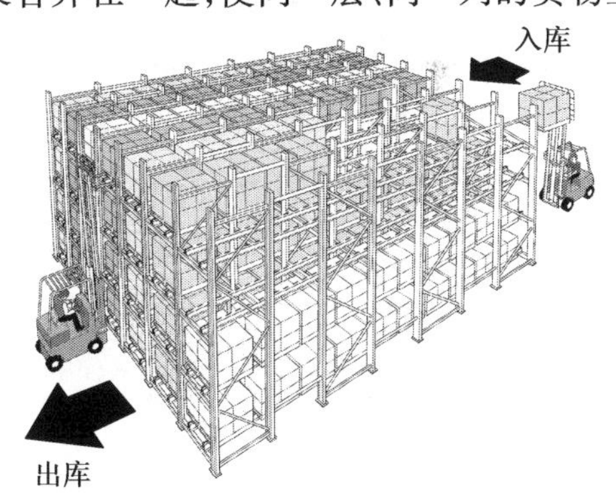

图4.64　重力式货架仓库示意图

在重力式货架中,存货通道带有一定的坡度。入库起重机装入通道的货物单元能够在自重作用下,自动地从入库端向出库端移动,直至通道的出库端或者碰上已有的货物单元停住为止。位于通道出库端的第一个货物单元被出库起重机取走之后,位于它后面的各个货物单元便在重力作用下依次向出库端移动一个货位。由于在重力式货架中,每个存货通道只能存放同一种货物,所以它适用于货物品种不太多而数量又相对较大的仓库。

梭式小车式货架仓库的工作方式,由梭式小车在存货通道内往返穿梭地搬运货物。要入

库的货物由起重机送到存货通道的入库端,然后由位于这个通道内的梭式小车将货物送到出库端或者依次排在已有货物单元的后面。出库时,由出库起重机从存货通道的出库端叉取货物。通道内的梭式小车则不断地将通道内的货物单元依顺序一一搬到通道口的出库端上,给起重机"喂料"。梭式小车可以由起重机从一个存货通道搬运到另一通道。必要时,这种小车可以自备电源。

水平循环货架仓库的货架本身可以在水平面内沿环形路线来回运行。每组货架由数十个独立的货柜构成,如图4.65所示。用一台链式输送机将这些货柜串联起来。每个货柜下方有支承滚轮,上部有导向滚轮。输送机运转时,货柜相应地运动。需要提取某种货物时,操作人员只需在操作台上给出指令,相应的一组货架便停止运转。操作人员可从中拣选货物,货柜的结构形式根据所存货物的不同而变更。

水平循环货架仓库对于小件物品的拣选作业十分合适。这种仓库简便实用,能够充分利用建筑空间,对土建没有特殊要求。在作业频率要求不高的场合是很适用的。

垂直循环货架仓库(见图4.66)与水平循环货架仓库相似,只是把水平面的环形旋转改为垂直面内的旋转。

(a) (b)

图4.65 各种货柜

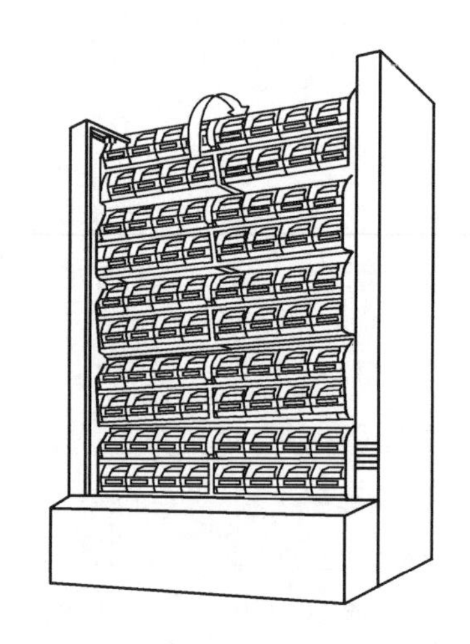

图4.66 垂直循环货架仓库示意图

垂直循环货架仓库的货架本身是一台垂直提升机,提升机的两个分支上都悬挂有货格。提升机根据操作命令可以正转或反转,使需要提取的货物降落到最下面的取货位置上。这种垂直循环或货架特别适用于存放长的卷状货物,像地毯、地板革、胶片卷、电缆卷等。这种货架也可用于储存小件物品。

4.按所起的作用可以分为生产性仓库和流通性仓库

生产性仓库是指工厂内部为协调工序和工序、车间和车间、外购件和自制件间物流的不平衡而建立的仓库,它能保证各生产工序间进行有节奏的生产。

流通性仓库是一种服务性仓库,它是企业为了调节生产厂和用户间的供需平衡而建立的仓库。这种仓库进出货物比较频繁,吞吐量较大,一般都和销售部门有直接联系。

5.按自动化仓库与生产连接的紧密程度可分为独立型、半紧密型和紧密型仓库

独立型仓库也称为“离线”仓库,是指从操作流程及经济性等方面来说都相对独立的自动化仓库。这种仓库一般规模都比较大,存储量较大,仓库系统具有自己的计算机管理、监控、调度和控制系统。又可分为存储型和中转型仓库。如上海宝钢总厂的备件自动化立体仓库,它共有 9 000 个货位,存储量为 4 500 t,配送中心也属于这一类仓库。

半紧密型仓库是指它的操作流程、仓库的管理、货物的出入和经济性与其他厂(或部门,或上级单位)有一定关系,而又未与其他生产系统直接相连。济南第一机床厂中央立体库和第二汽车制造厂配套立体库是比较典型的例子。

紧密型仓库也称为“在线”仓库,是那些与工厂内其他部门或生产系统直接相连的立体仓库,两者间的关系比较紧密。仪征化纤股份分公司涤纶长丝立体仓库(立体仓库自动接收来自包装线的物品及信息)。天水长城开关厂板材立体库(在柔性生产线计算机的统一指挥下直接接送板材、半成品物料及其信息)是其中的例子。

当然,自动化仓库还可以有其他分类方式,以上所述只是比较普通的几种。

4.4.4　自动化仓库的构成

自动化仓库由土建设施、机械设施和电气设施三大类设施构成。

1.自动化仓库的土建及公用工程设施

(1)厂房

一般来说,仓库的货物和自动化仓库中的所有设备都安放在厂房规定的范围内,库存容量和货架规格是厂房设计的主要依据。在我国的南方和北方,不同的地质地貌情况,不同的各种荷载情况对厂房设计提出了不同的要求。土木建筑要根据实际情况因地制宜,切不可不考虑具体情况,大张旗鼓地兴建土木,造成不必要的人力、财力和时间的浪费。同时还要遵守国家的有关规定。

首先要进行选址,并对地质情况进行勘探,确定厂房基础的形式。如根据货架区的沉降要求,基础可采用桩基或整片筏基等形式。

其次,对墙体、屋面、内墙、辅房、门窗、沟道等的形式、所用材料、施工方法进行选择,以达到实用、安全、方便和美观的效果,在这些方面国家和地方都有专门的标准和规定。

在厂房中,还有中央控制室(机房)、办公室、更衣室、工具间等辅助区域。

(2)消防系统

由于仓库库房一般都比较大,货物和设备比较多而且密度大,又由于仓库的管理和操作人员较少,自动仓库的消防系统大都采用自动消防系统。它由传感器(温度、流量、烟雾传感器等)不断检测现场温度、湿度等信息,当超过危险值时,自动消防系统发生报警信号,并控制现场的消防机构喷出水或二氧化碳粉末等,从而达到灭火的目的。这种消防系统也可以由人工强制喷淋,即手动控制。

在消防控制室内设置有火警控制器,能接受多种报警信号,它的副显示器一般设在工厂的消防站内,同时向消防站报警。

我国的《建筑设计防火规范》是消防系统设计的主要依据,再根据所存物品的性质确定具体的消防方案和措施。

(3)照明系统

为了使仓库内的管理、操作和维护人员能正常地进行生产活动,必须有一套较好的照明系统,尤其是在外围的工作区和辅助区。

仓库中运行的各种设备可以不需要照明,考虑到人的工作和活动情况,库房内各区域应有适当的照明及相应的控制开关。自动化仓库的照明应有日常照明、维修照明和应急照明。

(4)通风及采暖系统

通风和采暖的要求是根据所存物品的条件提出的。对设备而言,自动化仓库内部的环境温度一般在-5℃~45℃即可。其措施通常有厂房屋顶及侧面的风机、顶部和侧面的通风窗、中央空调、暖风等。对散发有害气体的仓库可设离心通风机将有害气体排到室外。

(5)动力系统

自动化仓库一般不需要气源,只需动力电源即可。

配电系统多采用三相四线制供电,中性点可直接接地,动力电压为交流 380 V/220 V,50 Hz,根据所有设备用电量的总和确定用电容量。

配电系统中的主要设备有:动力配电箱、电力电缆、控制电缆和电缆桥架等。

在为具体设备供电时,可能还需增加稳压或隔离设备。

(6)其他设施

其他设施包括给排水设施、避雷接地设施和环境保护设施等,这都是一个综合建筑系统中要考虑的。

给水主要指消防水系统和工作用水。

排水是指工作废水、清洁废水及雨水系统。雨水系统可采用暗管排放,经系统管线排入附近的河中。

立体仓库属于高层建筑,应设置避雷网防止雷击,其引下线不应少于两根,间距不应大于30 m。

电气设备不带电的金属外壳及穿线用的钢管、电缆桥架等均应可靠接零;工作零线、保护零线均与变压器中性点有可靠的连接;为了防止静电聚集,所有金属管道应可靠接地。

根据《中华人民共和国环境保护法》等有关法规,必须对生产过程中产生的污物及噪声采取必要的措施。

2.自动化仓库的机械设备

自动化仓库的机械设备一般包括存储机械、搬运机械、输送机械、货架、托盘或货箱等设备。

(1)货架

理想的存储是根本不存在的,因为在实际过程中很难达到理想的存储。但是,库存总量应当尽量保持在最小状态。在一定的面积内建造一座仓库,为了提高货物的存放数量,采用堆垛方式无疑比平铺在地面要优越得多。由于货物堆积起来,出库时若需从底部或里面取出货物,必然要花费很多的时间和劳动用来移开上部的货物,即做到“先入先出”是很困难的。但若将不同的货物均存放在标准托盘(或货箱)里,然后将其存放到立体的货架上,这就解决了以上的困难。将不同的物品都放在货架上,货架越高,所占用的存储面积越少。同时,对货架的要求也越高。

• 货架的形式。货架形式有很多种。

悬臂货架,多用于存储长料,如金属棒、管等。

流动货架,货物可以从货架的一端进入,在重力作用下可从另一端取出。它尤其适合存储数量多、品种少、移动快的物品。如存储某些电子器件等的立体仓库。

货格式货架,这种货架最常见,在我国也比较多,多用于容量较大的仓库。如以集装箱为单位存储的立体仓库。

水平或垂直旋转式货架是一种旋转或循环的存储装置,它适合于存储体积小、质量小的物品。

悬挂输送存储,它们多安放于车间的工作区或设备上方,由人工根据需要随时取下或放上货物,整个存储系统是在不断低速运动的。

对于质量和体积比较大的物品存储,有时采用被动辊式货架。在这种货架的单元货格中有很多无动力的辊子,利用存储设备(通常是大型巷道式堆垛机)的动力驱动这些辊子,从而将大型货物存入或取出。机场货运物品的处理多采用这种形式的货架。

• 货架的材料。高层货架是立体仓库的主要构筑物,一般用钢材或钢筋混凝土制作。钢货架的优点是构建尺寸小,仓库空间利用率高,制作方便,安装建设周期短。而且随着高度的增加,钢货架比钢筋混凝土货架的优越性更明显。因此,目前国内外大多数立体仓库都采用钢货架。钢筋混凝土货架的突出优点是防火性能好,抗腐蚀能力强,维护保养简单。

货架的高度是关系到AS/RS全局性的参数。货架钢结构的成本随其高度增加而迅速增加。尤其是当货架高度超过20 m以上时,其成本将急剧上升。同时堆垛机等设备结构费用也随之增长。当库容量一定时,仓库基础费用,运行导轨投资则随货架高度的增长而下降。货架可由冷轧型钢、热轧角钢、工字钢焊接成“货架片”然后组成立体的货架。为此要从基础设计、货架截面选型以及支撑系统布置等多方面采取措施,加以保证。

• 货架的尺寸。通常货架高度在 8 ~ 50 m 之间。

恰当地确定货格净空尺寸是立体仓库设计中一项极为重要的设计内容。对于给定尺寸的货物单元,货格尺寸取决于单元四周需留出的空隙大小。同时,在一定程度上也受到货架结构造型的影响。这项尺寸之所以重要,是因为它直接影响着仓库面积和空间利用率。同时,因为影响因素很多,确定这项尺寸比较复杂。

支撑梁是货架上的一个重要结构。货箱或托盘支托在支撑梁上。取货时堆垛机货叉从支撑梁下往上升,托起货箱后收叉取走货箱。存货时,货叉支托着货箱从支撑梁上方向下降,当其低于支撑梁高度时货物就落在支撑梁上。货架与货箱的关系如图 4.67 所示。

图 4.67 中 A 为货箱宽度,b 为货叉宽度,d 为支撑梁间距,c 为货叉一支撑梁距,e 为支撑梁宽度,a 为托盘立柱距,h 为支撑梁货箱高度差。上述参数的关系为:

$b = 0.7A$

$d = (0.85 \sim 0.9)A$

$c = (0.075 \sim 0.1)A$ (大货箱取大值)

$e = 60 \sim 125$ mm (大货箱取大值)

$a = 25 \sim 60$ mm (大货箱取大值)

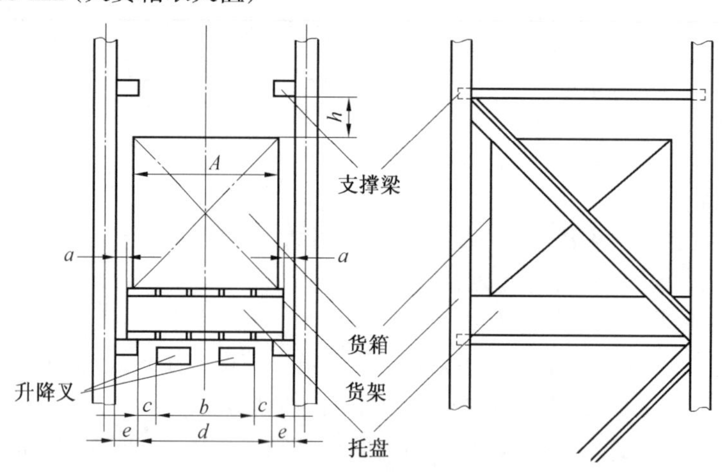

图 4.67 货架与货箱关系图

• 货架的刚度和精度。作为一种承重结构,货架必须具有足够的强度和稳定性。在正常工作条件下和在特殊的非工作条件下,都不至于破坏。同时,作为一种设备,高层货架还必须具有一定的精度和在最大工作载荷下的有限弹性变形。对于自动和半自动控制的立体仓库,货架精度更是仓库成败的决定因素之一。

自动和半自动控制的立体仓库对货架的精度要求是相当高的。包括货架片的垂直度；支撑梁的位置精度和水平度等。为了达到设计的要求，有必要对所设计的货架进行力学计算。目前货架设计常采用刚度假设，即认为地基在货架和货物作用下不会产生弹性变形。此种处理使设计计算大为简化。但与实际结构的力学特性会有差别。弹性基础梁的假设可用于货架设计，即将钢筋混凝土视为弹性基础梁或板，其下的土层视为等效弹簧，这样可同时考虑土层与混凝土的影响，较好地反映实际情况。

(2)货箱与托盘

把一个标准的货物或容器称作单元负载，货物的载体可以是托盘、托板、滑板、专用集装箱、专用堆放架、硬纸板箱等。

货箱或托盘(Pallet)，其基本功能是装物料，同时还应便于叉车和堆垛机的叉取和存放。托盘多为钢制、木制(见图 4.68)或塑料制成；托板一般由金属制成；滑板是由波状纤维或塑料制成，是将单元货物拉到滑板上；专用集装箱多由钢板制成，可在多处周转；专用盛放架由钢材或木料制成，可盛放专用件或特殊形状的物品，硬纸板箱盛放比重较小的物品；盛放洗衣机和电冰箱一类的物品可利用其自身包装箱。

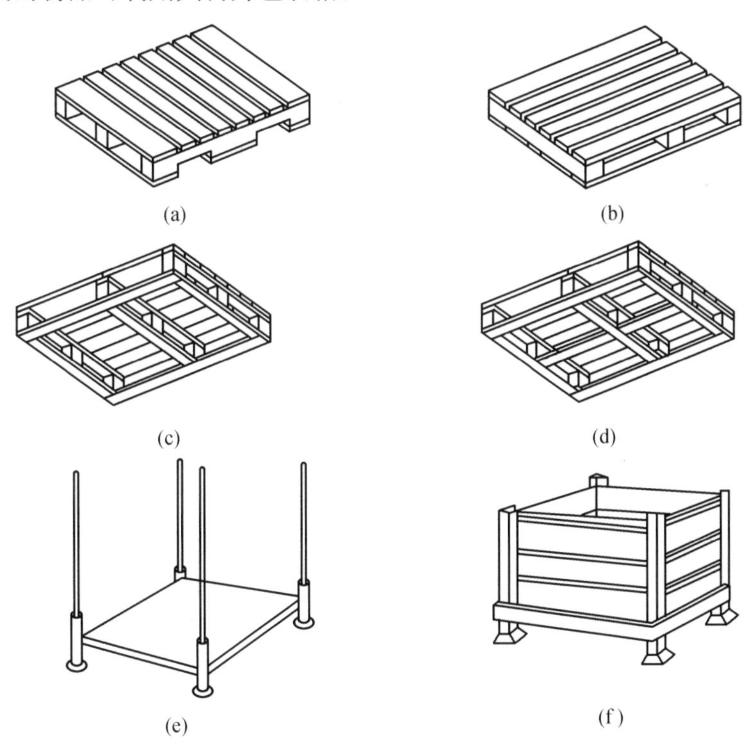

图 4.68　托盘的结构形式

从图 4.67 显示的货箱与货架的几何关系中可以看出。货箱尺寸是货架设计的基础数据。货物(载荷)引起货箱的挠度应小于一定的尺度,否则会影响货叉叉取货物。各种货箱示意图,如图 4.69 所示。

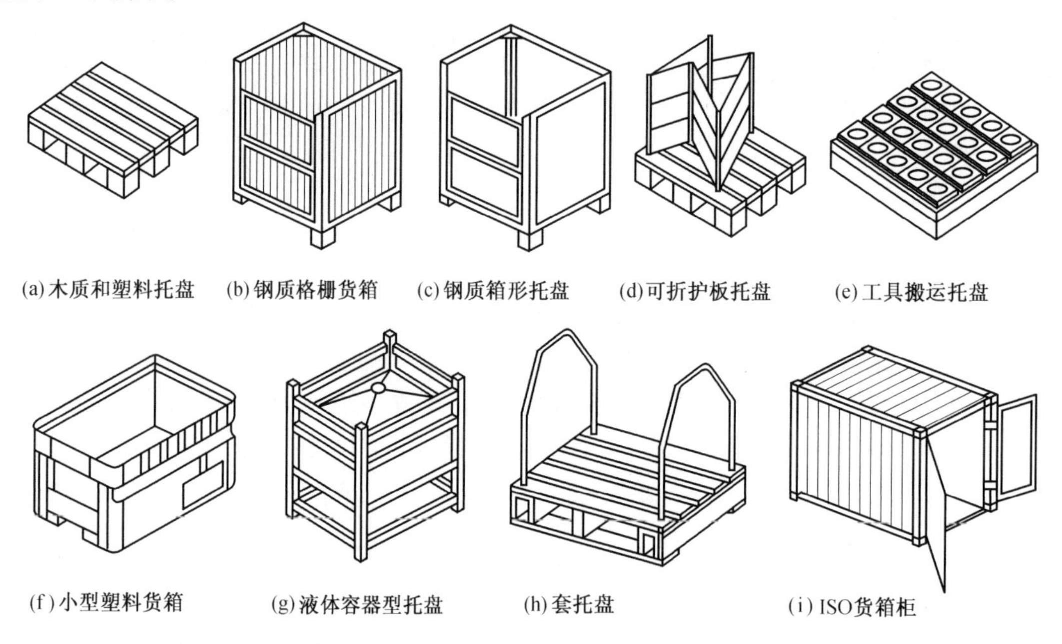

图 4.69　各种货箱图

(3)巷道式堆垛机

搬运设备是自动化仓库中的重要设备,它们一般是由电力来驱动的,通过自动或手动控制,实现把货物从一处搬到另一处。设备形式可以是单轨的、双轨的、地面的、空中的、一维运行(水平直线运行或垂直直线运行)、二维运行、三维运行等。典型设备有升降梯、搬运车、巷道式堆垛机、双轨堆垛机、无轨叉车和转臂起重机等。

巷道式堆垛机是立体仓库中最重要的运输设备。巷道式堆垛机是随着立体仓库的出现而发展起来的专用起重机(见图 4.70)。它的主要用途是在高层货架的巷道内来回来穿梭运行,将位于巷道口的货物存入货格;或者相反,取出货格内的货物运送到巷道口。这种使用工艺对巷道式堆垛机在结构和性能方面提出了一系列严格的要求。

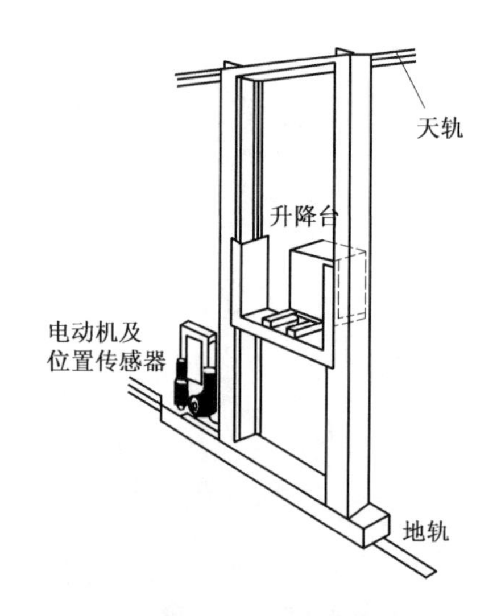

图 4.70　堆垛起重机

堆垛机的额定载荷一般为几十千克到几吨,其中0.5 t的使用最多。它的行走速度一般为120～4 m/min。提升速度一般为30～3 m/min。

堆垛起重机可采用有轨或无轨方式,其控制原理与运输小车相似。高度很高的立体仓库常采用有轨堆垛起重机。为增加稳定性,采用两条平行导轨,即天轨和地轨。堆垛起重机的运动有沿巷道的水平移动、升降台的垂直上下升降和货叉的伸缩。堆垛机上有检测水平移动和升降高度的传感器,辨认货物的位置,一旦找到需要的货位,在水平和垂直方向上制动,货叉将货物自动推入货格,或将货物从货格中取出。

堆垛机上有货格状态检测器,采用光电检测方法,利用零件表面对光的反射作用,探测货格内有无货箱,防止取空或存货干涉。

图4.71所示是一种适用于中、小型工件的巷道式堆垛起重机。它由上横梁、双方柱、货叉、载货台、行走机构、液压站和位置反馈测试元件等组成。堆垛起重机通过行驶机构在轨道上运行。双立柱顶端的横梁装有水平导轮,沿天轨的矩形导轨移动。为了堆垛起重机运行的稳定性,在横梁顶部装有减振器,堆垛机具有沿巷道方向的水平运动,沿货架层方向的垂直运动,货叉送、取货的伸缩运动,载货台的旋转运动和载货台为货叉送、取货的准确位置而进行的微量垂直运动。

水平运动和垂直运动分别由底座上的直流电动机驱动,采用无级调速控制系统,可以正反向切换。采用两个高精度的14位绝对式光电转角编码器4检测坐标位置。到位停车由DHD2－16型快速失电制动器制动。

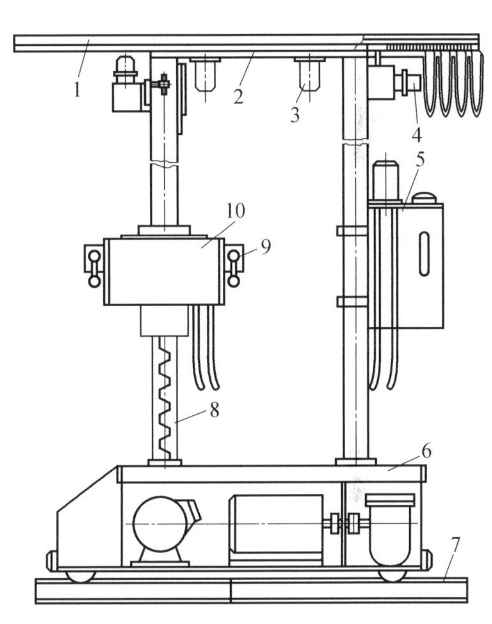

图4.71　巷道式堆垛起重机

1—天轨;2—上横梁;3—减振器;4—编码器;5—集邮器;6—行走机构;7—轨道;8—双方柱;9—货叉;10—载货台

货叉的伸缩用于货物的取送,伸缩量为300 mm。取放货物时,货叉能微抬、微降30 mm。水平运动终点转轨时,货叉与载货台旋转90°。这三个运动分别是由直线液压缸或旋转液压缸驱动。

堆垛机的数据通信与供电系统均采用滑接输送,使用标准的工业控制接口板与计算机连接,供计算机采集数据并进行处理。系统软件有对直流电动机和液压控制阀的控制、堆垛机的控制、仓库的管理、查询的动态显示、故障检测、手动调整、自动取存交换货位等。计算机按程序控制堆垛机,根据相应的检测信号和出入库的工艺流程,启动堆垛机按顺序进行转位、水平与垂直行驶、货叉伸缩、微抬微落直到取放货物作业完毕为止。

3. 自动化仓库的电气与电子设备

自动仓库中的电气与电子设备主要指检测装置、信息识别装置、控制装置、通信设备、监控调度设备、计算机管理设备以及大屏幕显示、图像监视等设备。

(1)检测装置

为了实现对自动化仓库中各种作业设备的控制，并保证系统安全可靠地运行，系统必须具有多种检测手段能检测各种物理参数和相应的化学参数。

对货物的外观检测及称重、机械设备及货物运行位置和方向的检测、对运行设备状态的检测、对系统参数的探测和对设备故障情况的检测都是极为重要的。通过对这些检测数据的判断、处理为系统决策提供最佳依据，使系统处于理想的工作状态。

(2)信息识别

信息识别设备是自动化仓库中必不可少的，它完成对货物品名、类别、货号、数量、等级、目的地、生产厂，甚至货位地址的识别。在自动化仓库中，为了完成物流信息的采集，通常采用条形码、磁条、光学字符和射频等识别技术。条形码识别技术在自动化仓库中应用最普遍。

(3)控制装置

控制系统是自动化仓库运行成功的关键。没有好的控制，系统运行的成本就会很高，而且效率很低。为了实现自动运转，自动化仓库内所用的各种存取设备和输送设备本身必须配备各种控制装置。这些控制装置种类较多，从普通开关和继电器，到微处理器、单片机和可编程序控制器(PLC)，根据各自的设定功能，它们都能完成一定的控制任务。如巷道式堆垛机的控制要求就包括了位置控制、速度控制、货叉控制以及方向控制。所有这些控制都必须通过各种控制装置去实现。

(4)监控及调度

监控系统是自动化仓库的信息枢纽，它在整个系统中起着举足轻重的作用，它负责协调系统中各个部分的运行。有的自动化仓库系统使用了很多运行设备，各设备的运行任务、运行路径、运行方向都需要由监控系统统一调度，按照指挥系统的命令进行货物搬运活动。通过监控系统的监视画面可以直观地看到各设备的运行情况。

(5)计算机管理

计算机管理系统(主机系统)是自动化仓库的指挥中心，相当于人的大脑，它指挥着仓库中各设备的运行。它主要完成整个仓库的账目管理和作业管理，并担负着与上级系统的通信和企业信息管理系统的部分任务。一般的自动化仓库管理系统多采用微型计算机为主的系统，对比较大的仓库管理系统也可采用小型计算机。随着技术的高速发展，微型计算机的功能越来越强，运算速度越来越高，微型机在这一领域中将日益发挥重要的作用。

(6)数据通信

自动化立体仓库是一个复杂的自动化系统,它是由众多子系统组成的。在自动化仓库中,为了完成规定的任务,各系统之间、各设备之间要进行大量的信息交换。例如,自动化仓库中的主机与监控系统、监控系统与控制系统之间的通信以及仓库管理系统通过厂级计算机网络与其他信息系统的通信。信息传递的媒介有电缆、滑触线、远红外光、光纤和电磁波等。

(7)大屏幕显示

自动化仓库中的各种显示设备是为了使人们操作方便、易于观察设备情况而设置的。在操作现场,操作人员可以通过显示设备的指示进行各种搬运、拣选;在总控室或机房人们可以通过屏幕或模拟屏的显示,观察现场的操作及设备情况。

(8)图像监视设备

工业电视监视系统是通过高分辨率、低照度变焦摄像装置对自动化仓库中人身及设备安全进行观察,对主要操作点进行集中监视的现代化装置,是提高企业管理水平,创造无人化作业环境的重要手段。

此外,还有一些特殊要求的自动化仓库,比如,储存冷冻食品的立体仓库,需要对仓库中的环境温度进行检测和控制;储存感光材料的立体仓库,需要使整个仓库内部完全黑暗,以免感光材料失效而造成报废;储存某些药品的立体库,对仓库的湿度、气压等均有一定要求,因此需要特殊处理。

4.4.5　自动化仓库的管理与控制

自动化立体仓库实现仓库管理自动化和出入库作业自动化。仓库管理自动化包括对账目、货箱、货位及其他信息的计算机管理。出入库作业自动化对账目、货箱、货位及其他信息的计算机管理。出入库作业自动化包括货箱零件的自动认址、货格状态的自动识别、自动检测以及堆垛机各处动作的自动控制等。

1.货物的自动识别与存取

货物的自动识别是自动化仓库运行的关键,货物的自动识别通常采用编码技术,对货箱(托箱)进行编码,通过扫描器阅读条码及译码。信息的存储方式常采用光信号或磁信号。条形码是由一组宽度不同,平行相邻的黑色“条”(Bar)和“空”(Space)组成,并按照预先规定的编码装置由扫描器及译码器组成。当扫描器扫描条形码时,从条和空得到不同的光强反射信号,经光敏元件转换成电模拟量,经整形放大输出TTL电平,译码器将TTL电平转换成计算机可以识别的信号。条形码具有很高的信息容量,抗干扰能力强,工作可靠,保密性好,成本低。

条形码贴在货箱或托盘的适当部位,当货箱通过入库传送滚道时,用条码扫描器自动扫描条形码,将货箱零件的有关信息自动录入计算机。

2.自动化仓库的自动寻址

立体仓库的自动寻址就是自动寻找存放/提取货物的位置。计算机控制的自动化仓库都具有自动寻址的功能。

在同一巷道内的货位地址由三个参数组成:第几排货架;第几层货格;左侧或右侧。当自动仓库接收到上级管理机的存取指令和存取地址后,即向指定货位的方向运行。运行中,安装在堆垛机上的传感器不断检测位置信息,计算判断是否到位。

认址装置由认址片和认址器组成。认址器即是某种传感器。目前常用的是红外传感器。发送与接收红外光在装置的同侧时,用反射式的认址片,否则用透射式的,如图 4.72 所示。传感器通过认址片时会接收 0 或 1 的信息。0 表示未接收到红外光,1 表示接收到红外光。由 0,1 组成的代码可以用于地址的判断。

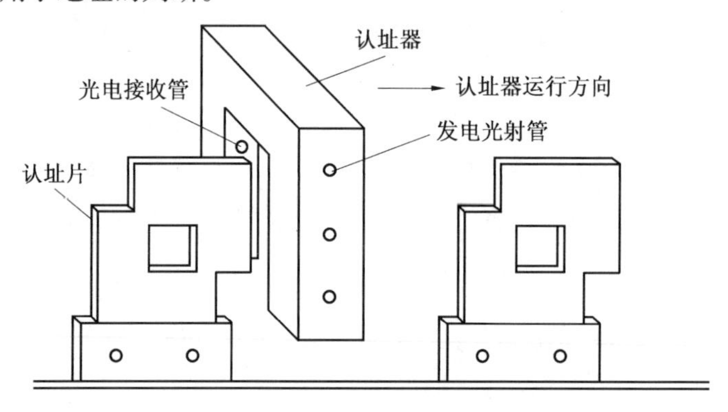

图 4.72 认址器原理

认址检测方式通常分为绝对认址和相对认址两种。绝对认址是为每一个货位制定一个绝对代码,为此,需要为每个货位制作一个专门的认址片。显然,绝对认址方法可靠性高,但是认址片制作复杂,控制程序的设计也十分复杂。

相对认址时,货位的认址片结构相同。每经过一个货位,只要进行累加就可以得到货位的相对地址。与绝对认址相比相对认址可靠性较低,但认址片制作简单。编程也较简单。为了提高相对认址的可靠性,可以增加奇偶校验。也可将认址片改为条形码,认址器用条形码阅读装置来实现。这样就实现了条形码自动绝对认址。

3.计算机管理

自动化仓库的计算机管理包括物资管理、账目管理及信息管理。入库时将货箱合理分配到各个巷道作业区,出库时按"先进先出"原则或其他排队原则。系统可定期或不定期地打印报表,并可随时查询某一零件存放在何处。当系统出现故障时,通过总控台进行运行中的动态改账及信息修正,并判断出发生故障的巷道,及时封锁发生机电故障的巷道,暂停该巷道的出入库作业。

4.计算机控制

自动化仓库的控制主要是对堆垛起重机的控制。堆垛起重机的主要工作是入库、搬库和出库。从控制计算机得到作业命令后，屏幕上显示作业的目的地址、运行地址、移动方向和速度等，并显示伸叉方向及堆垛机的运行状态。控制堆垛机的移动位置和速度、移动方向和速度等，并显示伸叉占位报警、取箱无货报警、存货占位报警等功能。如发生存货占位报警，将货叉上的货箱改存到另外指定的货格中。系统还有暂停功能，以备堆垛机或其他机电设备发生短时故障时停止工作，故障排除后，系统继续运行。

第5章 自动化检测与监控系统

自动检测与监控是现代自动化系统的重要组成部分之一,是整个系统高效率正常运行、生产出合格产品的保证。本章主要讨论了自动检测与监控系统的作用、要求和包含的主要内容,描述了自动监控系统的组成,并介绍了自动化检测监控系统中的常用检测元件、计算机接口和故障诊断技术。

5.1 检测监控系统的作用与涉及的内容

5.1.1 检测监控系统的作用

与任何自动化系统一样,信息是实现机械制造系统自动化所必需的,自动检测监控子系统是为实现机械制造系统自动化获取信息的基本手段。为了保证产品质量、提高精度、保证机械制造系统安全高效运行,在机械制造系统自动化中,都需要运用自动监测技术,自动检测系统在机械制造系统自动化中占有十分重要的地位,它相当于人的耳、目和其他感觉器官一样。自动化机械制造系统是由生产设备、物流系统、信息流系统等组成的。为维护系统正常工作,并在最佳工作状态下连续不断地生产出合格产品,必须时刻对其运行状态进行监测,通过检测与系统运行状态有关的信息,将其反馈给中央计算机或控制器,同预先设定的有关参数进行比较,并根据比较结果做出判断,给出有关的控制、调整信息。

概括起来说,检测与监控系统的作用与功能包括以下几个方面。

1)确保整个系统按照设定的操作顺序运行。

2)确保系统生产出的产品符合质量要求。

3)防止由于系统各组成部分的异常或过程失误引起事故。

4)监测及分析系统运行状态的发展趋势。

5)对出现的故障进行分析和诊断。

5.1.2 机械制造系统自动化中检测与监控所涉及的内容

1.机械制造系统自动化中的主要检测内容

在机械制造系统自动化中,所涉及的信息十分广泛。根据所监测信号的物理对象和用途的不同,所涉及的信息主要包括以下内容。

(1)原材料、毛坯、零部件等的性能、外形尺寸、特征的监测在加工或装配之前对这些材料、零件等进行必要的检测和识别，不符合规定要求的应予以显示或自动剔除。检测的内容可能有数量、外形、尺寸、质量等。

(2)工位状况的检测

材料或坯件到达工位，应对产品是否已准确定位和夹紧，工作台、刀具、夹具、辅助系统(液压、润滑、冷却等系统)、装配工具等是否都处于正常位置进行检测。检测的内容可能有位置误差、夹紧力或力矩等。

(3)加工及装配过程的检测

可分为“在线”和“离线”两种。在生产过程中对产品的尺寸、形位误差以及外形等进行连续或间断地检测，输出信息供调节补偿、减小误差或做显示、报警之用，称为在线的自动检测；加工或装配完成后进行的检测称为离线的自动检测，一般作为下道工序或同道工序的下一个产品的质量预测和补偿，起到减小误差、提高质量的作用，例如曲轴称重去重自动线在加工完后的称重过程中，能自动去重消除不平衡因素，这仍然称为在线自动检测。检测的内容可能有位置、几何尺寸、称重、外形特征、数量、力矩和振动等。

(4)设备工作状况的检测

在生产过程中，要对加工设备中的一些关键部位进行监视和自动监测，以确保产品质量和安全。例如机床的主轴扭矩、刀具的磨损、齿轮的润滑、零件的冷却、机架的断裂应力、夹具或工作台的变形等都要随时进行测量，并将测量值送至控制系统作必要的调节和控制。在自适应控制中更需要对机床各主要部件的参数进行监测，以防止极限参数的出现。为迅速反映设备工况，还应用了各种故障寻检装置、巡回检测装置、自我诊断装置等。

(5)材料、零件传送中的检测

为减小材料、零件、工夹具等在物流中的空闲等待过程，需要加强调度、管理、均衡物流系统的负荷，因此需要对材料、零件等在传送中的状况进行检测。在机械工业中，材料、零件种类繁多、形状大小悬殊，因此需要各种各样的传感器，以反映数量、外形、质量等。这项检测也包括自动化搬运小车(自动小车、自动货盘)的导向检测、自动化仓库堆垛机和叉车的工位检测、悬链运送系统岔道和支线的工况检测、刀具的编码识别等。

(6)产品设备试验中的自动检测

机电产品种类繁多，试验方法、要求各不相同，例如对电机需要检测绝缘电阻、功率、温升；对接触器需要测量吸合和释放电压、衔铁气隙和拉力；对汽车需要测试制动力矩、弹簧压力、转向角度等，这是保证产品质量的重要手段之一，需要各种相应的传感元件。

(7)整个系统的监视

利用工业摄像机监视整个系统，尤其是设备的工作状态，以便判断系统各部分是否按规定程序动作，各部分是否异常等，这种监视系统的决策主要由人来完成。

(8)环境参数的检测与监控

包括电网电压、环境温度、湿度等的检测，一旦这些参数的变化超出正常范围，应停机报警。

(9)系统的故障诊断与故障统计

通过检测、收集自动化系统中各种信息的变化,来判别系统是否产生或即将产生故障,自动化系统故障诊断的内容不仅包括硬件设备的故障诊断,如加工中心、机器人、搬送小车、存储系统等的故障诊断,而且包括信息指令、数据传输的故障诊断,此外,还要对系统的故障进行统计,以便进行生产管理、设备维护和改进。

(10)保证工作人员安全的监测

目前,真正无人化的自动化加工系统极少,即使真正无人化了,为了对系统进行维护,人也必须走进系统。如果人走进系统时,生产系统的管理计算机一无所知,仍旧使系统正常运行,就会给人的安全造成威胁。为确保人身安全,目前多采用阻挡栏杆或安全栅。系统配有监测传感器,一旦有人进入,系统即暂时停止工作。

2.检测信号的分类

根据检测信息的物理含义的不同,机械制造系统自动化中所涉及的信号有如下分类。在热工方面有:温度、流量、热量、真空度、比热等;

在电工量方面有:电压、电流、功率、电荷、频率、电阻、阻抗、磁场强度等;

在机械量方面有:几何尺寸(位移、角度)、速度、加速度、应力、力矩、质量、振动、噪声、不平衡量、质量参数(粗糙度、垂直度、平面度等)、外形、计数等;

在成分量方面有:气体、液体的各化学成分含量、浓度、密度、体积分数(比重)等。

此外,根据信息随时间的变化规律,可分为连续信号,离散信号;还可分为模拟信号和数字信号等。

5.1.3 对检测监控系统的要求

1.高可靠性

如前所述,检测监控的目的是确保系统安全、正常、高效运行,并生产出合格产品,如果检测、监控系统本身不能可靠地工作,不能准确地反映加工系统的状态,不仅达不到预想的效果,反而会降低系统的利用率,造成产品、设备、工具的报废等。高可靠性是现代自动化机械制造系统提出的最基本、最重要的要求。

2.高精度

要求检测、监控系统的精度满足整个加工系统的需要。

3.快速性

考虑到生产效率,要尽量缩短检测时间,并且能迅速反馈信息,尤其是在加工过程中的检测、监控，快速响应是一个必要条件。当然并不是所有的检测系统都要求很高的快速性。

4.检测监控系统要适应环境条件

不同的自动化机械制造系统，使用的环境条件各不相同，所以检测监控系统必须适应环境条件，在此条件下能正常工作。

5.成本低、体积小

6.具备与系统集成的功能

检测监控系统是自动化机械制造系统的感觉神经，其检测信息必须输送给管理系统才能达到目的，否则将失去意义。同时，检测监控系统也需要从系统中获得必要的信息参数，因此，检测监控系统必须具备与系统通信、集成的能力。

7.传感器的安装不影响生产过程

5.2 检测与监控系统设计

5.2.1 检测监控基本单元的组成与工作原理

机械制造系统自动化中检测监控基本单元的组成与工作过程如图5.1所示。

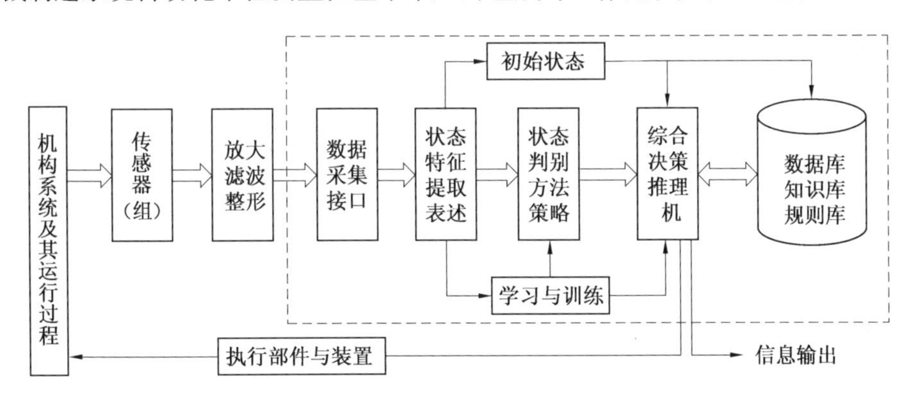

图5.1　检测监控单元的基本组成与工作过程

在自动化机械系统运行过程中，为了监测设备和生产过程的运行状况，要在设备及其辅助装置的选定部位安装上相应的传感器，来检测设备及生产过程的运行状况信息。由于传感器输出的信号幅值往往很小，且带有许多噪声和干扰信号，需要对信号进行放大、滤波甚至整形等预处理；经预处理的信号输入计算机的数据采集接口，进行模数转换、数据格式转换等，将信号数据转换为计算机能够接收的格式。由于输入计算机的信号是多种因素综合作用的结果，难以直接用于被监测对象的状态识别，计算机根据要求，采用相应的信号处理方法，从输入的信号中提取出能够表征被监测对象状态变化的特征值。状态判别模块根据相应的判别策略和方法，对输入的状态特征值进行处理(如果采用智能方法，则需要对相关算法进行学习训练)，得出被监测项目的状态，最后交给推理机，推理机根据系统初始状态及相关的知识和数据，做出最后决策，并将处理的结果和有关信息上报给系统管理计算机，如果需要对系统进行反馈控制和调整，则向执行机构发出控制命令和相关参数。

1.传感器及其二次仪表

传感器及其二次仪表(信号放大、滤波甚至整形等预处理电路)是检测监控系统从自动化机械制造系统获取信息最基本的感知元件，也是检测监控系统最基本的、必不可少的组成部分。根据不同的检测监控任务，相应地使用不同的传感器和信号，有关机械制造系统自动化中常用传感器的内容将在本章 5.3 节中具体介绍。

2.数据采集接口

数据采集接口是连接 CPU 及其外部部件(传感器、智能仪表或被控制的设备等)、并在计算机控制下工作的一组电路，是检测监控计算机从各类传感器中获取信息和数据的桥梁，其基本工作原理如图 5.2。接口电路上有一组与计算机主板上的总线系统相连接，且电气标准相同的地址总线、控制总线和数据总线，由 CPU 或总线控制器产生地址编码和控制编码，地址总线产生接口电路的端口或寄存器的地址编码，实现端口或寄存器的寻址；控制总线完成端口操作控制或者将接口电路的状态信息输入给 CPU，实现对接口的控制操作；数据总线与 CPU 的数据总线相连，实现 CPU 或者内部寄存器与接口电路中的寄存器或端口的数据交换，即数据的输入输出。其主要功能与作用如下。

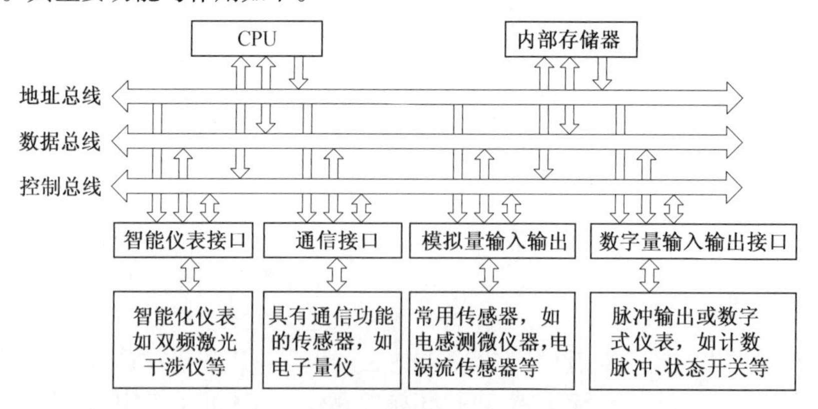

图 5.2 检测监控系统接口的基本原理

数据缓冲作用：当传感器或经过接口电路转换后输出的数据在传输速度上与 CPU 的数据

交换数据不同或数据发送不同步时，完成数据的临时寄存、锁存工作，以便接口电路与CPU同步工作，实现数据的正确交换。

接受和执行命令：当CPU要求接口电路完成某项工作时，接口电路接受来自CPU的命令并执行规定的操作，如A/D转换开始、发送数据等命令。

信号转换：当传感器或接口转换电路发送或接受的数据与CPU接受或发送的数据在信号的规范（电平高低、模拟量与数字量）或时序（串行数据或并行数据、字或字节等）不同时，完成信号规范（电平高低）、数字量与模拟量、串行数据与并行数据、字与字节等的相互转换工作。

设备选择：当计算机接有多台设备或传感器时，通过接口电路上的译码电路完成对设备、传感器或数据端口的选择、数据传输通道的切换等。

中断产生与管理：当数据的采集或传输量大、速度高、要求时间精确控制时，大多要采用中断控制方式实现数据交换，这时接口电路应具备产生和管理中断信号的能力。

数据格式调整：当采用数字传感器或智能传感器时，如果它们所采用的数据编码格式与计算机不一致时，需要接口电路完成数据编码格式的转换和调整，才能实现数据的正确交换。

编程与设定：当采用可编程芯片构造接口电路时，通过编写和执行初始化程序，设定可编程芯片的工作方式。

在检测监控系统中，数据采集接口主要有智能仪表接口、数据通信接口、模拟量与数字量或数字量与模拟量的转换接口、数字量的输入输出接口等。

3.特征信号的获取方法

传感器所检测到的信号往往是系统与过程中众多现象的综合反映，要判别某一特定对象是否正常，必须经过复杂的信号处理，从传感器输出的信号中提出代表某项监控对象（如刀具破损）状态变化的特征。目前发展了许多信号特征的提取和处理的方法，如图5.3所示，主要有时域分析、统计分析、频域分析、智能分析和时频分析几大类。

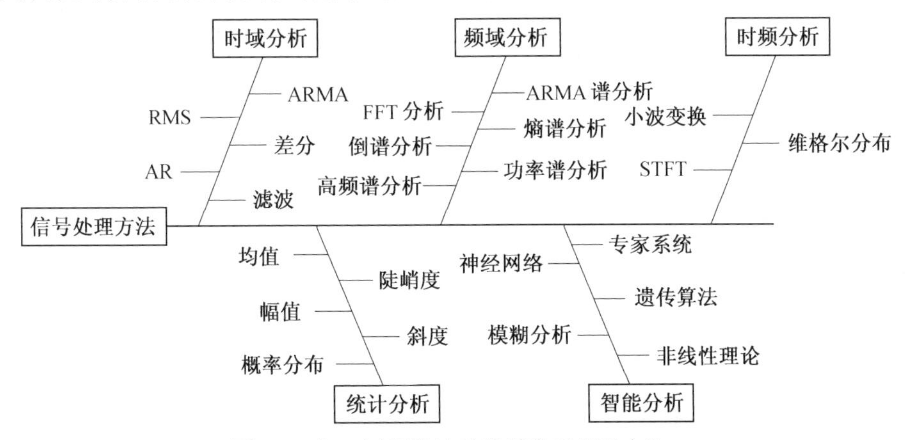

图5.3 加工过程监控的常用信号处理方法

时域分析主要是分析信号随时间的变化或分布，去除不需要的信号成分，找出表征被检测或监测对象的状态、特性或现象的变化特征，如信号的有效值特征（RMS）、信号经过滤波算法处理去除不需要的信号成分得到的特征、经过差分算法处理得到的特征、信号经过时间序列分析（如自回归（AR）算法、自回归平滑（ARMA）算法等）处理得到的特征等。时域分析算法比较简单，适用于信号随对象的状态、特性或现象的变化规律性非常强、重复性好、其他影响因素的影响程度小的场合，如几何尺寸、位置、位移量、速度等的检测与监控，但对于信号随对象的状态、特性或现象的变化规律性差、重复性弱、随机性强、影响因素的影响程度大的场合，往往难以获得满意的效果。

统计分析主要是分析信号样本统计特性随被检测或监测对象的状态、特性或现象的变化或分布，去除不需要的信号成分，找出表征被检测或监测对象的状态、特性或现象的变化特征，如信号的平均值、幅值变化特征、概率分布的变化特征、信号变化的剧烈程度特征（斜度、陡峭度等）等。统计分析法的算法比较简单，适用于信号随对象的状态、特性或现象的变化规律性较强、重复性较好、影响因素较多且影响程度较大的场合，如零件加工质量变化趋势的监测、设备运行状态的监测等，但对于信号随对象的状态、特性或现象的变化规律性很差、重复性很弱、影响因素很多且影响程度大的场合，往往难以获得满意的效果。

频域分析主要是分析信号随频率的变化或分布，去除不需要的信号成分，找出表征被检测或监测对象的状态、特性或现象的变化特征，如信号幅值、能量、相位等随频率的变化等，常用的分析算法包括快速傅里叶变换、倒谱分析、功率谱分析、熵谱分析、采用自回归平滑模型（ARMA）谱分析等。频域分析法的算法比较复杂，适用于信号随对象的状态、特性或现象的变化规律性较弱、重复精确度差、影响因素较多且影响程度较大、但信号的统计特性基本不随时间变化的场合，如设备的故障诊断、刀具磨损破损、设备运行状态的监测等，但对于信号的统计特性随时间变化大的场合或非常复杂的系统，往往难以获得满意的效果。

智能分析主要是采用一些具有参数或算法自调整与优化的数学算法、或者应用专家知识进行分析处理，找出表征被检测或监测对象的状态、特性或现象的变化特征，如神经网络方法、模糊分析方法、非线性理论、遗传算法、专家系统等。智能分析算法复杂，适合于信号的影响因素很多且影响程度大的场合或非常复杂的系统。

时频分析是近几十年开始大量应用的信号分析方法，它将时域分析和频域分析的优点结合起来，克服时域分析和频域分析在处理复杂信号时存在的不足，通过分析信号随时间和频率的变化或分布，去除不需要的信号成分，找出表征被检测或监测对象的状态、特性或现象的变化特征，如短时傅里叶变换（STFT）、小波分析、维格尔分布算法等。时频分析法算法复杂、计算量很大，适合于信号的统计特性随时间变化大的场合。

各种方法的具体算法可参考有关信号分析与处理的书籍。

4.检层监控的决策方法

由于加工过程中传感器所测得的饲多种影响因素综合作用的结果，仅仅通过这些信号准确地判别出某项监测目标的状态,难度是非常大的,即使是通过信号处理获得了状态变化的信号特征,这些信号特征也不是非常准确或可靠地反映状态的变化。为提高监测系统的准确性和可靠性,通常是将多个传感器输出的多个信号特征综合起来判别系统的工作状态,运用智能技术(如模式识别、专家系统、神经网络等)进行决策,最后判别所监控的对象是否正常。对于一个复杂系统,检测监控的决策涉及被检测或监测对象的状态识别方法和策略、基于推理机的系统综合决策,在进行推理机综合决策时,还需要有数据库、知识库和规则库的支持。在这些数据库中,存放有系统的运行参数、状态、工作规则、异常现象的产生条件和模式与规则、状态识别的知识等。表 5.1 给出了刀具状态监测中常用的传感器组合和决策方法。

表 5.1　多传感器组合系统在刀具状态监控中的应用实例

传感器	监控目标	信号处理及决策方法
力 + 振动	磨损	FFT、统计分析、神经网络 NN
		统计分析、门限值
		动态切削力建模
	冲击	FFT、统计分析
		神经网络 NN
	冲击 + 磨损	时序建模、神经网络 NN
	破损	门限值
力 + AE	磨损	门限值
		神经网络 NN
		磨损模型
	磨削过程监控	门限值
		专家系统
		时序模型
	破损	门限报警
AE + 电流	磨损	模糊模式识别、神经网络 NN
	磨削过程监控	门限值
力 + 电流	磨损、破损冲击	门限值
噪声 + 电流	磨损、破损	模糊识别
AE + 振动	磨损	统计分析、神经网络 NN
AE + 超声	磨损监控	时序分析
力 + 声音	冲击	统计分析、门限值
电流、力、振动	破损	统计分析,门限值

5.2.2　检测监控系统的多级结构

如前所述,对于复杂的自动化机械制造系统,检测监控对象涉及设备及其系统的工作状态、物流系统及其工作状态、工件或产品在生产过程中的安装信息和质量信息等等,需要检测监控的参数、状态很多,如果仅仅采用一个检测监控基本单元或者把所有检测监控信号直接连接到自动化制造系统的主机上,必然会增大主计算机的工作负荷,导致计算机难以胜任,在监控单元多、监控功能多的情况下,甚至影响计算机控制的响应速度。因此,逐渐发展了集成式的多级控制的计算机检测监控系统(见图5.4)。

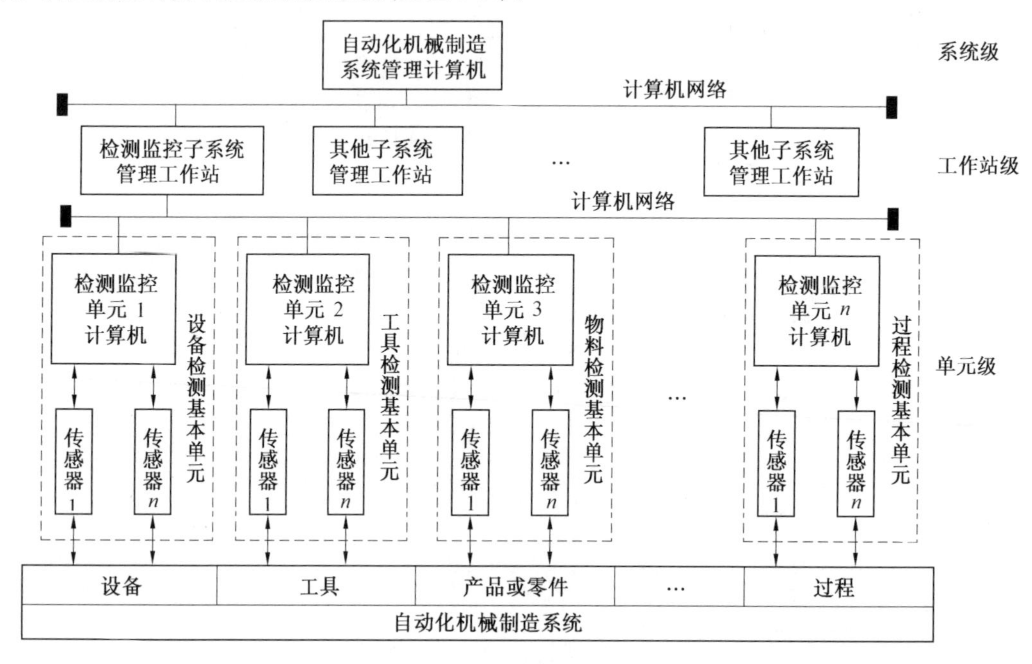

图5.4　检测监控系统结构

检测监控级的计算机一般采用功能较强的微机或小型工作站,完成如下功能:①完成各检测监控点的数据的采集;②通过对数据的综合分析,完成综合决策任务;③向主计算机索取、输送有关的信息;④向各监控单元提供必要的信息;⑤检测监控系统的管理,完成检测监控计算机与各检测监控模块的通信,扩充计算机的负载能力。

各检测监控单元完成单项检测监控功能,即采集、处理局部传感器送来的信号,并做出初步的必要的决策,把必要的数据和信息送给上级计算机以便做出综合判断。

5.3　常用的检测元件

5.3.1　分类

如前所述,自动化机械制造系统中需要测量的信息种类很多,所用的检测方法涉及机械、光学、电学、声学、激光、微波、射线等不同的原理和方法。

(1)按工作原理分类:如电阻式、电容式、电感式、压电式、光电式、电磁式等。

(2)按被测参数分类:如测温度、位移、转速、液位等。

(3)按作用分类:如工业实用型、科学实验型、检测标准型等。

表5.2列出了机械制造系统自动化中常用的检测传感器类型及其应用场合。由于科学技术迅速发展,检测原理和方法不断更新,元件性能不断完善和发展,因此传感器的类型很多,如机械式、气动式等检测元件,这里限于篇幅,不再赘述。

表5.2　机械量检测中常用的传感器类型及使用举例

工作原理	常用传感器类型	使用举例								
		几何量(位移、角度)	速度、加速度	扭矩	力	质量	转速	振动	计数	探伤
电阻式	电位器式、应变式、压阻式、湿敏式等	√		√	√	√	√	√		
电容式	可调极距式、变换介质式等	√	√	√	√	√	√	√		
电感式	自感式、差动变压器式等	√	√	√	√	√	√	√		
电磁式	感应同步器式、涡流式等	√	√	√		√	√	√	√	√
光电式	光电管式、光电倍增管式、光敏电阻式等	√	√	√		√	√	√	√	
压电式	压电石英式、压电陶瓷式等		√	√	√	√		√		
半导体式	PN结式、磁敏式、力敏式、霍尔变换式等	√	√	√	√	√	√	√		
射线式	χ、α、β、γ等	√								√

5.3.2　输入输出特性

传感器的输入输出特性包括灵敏度、线性度、滞环和动特性。

1. 灵敏度 S

灵敏度为传感器在稳态下输出量与输入量之比值。当灵敏度特性是线性时，在有效量程范围内 S 是常数；是非线性时，S 不是常数。一般情况下，希望灵敏度高一些，并保持为常数。但应用于机械工业的保护检测、位置检测等某些场合时，有时并不要求太高的灵敏度，以免引起超前或过于频繁的不必要的动作。

2. 非线性度误差 ε

传感器输出量 Q_o 和输入量 Q_i 的关系曲线与理想曲线偏离的程度称非线性度误差 ε。

$$\varepsilon = \frac{|Q_o - Q_i|_{max}}{Q_{omax}} \tag{5.1}$$

即非线性度误差 ε 是 Q_o 与 Q_i 的最大偏差值与 Q_{omax} 之比。通常希望传感器有优良的线性度，对线性度较差的输出，必要时可采取“线性化”的措施。在小尺寸、位移、厚度、外形等参数检测时，要求传感器在工作区有较好的线性度。

3. 滞环

由于材料性能、制造工艺等原因，当输入增加或减小时，传感器的上升曲线和下降曲线不重合，即特性不一致，形成滞环，如图 5.5 所示。滞环包络面积代表传感器中的能量损失。

在全量程内最大滞环误差为 ε_{hm}，它与最大输出值 Q_{omax} 之比称为最大滞环率 E_{rm}

$$E_{rm} = \frac{\varepsilon_{hm}}{Q_{omax}} = \frac{|Q_{1d} - Q_{1r}|_{max}}{Q_{omax}} \tag{5.2}$$

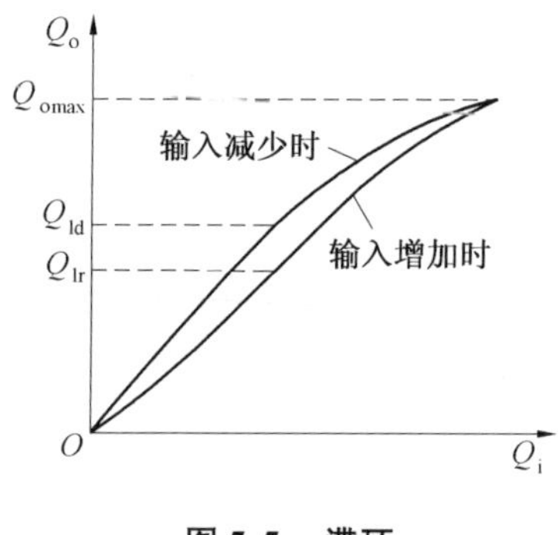

图 5.5 滞环

一般都希望尽量减小滞环所引起的输出误差，但在某些场合也可利用这个特性满足特殊的要求。

4. 动特性

传感器工作时，输入量随时间而变化，因此对传感器的分析要采用动特性的分析方法。传感器的结构各异，因此具有不同的传递函数，在阶跃输入或正弦函数输入时呈现不同的特性，要根据具体产品进行分析，分析的方法通常采用频率法。与对常规调节系统的要求一样，希望传感器(通常有放大环节、非周期环节、振荡环节等)响应快、失真小、稳定度大、死区小等，通常可以采用调节电路设计参数的方法来改善系统动态特性，以达到应用系统的要求。

5.3.3 长度和位移量的测量

几何尺寸包括零件或运动体的长、宽、厚、直径、距离等,据不完全统计,检测这些量时采用的原理、量程、精度等如表5.3所列。

表5.3 几何尺寸测量原理及传感器特性

	原 理	常 用 量 程	精 度	特 点
接触式	机械触点式	取决于机构运动范围	取决于机构精度	
	电阻式	3~100 mm	±3%	结构简单
	电感式	0.003~1 mm 0.025~2.5 mm	±10~15% 小尺寸可达±2%	简单可靠、稳定
	电容式	取决于器件的击穿电压 0.003~0.1 mm	±1%	
	探针	取决于机床坐标尺	取决于坐标尺及测头的精度	可靠、自动化程度高
非接触式	涡流式	0~15 μm或0~15 mm	取决于测量阻抗技术	
	超声波式	3~300 mm	±5%	温度压力影响小
	X、γ射线式		±1%~2%	温度压力影响小
	α射线式	2~25 μm	±2%~4%	对环境要求高
	感应同步器式	大位移250 mm(可接长)	取决于机电部件精度	对环境要求高
	光栅式	大位移	取决于机电部件精度	
	气动式	小位移		
	其他光学方法			

测量长度和位移的传感器种类繁多,除表5.3所列者外,还广泛应用气动式、触点式等。限于篇幅,仅就电感式位移传感器的原理作简单介绍。

电感式位移传感器分差动变压器式和单线圈式两种,由于它们结构简单,抗干扰力强,灵敏度高,价格便宜,因此在机械工业中广泛应用。例如,在测量尺寸和位移常用的差动式传感器,其结构形式甚多,图5.6为其中一种的示意图。

根据不同要求,线圈1、2、3的布置位置分成整体、分段、内外套装等形式,这样可以减小非线性和改善灵敏度。

电路的理想输出形式为

$$\dot{E}_2 = \frac{-\mathrm{j}\omega_1(M_1 - M_2)\dot{E}_1}{R_1 + \mathrm{j}\omega_1 L_1} \tag{5.3}$$

E_2 的有效值为

$$E_2 = \frac{\omega_1(M_1 - M_2)E_1}{\sqrt{R_1^2 + (\omega_1 L_1)^2}} \tag{5.4}$$

式中 M_1、M_2—— 互感；

R_1、L_1—— 初级线圈的电阻和电感；

ω_1—— 初级线圈励磁电压的频率。

在理想情况下，动铁心在线圈中心位置时，输出电压应为零。但是由于制造时尺寸不对称、线圈位置匝数分布不完全一致、铁心长度质量不均匀、电源电压频率的变化等原因，常造成有较大的残余电压 E_0，甚至左右两部分特性曲线不对称等。在使用时，常常把机械零点和电的零点调成一致，使 $\varepsilon_0 = 0$。

这类传感器由于导线、机械部分、铁心等易受温度影响，常引起测量误差，所以在设计制造时都力求使这些影响达到最小。

在不同结构中，测量范围也不同，从 1.5 mm 到 25 mm，特殊设计的可达 ± 200 mm。电感式位移传感器还可以测量挠度、应力等参数。

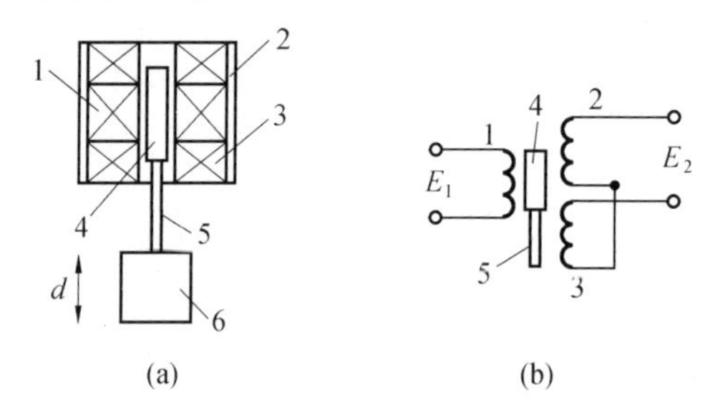

图 5.6 电感式位移传感器

1— 初级线圈；2,3— 次级线圈；4— 动铁心；5— 非磁性材料制成的顶杆；6— 被测体

5.3.4 质量与力的测量

如表 5.1 所示，可用多种原理实现质量或者力的测量，实际中常用的有电阻应变式、压电式两种测力传感器，前者价格低廉、静态性能好、易于制造、对环境要求较低；后者动态特性好、零点调整容易、对环境要求较高。下面以电阻应变式为例简单介绍力的检测原理，如图 5.7 所示。

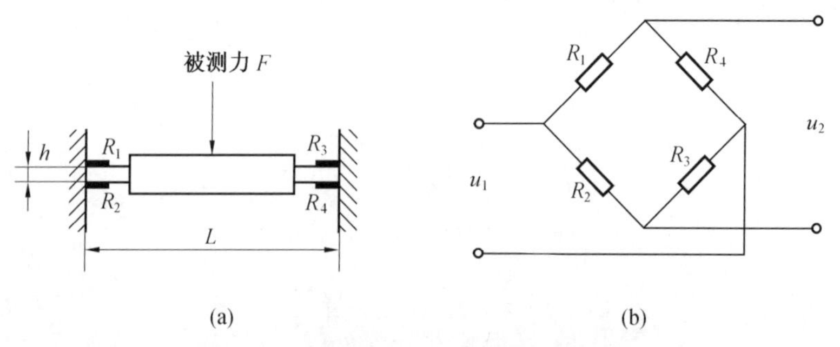

图 5.7 应变式测力传感器的基本原理

在测力传感器中，把电阻应变片贴在专门设计的传感部件（弹性元件）上，当被测力作用在弹性体上时，弹性体因受力而产生应力和应变，粘贴在变形部位的电阻应变片（见图5.7(a)）的阻值发生改变。当贴片部位受拉应力作用时，应变片的电阻丝被拉长而使阻值变大；当贴片部位受压应力作用时，应变片的电阻丝被压缩短而使阻值变小。通过分压电路或者电桥测量应变片阻值变化的大小，即可测量出被测力的大小。将受拉应力和压应力的应变片构成如图5.7(b)所示的电桥，在电桥的一个对角上施加上一定的电压，另一个对角作为信号输出。当被测力为零时，$R_1 = R_2 = R_3 = R_4$，电桥处于平衡状态，所以 $u_2 = 0$；当被测力不为零时，贴在弹性体上的应变片的阻值改变，$R_1 \neq R_2 \neq R_3 \neq R_4$，电桥失去平衡，此时

$$u_2 = \frac{3K(1 + \mu)L}{4Ebh^2} W u_1 \tag{5.5}$$

式中　μ—— 应变片的泊松比，一般为 0.25 ~ 0.5；

K—— 应变片的应变灵敏系数，可以查表取得；

E—— 弹性材料的弹性模量，采用钢时为 $2.1 \times 10^{11}\ \mathrm{N/m^2}$；

L—— 变形梁的长度，m；

b—— 变形筋的宽度，m；

h—— 变形筋的厚度，m；

W—— 额定荷重力，N；

u_1—— 输入电压，V；

u_2—— 输出电压，V。

由上式可见，u_2 与 W 是线性关系。

这类传感器广泛应用于吊车秤、料斗秤、皮带秤等设备上。应变式传感器采用不同结构形式时，测量范围可以变化，如测力可达 $10^{-2} \sim 10^{7}$ N，精度可达0.1%，输出特性的线性好。另外，应变式传感器的性能稳定，在冲击、振动、腐蚀、辐射等恶劣条件环境下能可靠工作，经过适当设计，在温度大范围变化的情况下，也能正常运行。通过设计不同的变形体结构，可形成各种测力传感器、扭矩传感器等，甚至可构成测量单个力／力矩传感器、2 ~ 6个力／力矩的各种测力传感器。

5.3.5　计数与形状识别

在几何尺寸、转速、位置、液面、物件的有无、形状的识别、工件上的缺陷等检测中，常常采用光电式、涡流式、红外式等传感器将被测参数转换成脉冲信号，通过脉冲计数方式进行测量，用的最广泛的是光电式。在光电式传感器中可以应用光电管、光电倍增管、光敏电阻、光敏二极管、光敏三极管、光栅等。下面举例加以说明。

1.装配中的计件和缺件检测

例如在装配自动线上,如果某处漏装零件时,三个光电开关就有不同的输出,使控制器发出缺件信号并计数。图 5.8 为其示意图,图中未画出光源部分。

利用类似原理,如果部件上有空闲处,则可在 $t_1,\cdots,t_n$ 时间间隔内对每个 t 进行零件有无编码,检测中,将光电开关 PS_1 ~ PS_3 的每次输出与该时间的编码相比较,符合时通过,不符合时发出不合格信号,或启动机械推杆,剔除不合格件。

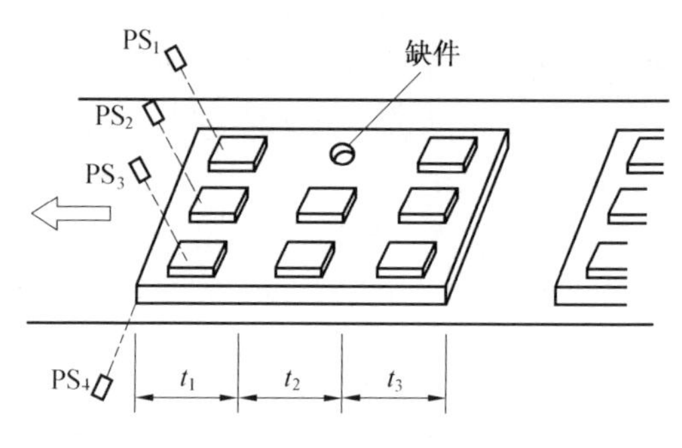

图 5.8 装配线的缺件检测

2.形状的识别

在物料传送线上用作对简单零件的形状识别。例如在图 5.9 中,检测系统能区分不同的零件。通过简单的逻辑判断找到所需的零件,机械装置就将此零件送往装配工位,如果不是需要的零件,则将它送往另一传送带。

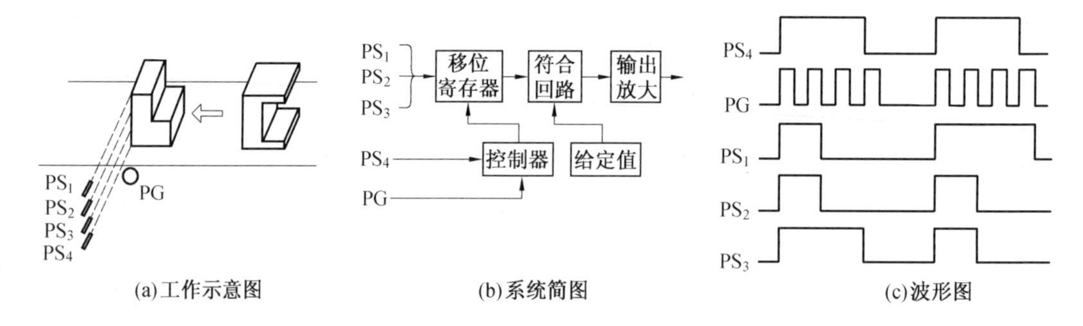

(a)工作示意图　(b)系统简图　(c)波形图

图 5.9 形状识别检测

对于形状复杂的零件,则应增加 PS 的数量,一般采用遮断型光电开关。对于不同材料的零件则可应用反射型光电开关,例如产品的标牌、商标、铭牌等是否钉好的检查,如图 5.10。

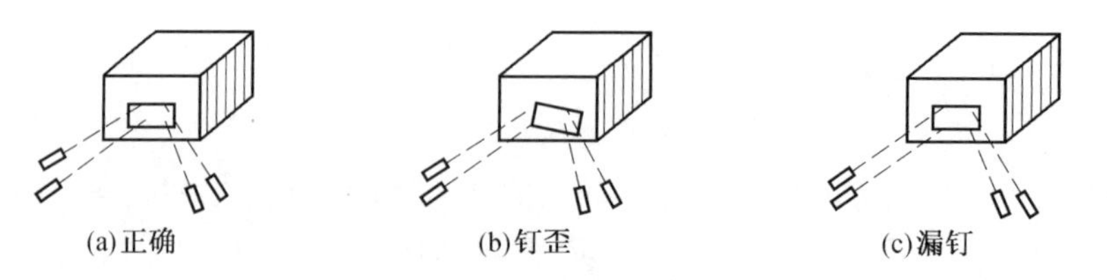

(a)正确　(b)钉歪　(c)漏钉

图 5.10 标牌的检查

利用四个圆柱式反射型传感器来检测标牌是否正确安装。当标牌在正确位置时,四个传感器受到相同强度的反射光,系统工作正常,让产品通过。当标牌位置不正确或漏钉标牌时,反射光变化,经逻辑电路启动机械推杆,剔出线外纠正。

以上所述属于点状光传感器。为了满足复杂形面识别的要求,发展了线状光传感器,如电荷耦合器件(简称 CCD),面状光传感器,如工业电视(简称 ITV) 等。

3. 电荷耦合器件(CCD) 的应用

CCD 也是一种半导体型器件,被测工件上的光经过透镜投射到像感元件上。像感元件上有几个(即几位) 光敏二极管作直线排列(每个二极管即一个像素),并有相应位数的寄存器以传送电荷。被测工件上的亮区和暗区在每个像素上激发出不同的电压,并在电荷包内形成不同的电荷,完成光电转换过程。暗区的输出脉冲幅值较小,而亮区的输出脉冲幅值较大,如图 5.11 所示。摄像扫描与数据处理系统以及配备的其他外加设备一起,可以用来测量长度、识别外形等。

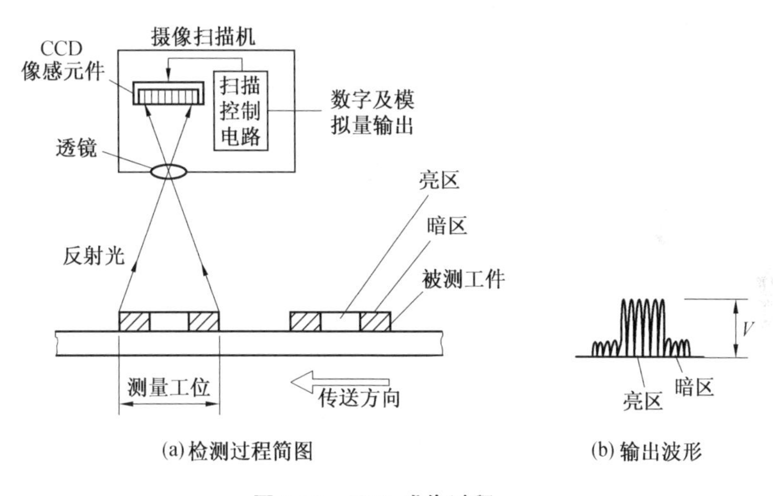

(a) 检测过程简图　　(b) 输出波形

图 5.11　CCD 成像过程

5.4　检测监控技术应用实例简介

检测监控技术在机械制造系统自动化中的应用十分广泛,根据不同的检测监控对象、要达到的不同目的,检测监控系统的体系结构、组成、功能和数据处理方法也不尽相同。本节仅举加工尺寸在线检测、刀具磨损破损的在线检测的几个典型例子,来进一步说明检测监控系统的基本原理、组成和作用。

5.4.1 加工尺寸在线检测

1.镗孔孔径的自动测量

机械加工工件的孔径精度控制是非常重要的。过去是通过操作者用千分表测量加工完的孔径,测量误差大,难以控制质量。实现自动化孔径测量将会提高测量精度和加工质量。设计一个类似于塞规的测定杆,在测定杆的圆周上沿半径方向放置三只电感式位移传感器。测量原理如图 5.12 所示。假设由于测定杆轴安装误差、移动轴位置误差以及热位移等误差等导致测定杆中心 O' 与镗孔中心 O 存在偏心 e,则可通过镗孔内径上的三个被测点 W_1、W_2、W_3 测出平均圆直径。在测定杆处相隔 τ、φ 角装上三个电感式位移传感器,用该检测器可测出间隙量 y_1、y_2、y_3。已知测定杆半径 r,则可求出 $Y_1 = r + y_1$,$Y_2 = r + y_2$、$Y_3 = r + y_3$。根据三点式平均直径测定原理,平均圆直径 D_0 由下式求出。

$$D_0 = \frac{2(Y_1 + aY_2 + bY_3)}{1 + a + b} \tag{5.6}$$

式中 a、b 为常数,由传感器配置角度 τ、φ 决定,该测定杆最佳配置角度取 $\tau = \varphi = 125°$,取 $a = b = 0.8717$。偏心 e 的影响完全被消除,具有以测定杆自身的主计算环为基准值测量孔径的功能,可消除室温变化引起的误差,确保 $\pm 2\ \mu m$ 的测量精度。

该测定杆采用了三点式平均直径测定原理,完全消除了测定杆偏心的影响,同时将在线测量所必需的主计算功能同数据存储功能结合起来以实现镗孔直径的自动测量。其优点是,在测量时不需要使测定杆沿 X、Y 轴程序移动,测量效率高,测量精度与移动精度无关。同时编程亦简单。此外也可对圆柱度、几个孔进行比较测定,进而可根据尺寸公差判定,实现备用刀具的交换。

机械加工中,测定平面内的基准孔,算出其中心坐标很有必要。利用自动定心补偿功能使这一作业实现自动化,同时在加工循环过程中测量偏心量进行自动补偿以提高机床定位精度。

如图 5.13,设基准孔心 O 与测杆中心 O' 的偏心量在 x、y 坐标上的值为 ΔX,ΔY,则

$$\Delta X = \frac{1}{2\cos\theta}(y_2 - y_1) \tag{5.7}$$

$$\Delta Y = \frac{1}{2(1 + \sin\theta)}[(y_2 + y_3) - 2y_1] \tag{5.8}$$

由上式可根据 y_1,y_2,y_3 算出偏心量 ΔX、ΔY,与基准孔直径及测定杆直径没有关系。补偿精度可达到 $\pm 2\ \mu m$。这一补偿功能对加工同轴孔或从两面镗孔十分有效。

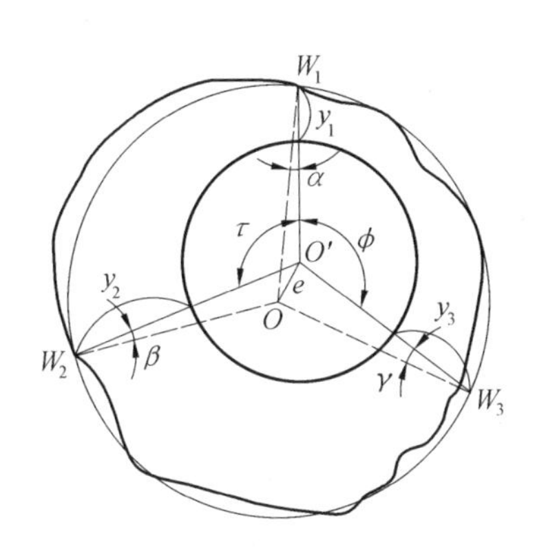

图 5.12　平均孔径测定原理

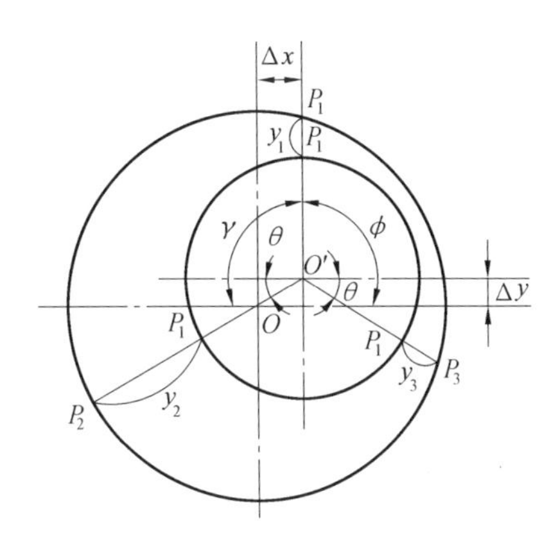

图 5.13　偏心量的测量

2.探针式红外自动测量系统

目前在加工中心上广泛应用的一种尺寸检测系统是将坐标测量机上用的三维测头直接安置于 CNC 机床上,用测头检测工件的几何精度或标定工件零点和刀具尺寸,检测结果直接进入机床数控系统,修正机床运动参数,保证工件质量。其工作原理如图 5.14 所示。

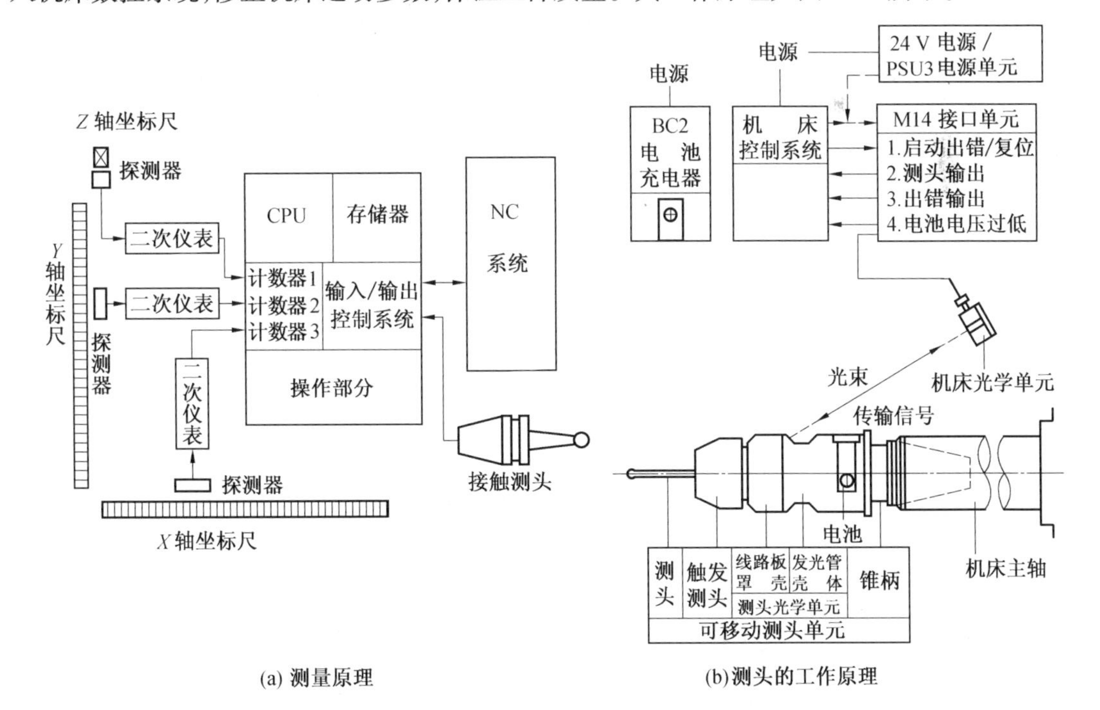

(a) 测量原理　　(b)测头的工作原理

图 5.14　用三维测头进行质量检测的工作原理

具有红外线发射装置的测头的外形与加工中心上使用的刀具外形相似,其柄部和刀具的柄部完全相同。在进行切削加工时,它和其他刀具一样存放于刀具库中,当需要测量时,由换刀机械手将测头装于加工中心主轴孔中,在数控系统控制下开始测量,当测头接触工件时,即发出调制红外线信号,由机床上的接收透镜接收红外光线并聚光后,经光电转换器转换为电信号,送给数控系统处理。在测头接触工件的一瞬间,触发信号进入机床控制系统,记录下此时机床各坐标轴的位置。在数控系统上,有两个或三个坐标尺(光栅尺),可读出工作台坐标系统的位置。当数控系统接到红外调制信号后,即记录下被测量点的坐标值,然后再次移动驱动轴,使测头与另一被测点接触,同样记录下该点坐标值,由两点的坐标值计算两点的距离。此时,用测量法则进行补偿、运算,即得到实际加工尺寸,其结果与由 CAPP 数据库的基准值进行比较,如果差值超过公差范围,便视为异常。测量的误差反馈给数控系统作为误差补偿的根据。

3.加工误差在线检测与补偿系统

利用前面介绍的检测系统对工件测试完毕,得到了工件的真正坐标及尺寸、误差等参数,这些参数被传送给加工系统中更高一级的计算机,通过计算机反馈给加工系统,来控制、修正被加工工件的尺寸,这样就使得有可能在加工超差之前及时对加工尺寸的变化加以补偿(尺寸的变化是由刀具磨损及刀具、工件、机床的热变形引起的)。后面的一个被加工零件接通控制循环,测量所得到的数据以数据形式传送并且通过程序与零件文件中的给定值进行比较,给出一个按产生误差的原因排列的误差信息文件,从而帮助操作者分析误差的发展趋势。上级计算机通过零件的文件把误差原因传给机床数控系统,经处理后,产生一个修正量用于误差补偿。

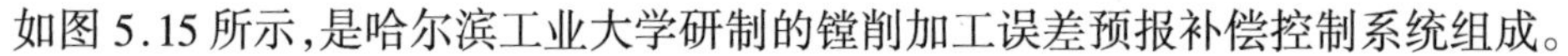
如图 5.15 所示,是哈尔滨工业大学研制的镗削加工误差预报补偿控制系统组成。

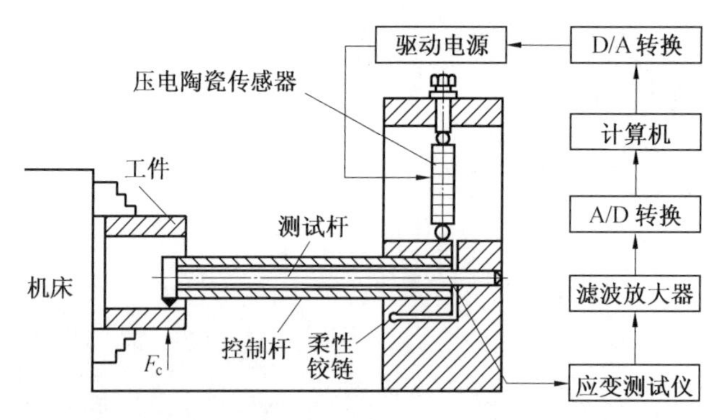

图 5.15　镗削误差预报补偿控制系统组成

在该系统中,误差补偿控制信号驱动一个特制的、压电陶瓷驱动的微量进给镗杆,来实现镗刀与工件相对位置的调整,从而完成误差补偿任务。该系统的工作原理为:在切削力 F_c 的作用下镗刀发生向上的微小偏转时，由贴在测试杆根部的应变片检测出来的偏转信号通过 A/D 转换后输入到计算机，经计算机处理后输出控制信号；控制信号通过 D/A 转换后传给压电陶瓷驱动器驱动电源，减小电陶瓷两端的电压而使压电陶瓷缩短，控制杆将由于弹性恢复而绕柔性铰链支点逆时针方向旋转，从而补偿了镗刀向上的偏转。同样，当镗刀发生向下的微小偏转时，计算机输出的控制信号增加压电陶瓷两端的电压而使电陶瓷伸长，使控制杆绕柔性铰链支点顺时针方向旋转，从而补偿了镗刀向下的偏转。这样就可以对加工误差进行实时的在线补偿从而提高加工精度。

20 世纪 80 年代，随着计算机技术、时序分析方法及动态数据建模理论的发展，在动态数据系统（Dynamic Data System，DDS）建模方法的基础上，创立了误差预报补偿控制（Forecasting Compensatory Control，FCC）技术。

FCC 把加工过程看成是一个随机动态过程，用时间序列分析方法建模，来描述和预测加工过程的误差值，从而弥补了误差补偿控制与误差检测之间的时间滞后。FCC 方法可以不用考虑加工误差与各种误差源之间的复杂关系，而直接补偿这些加工误差，使误差建模问题变得相对简单。如图 5.16 所示，表示了误差预报与补偿控制系统原理。图中干扰信号输入是指各种影响加工误差的误差源，输出是指加工误差。

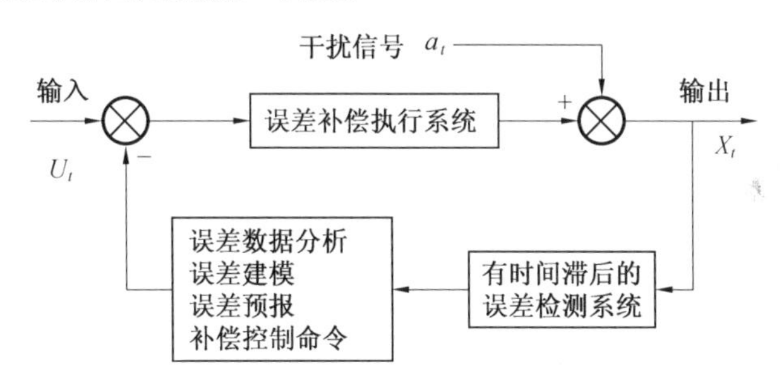

图 5.16　误差预报与补偿控制系统原理

误差描述与预测采用 AR 模型，其形式如下：

$$x_t = \sum_{i=1}^{n} \phi_i x_{t-i} + a_t, \quad a_t \sim NID(0, \sigma_a^2) \tag{5.9}$$

式中　$x_t(t = 1, 2, 3\cdots)$——t 时刻的加工误差；

$\phi_i(i = 1, 2, \cdots, n)$—— 自回归参数，$n$ 为自回归阶数；

a_t—— 随机干扰信号，它为具有零均值正态分布的随机序列；

σ_a^2—— 正态分布的方差。

用 AIC 准则确定模型的阶数，在比较各种不同的阶数时，AIC 准则是根据式(5.10) 来确定型阶数的。

$$\text{AIC}(n) = N\ln\frac{\sigma_a^2}{N - n + 1} + 2(n + 1) \tag{5.10}$$

式中 σ_a^2—— 残差方差；

N—— 模型的阶数；

N—— 采样数据的个数。

对一组随机序列当 AIC 值最小时，所对应的模型阶数最合理。

实际应用结果表明：通过该方法进行误差补偿，可使镗孔时的圆度误差减少 30% ~ 50%。

5.4.2 加工工况监测应用实例

1.通过在线检测加工尺寸的变化检测刀具的磨损和破损

用加工尺寸变化作为判据的监控方法来判别生产过程是否正常，在大批量生产中应用最广。通常，在自动化机床上用三维测头、在 FMS 中配置坐标测量机或专门的检测工作站进行在线尺寸自动测量等，都是以尺寸为判据，同时用计算机进行数据处理，完成质量控制的预测工作。图 5.17 为在 CNC 车床上用三维测头对工件上孔的尺寸进行自动测量的示意图。测头在计算机控制下，由参考位置进入测量点，计算机记录测量结果并进行处理，测头自动复位。图中的箭头为测头中心移动的方向。所测量的孔的半径误差间接反映了刀具的磨损或破损程度。

2.刀具状态的在线检测

用探针监测刀尖位置是一种非连续的直接检测刀具破损的方法。在加工间歇内，使用加工中心的尺寸检测系统来检测刀具的长度或切削刃的位置，如图 5.18 所示。当刀具完成一次切削走刀后，将装在工作台某个位置的探针或接触开关移到刀尖附近，当刀具(图中的钻头尖)碰到探针时，利用机床坐标系统记下刀尖的坐标，并计算出刀具长度 L，利用子程序比较 L 与存储于计算机中的刀具标准长度 L_s，如果 $L > L_s - \Delta l$，则说明刀具没有折断或破损，如果 $L < L_s - \Delta l$，则说明刀具已报废，需要换刀，Δl 为刀具的允许磨损量。

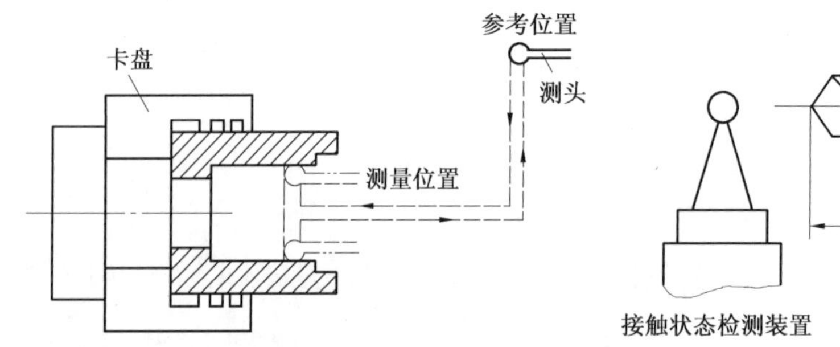

图 5.17 用三维测头在机床上测量工件尺寸

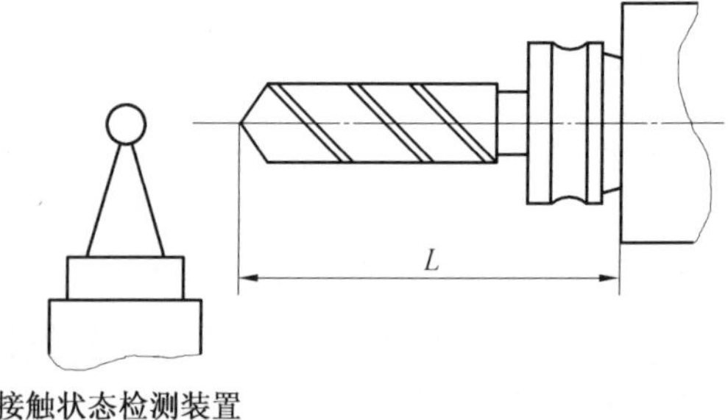

图 5.18 探针离线检测刀具破损的原理

利用三维探针和数控工作台的三维坐标系统，可以检测车刀、镗刀、铣刀等多刃刀具的刀尖及切削刃的位置。这种方法虽然不能对刀具进行实时监控，但可以有效地检测出破损或折断的刀具，避免破损或折断的刀具再次进入切削过程而报废工件。

3.刀具状态的智能化在线监控系统

如图5.19所示，是用电机功率和声发射信号进行刀具状态监测的基本原理图。

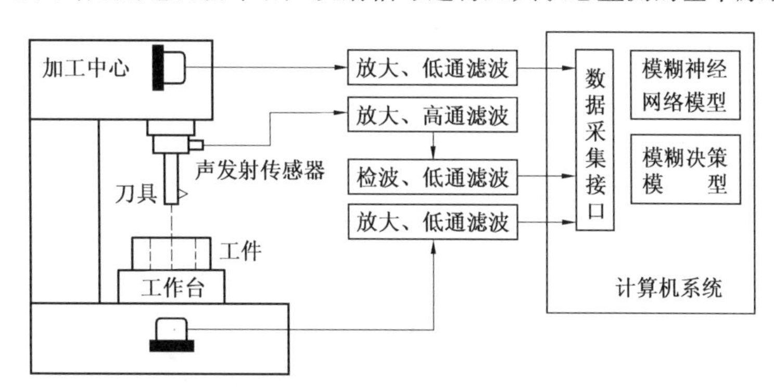

图5.19　用电机功率和声发射信号监测刀具状态的基本原理

在该系统中，采用小波分析提取刀具磨损与破损的特征信号，采用模糊神经网络进行刀具磨损破损状态的识别。图5.20是刀具磨损状态分类的隶属函数，将刀具磨损破损状态分为初期磨损A、正常磨损早期B、正常磨损中期C、正常磨损后期D、急剧磨损E和刀具破损F。建立的刀具磨损破损检测的神经网络模型如图5.21。由传感器检测的声发射信号和电机功率信号经小波分析处理后，得到与刀具磨损密切相关的特征参数x_1、x_2、x_3、x_4，将其输入图5.21中左下角的模糊神经网络模型进行处理，得到刀具磨损破损状态μ_{A1}、$\mu_{B1}\cdots\mu_{F1}$；同时，将切削参数、切削时间和刀具材料等参数输入刀具磨损预测模型(刀具寿命公式)进行分析计算，并对计算结果进行模糊分类，得到第二组刀具磨损破损状态μ_{A2}、$\mu_{B2}\cdots\mu_{F2}$，两个模型进行判别的刀具状态结论输入图5.21中上面的模糊神经网络模型进行最后决策处理，即得到刀具磨损破损状态识别的最后结果。

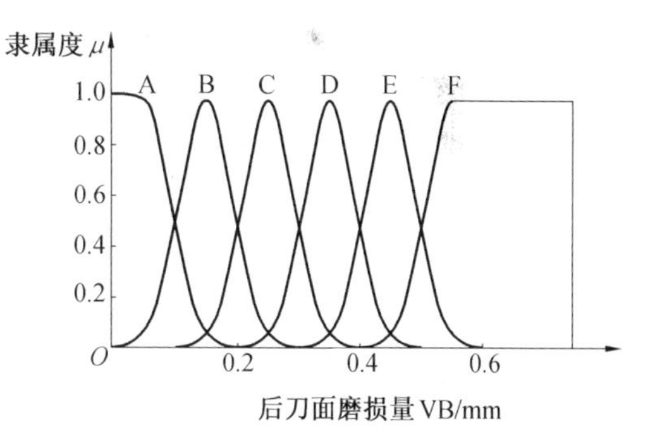

图5.20　刀具磨损状态分类的隶属函数

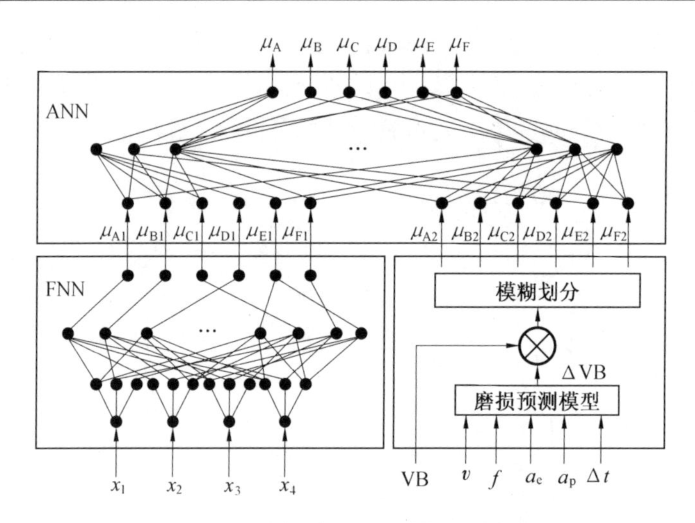

图 5.21 刀具磨损破损识别的智能融合模型

5.5 自动化系统的故障诊断

自动化系统是一个集机械、液压、电子电器、计算机等硬件、软件为一体的极其复杂的系统。由于组成整个系统的部件、模块繁多,任何一个部件、模块出现故障都有可能影响系统的整体性能,使系统的工作效率下降,甚至使整个系统无法正常工作。像自动化机械系统这样投资巨大、生产成本非常高的系统,故障诊断系统是非常必要的,是保证整个系统正常、高效运行和设备维护的必要手段和要求。

5.5.1 故障诊断的基本概念

1.故障诊断的定义

在故障诊断学中,设备的状态指设备的工作状况,通常设备的基本状态有故障状态、异常状态和正常状态三种,可见故障只是设备的一种状态,是指装置(或设备)的功能指标处在低于正常时的最低极限值。可包括引起系统立即丧失功能的破坏性故障、降低设备性能相关联的性能上的故障、操作事故及人为破坏造成的故障等。

设备故障往往是由于某种缺陷不断扩大经由异常然后再进一步发展而形成的。通常说设备或零件正常是指它没有任何缺陷,或者虽有缺陷但也在允许的限度之内。异常是缺陷已有一定程度的扩展使设备状态信号发生变化,设备性能劣化但仍能维持工作,故障则是由于设备性能指标严重降低,已无法维持正常工作。

所谓故障诊断，就是通过采集、分析系统运行过程中或者过程结束后的有关信息，来分析、确定故障发生的时间、空间位置、故障类型、故障产生的原因和机理、故障对系统的影响程度和危害大小以及恢复系统性能或者改进系统设计的措施的全过程。

2.设备故障诊断技术的基本内容

具体的诊断实施步骤如下。

(1)信号检测

按不同诊断目的选择最能表征工作状态的信号。一般我们将这种工作状态信号称为初始模式。

(2)特征提取(或称信号处理)

将初始模式向量进行维数压缩、形式变换，去掉冗余信息，提取故障特征，形成待检模式。

(3)状态识别

将待检模式与样板模式(故障档案)对比，进行状态分类。为此要建立判别函数，规定判别准则并力争使误判最小。

(4)诊断决策

根据判别结果采取相应对策。对设备及其工作进行必要的预测及干预。所谓预测就是能对被诊断出来的故障，在不采取任何措施的情况下，估计继续运行下去会产生什么样的后果，以及还可以继续运行多长时间。

干预技术应当包括临时护理方案，加强监视方案，以及通过大修彻底治理的措施。

以上四个步骤是一个循环，一个复杂的故障不是通过一个循环就能正确找到症结的，往往需要多次诊断反复循环，逐步加深认识的深度。

综上所述，整个诊断技术的内容，可用图 5.22 来表示。它包括诊断文档建立和诊断实施两大部分，而诊断实施部分则是一个典型的去伪存真、去粗取精、由此及彼、由表及里、由近及远的模式识别的过程。

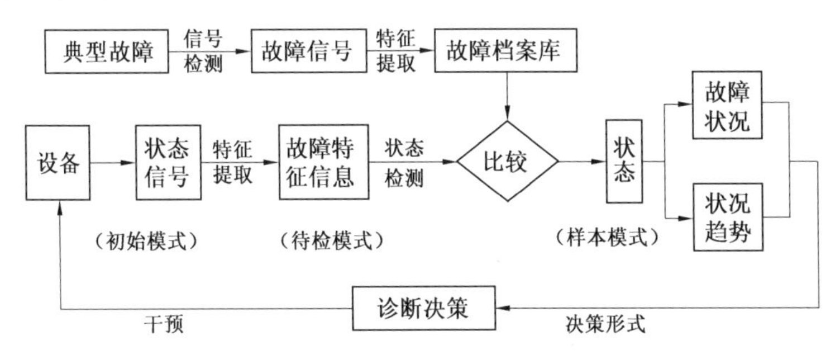

图 5.22　故障诊断的内容与过程

5.5.2 故障模型与诊断方法

1.故障模型

把系统(或设备)与故障有关的环境条件、人的行为与硬件功能联系,用图、表、数学式等表示外部因素与连锁事件、信息流、故障机理等与相关的事件的关系,称为故障模型。简单地说,故障模型是关于故障发生机理的一种思路与逻辑表述。故障模型可以帮助深入理解故障现象与故障机理,为故障诊断与维护修理等提供依据。常见的故障模型有以下几种。

(1)故障树形图(功能模型)

故障树图是把系统、子系统、设备、零部件、人的因素等与功能联系起来,做成分层次的功能图来考察故障的图形模式,可分为串联模型、并联模型和故障树分析图等。

(2)流程图、坐标图

如信息流程图、有向坐标图、矢线图(PERT)、概率推移图等,都可以作为故障模型使用。信息流程图如图 5.23 所示,矢线图如图 5.24 所示。

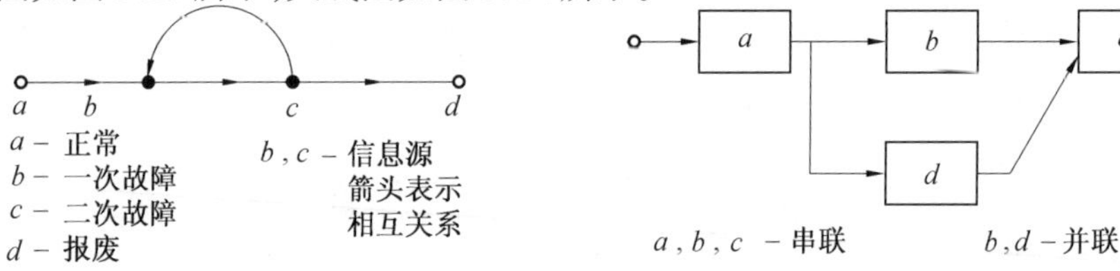

图 5.23 信号流程图

图 5.24 矢线图

a—正常;b—一次故障;c—二次故障;d—报废;b,c—信息源,箭头表示相互关系

(3)树形图

决策图、事件图、因果分析图等,都属于这种故障模型。树形决策图如图 5.25 所示表示两事件(概率为 50%)的结果,层次越高,水平号码越用小,水平Ⅱ分为两个群(c, d)与(e, f)。

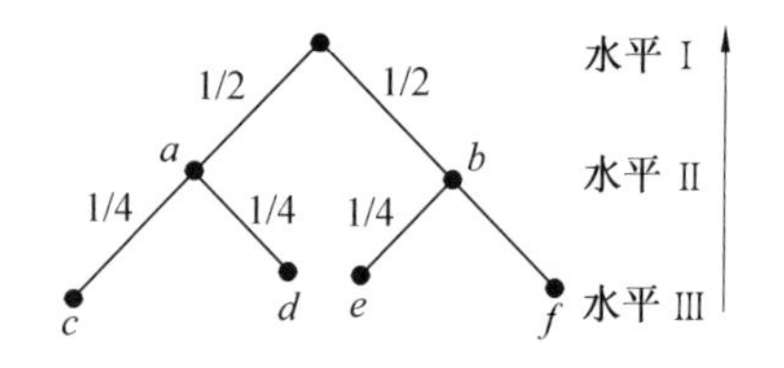

图 5.25 树形决策图

(4)逻辑图

逻辑图(如图 5.26 所示)、阀体图(如图 5.27 所示,b、d 接通或 c、e 接通便出现 f)、直线图等都属于这一类。

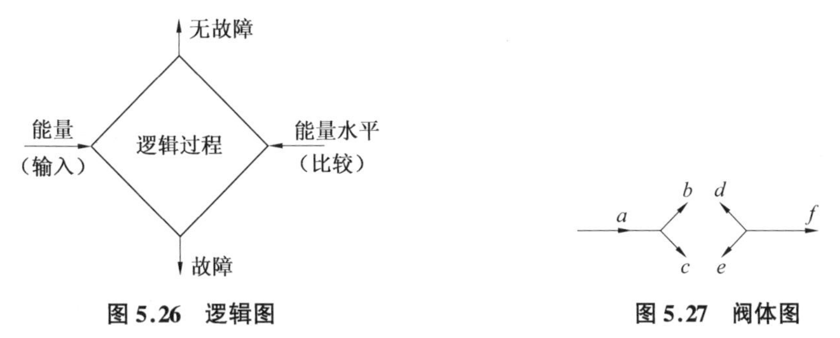

图5.26　逻辑图

图5.27　阀体图

(5)表式模型

如二元表、多元表、真值表等都属于表式模型,都可用来表示故障模型。

2.故障分析方法

系统(或设备)的故障分析方法有多种。一般来说,故障分析往往是运用质量管理、统计、物理、化学、机械、电工等的计测分析方法。例如,用于故障信息处理、故障原因估计的方法有排列图法、直方图法、因果分析图、检验估计、方差分析、回归分析、多元分析等;用于调查强制劣化及破坏性故障的方法有阶段应力法、应力增加法、常应力界限法等;用于潜在故障部位分析的方法有:光学显微分析、X射线透视分析、微波分析、激光光谱分析等;用于结构成分分析、劣化分析的方法有电子显微分析、电子测微分析、电子线分析、气体光谱分析、X线荧光分析、质量分析、吸光光度分析等。从设备、系统的结构与功能联系出发,追查探索故障原因时,主要有下面两类分析方法。

一是顺向分析法,亦称归纳法。它是从原因系统(故障机理的输入事件)出发,摸索功能联系,调查原因对结果(上一层次)的影响的分析方法。也就是说,是从系统或设备的下位层次向上位层次进行分析的方法。故障模式影响与后果分析法(FMECA)是顺向分析法的代表。

二是逆向分析法,亦称演绎法。它是从上位层次发生的故障出发,向下位层次的故障原因进行分割的分析方法。也就是逆向地从结果向原因、从上位层次向下位层次进行分析的方法。故障树分析法(FTA)是这种分析法的代表。

5.5.3　故障树分析法

1.故障树分析法的概念

故障树分析法(Fault Tree Analysis,FTA)法,是一种将系统故障形成的原因由总体到部分按树枝状逐级细化的分析方法,因而是对复杂动态系统的设计、工厂试验或现场失效形式进行可靠性分析的工具,其目的是判明基本故障,确定故障的原因、影响和发生概率。

故障树分析法就是把所研究系统的最不期望发生的故障状态作为故障分析的目标,然后寻找直接导致这一故障发生的全部因素，再找出造成下一级事件发生的全部直接因素，一直追查到那些原始的、其故障机理或概率分布都是已知的，因而无须再深究的因素为止。通常，把最不希望发生的事件称为顶事件，无须再深究的事件称为底事件，介于顶事件与底事件之间的一切事件为中间事件，用相应的符号代表这些事件，再用适当的逻辑门把顶事件、中间事件和底事件联结成树形图。这样的树形图称为故障树，用以表示系统或设备的特定事件(不希望发生的事件)与它的各个子系统或各个部件故障事件之间的逻辑结构关系。以故障树为工具，分析系统发生故障的各种途径，计算各个可靠性特征量，对系统的安全性或可靠性进行评价的方法称为故障树分析法。

如图5.28是用故障树分析方法诊断柔性制造系统故障的例子，它将FMS的故障画在故障树的顶端，作为顶事件，将导致这一事件的直接原因如环境安全系统故障、加工子系统故障、刀具流子系统故障、工件流子系统故障等作为第二阶事件用响应的符号表示，并用逻辑运算符(图中为或门)与事件连起来，再将直接导致各子系统故障的原因作为第三阶，也用事件符号表示，用逻辑运算符号与第二阶事件连起来，如此逐阶下推，直到把形成系统故障的最基本的事件(如电机过热、电机过载等)都分析出来为止。

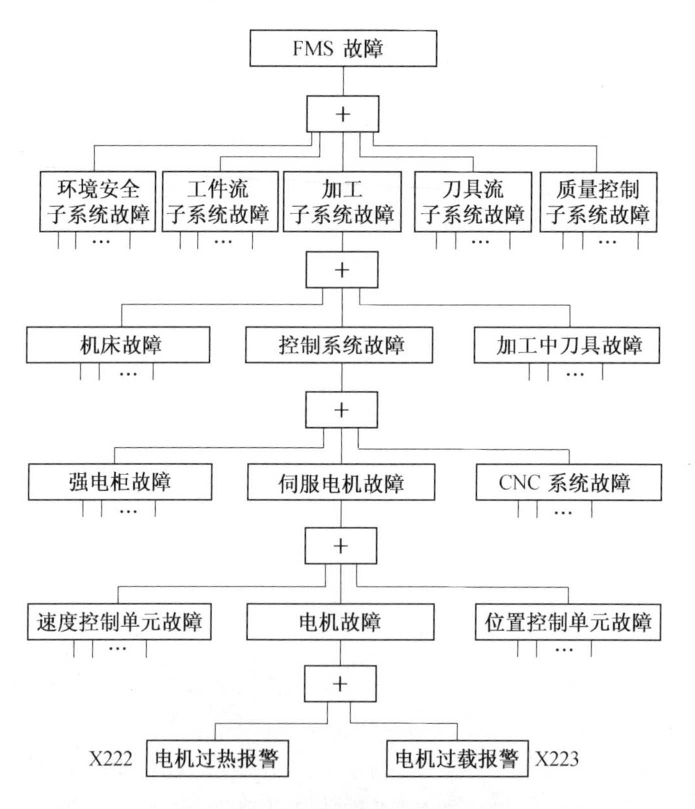

图5.28　FMS故障诊断树的形式

故障树分析法具有直观形象、灵活多样、多目标、可计算(用布尔代数进行计算)等一系列优点,特别适合于复杂动态系统的可靠性分析和故障诊断。

2.故障树分析法的常用符号

事件:描述系统状态、部件状态的改变过程称为事件。如果系统或元件按规定要求(规定的条件和时间)完成其功能称为正常事件;如果系统或元件不能按规定要求完成其功能,或其功能完成得不准确,则称作故障事件。

部件:凡是能产生故障事件的元件、子系统、设备、人和环境条件,在故障树中都定义为部件。

故障树分析法中的常用符号如图5.29。

(1)圆形符号

表示底事件,图5.29(a)表示硬件失效引起的故障;图5.29(b)表示人的差错引起的底事件;图5.29(c)表示由于操作者的疏忽,未发现故障而引起的底事件。

(2)矩形符号

表示故障树的顶事件或中间事件,如图5.29(d)所示。在矩形内可注明故障定义,其下与逻辑门连接。可继续划分。

(3)房形符号

表示条件事件,如图5.29(e)所示,系可能出现也可能不出现的失效事件,当所给定条件满足时,这一事件就成立,否则除去。房形符号内的事件可以是正常事件,也可以是故障事件。

(4)菱形符号

表示省略事件,如图5.29中(f)~(i)。又可称作不完整事件,指那些可能发生的故障,但其概率极小,或由于缺乏资料、时间或数值,不需要或无法再作进一步分析的事件。其中:(f)表示硬件故障事件;(g)表示人为失误引起的故障事件;(h)表示由于操作者的疏忽,未发现故障而引起的故障事件;(i)则表示对整个故障树有影响,有待进一步研究的、原因尚不清楚的失效事件。

(5)三角形符号

这是连接及转移符号,如图5.29中(j),(k)。当一颗故障树包容的事件较多,为了减轻建树工作量,使故障树简化,可使用转移符号。上方有直线的三角形符号表示转入(j),侧面有横线的三角形符号则表示转出(k)。

(6)逻辑门符号

故障树分析法中所常用的联系事件之间的逻辑门符号,如图5.30所示。

图5.30(a)为逻辑与门,表示当输入事件全都发生时,才能使输出事件发生。图5.30(b)为逻辑或门,表示在输入事件中至少有一个输入事件发生,就有输出事件发生。图5.30(c)为逻辑禁门,表示若满足给定条件,则输入事件发生时,直接引起输出事件发生;否则,输出事件不发生。一般用于表示某些非正常工作条件下发生的故障,其限制条件需在符号中表明。

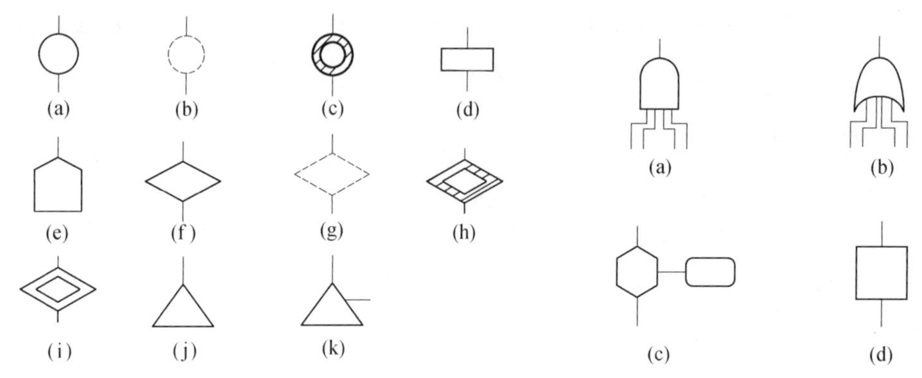

图 5.29 代表故障事件的符号　　图 5.30 常用的逻辑门符号

(7)修正逻辑门符号

对逻辑与门或逻辑或门加上修正符号,构成在各种条件下使用的修正逻辑门,简称修正门(限于篇幅,不作详细介绍)。

3.故障树分析的步骤与故障树的建造

故障树分析法的过程如图 5.31 所示。故障树的建造过程,一般分为以下几步。

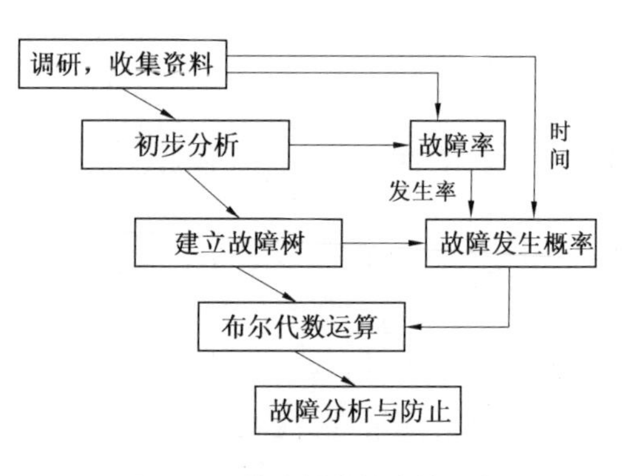

图 5.31 故障树分析法的顺序

第一步,对所研究的对象作系统分析,对系统的正常状态和正常事件、故障状态和故障事件要有确切的定义。为此,要了解系统的性能,收集和分析系统设计和运行的技术规范等技术资料。在此基础上,对系统的故障作全面分析,评价各种故障对系统的影响,找出导致各种故障的原因和途径。

第二步,在判明故障的基础上,确定最不希望发生的故障事件为顶事件。

第三步,根据对系统所提出的假设条件为依据,合理地确定边界条件,以确定故障树的建树范围。

第四步,按故障树基本结构的要求,画出故障树图。

4.故障树分析法在 FMS 故障诊断中的应用

图 5.28 表明了 FMS 故障诊断中故障树的前面几级结构,使我们对用故障树分析法诊断 FMS 故障的过程有了一个总体认识。但是由于 FMS 系统庞大,结构复杂,如果用一棵故障树来描述,将使故障树变得极其复杂,限于篇幅,也便于理解,下面我们仅以 FMS 中某加工中心的机床刀库中刀具放错位置这一故障进行诊断。

通过对刀具放错位置这一故障及导致这一故障的各种因素、各底事件的系统分析，我们可以建立起如图 5.32 所示的故障树。通过故障树，我们可以直观地、定性地分析产生刀具放错位置这一故障的可能原因，并可以借助布尔代数、模糊理论等进行定量计算，分析产生故障的最终原因、事件发生的概率等。

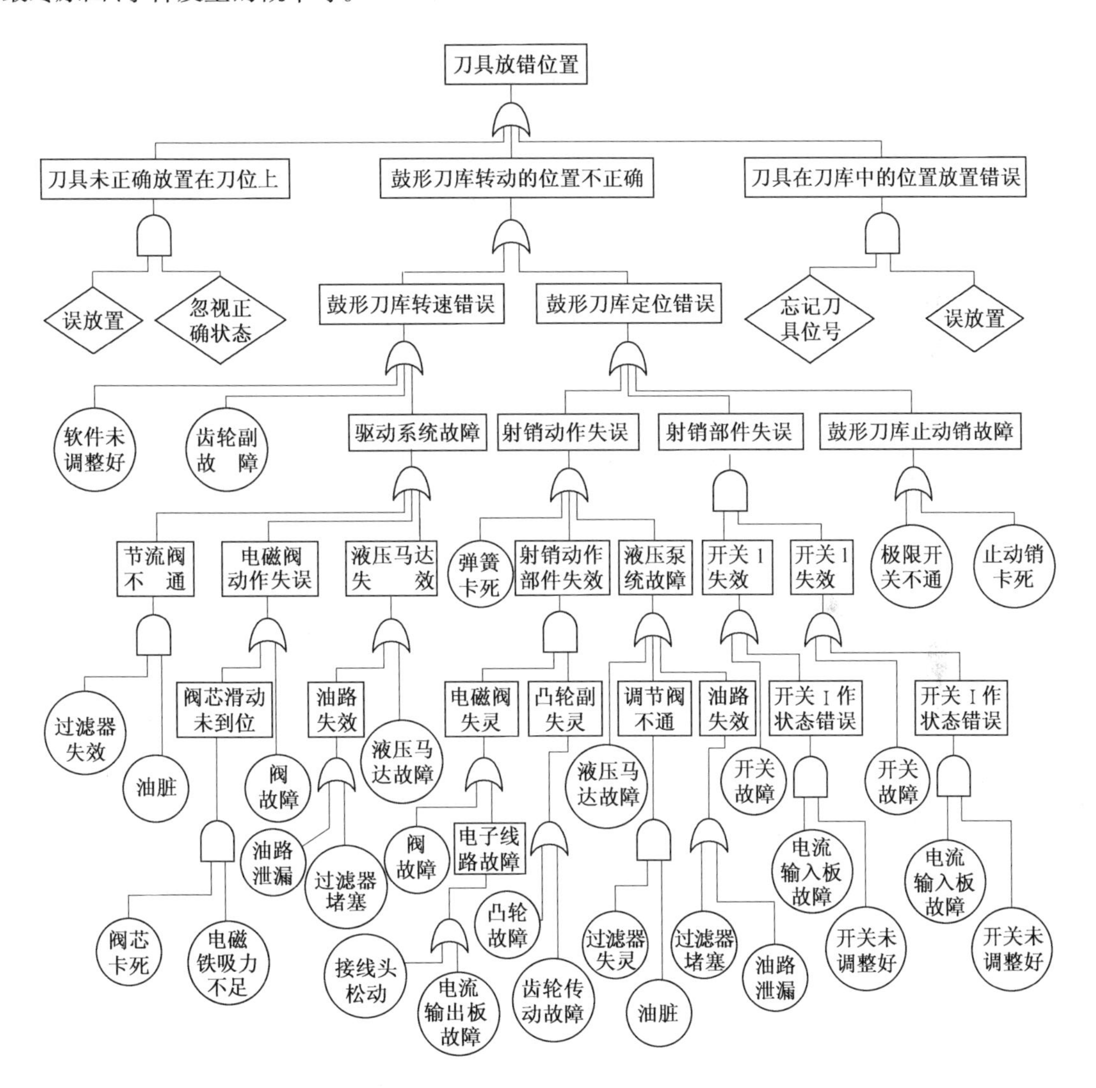

图 5.32　FMS 刀库中刀具放错位置的故障诊断树

5.5.4 故障模式影响与后果分析法(FMECA)

1.故障模式影响与后果分析法的基本概念

故障模式影响与后果分析法(FMECA)是通过分析系统中每一个可能发生的故障模式,确定其对系统(使用、功能或状态)所产生的影响与后果,并把每一个可能发生的故障模式,按其严重程度进行分类的一种方法。它由故障模式分析(Fault Mode Analysis,FMA)、故障影响分析(Fault Effect Analysis,FEA)和故障危害度分析(Fault Criticality Analysis,FCA)三种方法组合而成。

故障模式分析(FMA)是把系统或设备分成若干部分,通过从元件、材料至系统(即由下而上)地分析,确定出在系统不同结构层次上(或者不同功能层次上)的故障模式。故障影响分析(FEA)是分析各构成部分,在某种故障模式发生后对系统或设备有什么影响。故障危害度分析(FCA)是评价各种故障影响是否是致命的,对每一故障模式,按其严重程度和发生频率进行分类,以便制定对策,确定纠正措施的内容和顺序。

FMECA为系统或设备的可靠性设计和维修规划提供有效数据。该方法是在故障发生前进行分析的一种方法(即事前分析),主要用于设备和系统的研制阶段,用来消除可靠性和安全性中存在的问题。由于事前不能预见所有的故障模式,所以在事后(即故障发生后)也进行这种分析,通过评价故障的影响大小,对设备或系统进行改进。FMECA适用于所有类型的产品(如电子、机械、电气、光学等)的所有阶段(如研制、生产、使用与维修等)。对于预防故障和控制其影响来说是一种十分有效的方法。

2.FMECA的方法与步骤

(1)收集数据与信息

收集数据与信息是FMECA的基础,数据越有效,分析的置信度就越高。在应用FMECA方法分析故障时,首先应收集掌握系统或设备的下列各方面的资料和数据。

有关系统的设计资料,如工作原理、控制原理、结构形式、功能特点等方面的数据信息。

有关系统的使用与维修方面的数据与信息,如工作条件与工作状况、使用周期、运行方式、维修状况等。

系统的环境资料,如内部环境、外部环境、特殊环境和人员状况等;

有关系统的计算与试验资料,如零部件或整机系统的有关实验和计算数据等,零部件的改进和改型设计资料、使用状况分析资料,以及为验证某一故障机理而进行的试验数据等。

(2)系统功能逻辑分析

在进行FMECA分析中,必须对系统中的各环节有明确的定义,即对零部件任务、功能、工作方式、故障模式及对系统影响等均应有明确的定义。在此基础上,绘制系统的功能逻辑图,以便通过系统功能的逻辑分析，来确定系统的可靠性或故障原因。

所谓功能是指零部件或系统所具有的职能和用途。有些零件属于单一功能的，即一种功能为其主要用途；有些零件则具有多种功能，如基本功能、辅助功能、使用功能等。各种零部件和系统有其自身的功能逻辑图，而且往往差别很大，所以绘制功能逻辑图，必须对要表达的对象有全面的了解。一般来说，单一功能零部件的功能图比较容易绘制，而多功能零部件的功能图比较复杂。

(3)故障危害程度定性分析

故障影响是指每一种假定的故障模式所引起的各种影响后果，常以故障危害的严重程度来判断故障影响的后果。一般将故障危害的严重程度分为四个等级，而每一等级的确定又包含故障影响程度、故障发生频繁程度以及故障排除紧急程度等三个方面的因素。等级的具体划分及其含义见表 5.4 所示。

故障危害程度等级是根据表 5.4 中所示 E、P、T 三个方面的因素来综合评定的。通常在评定时应首先考虑故障发生频繁程度因素 P。因为即使是影响程度轻微的故障，但其发生非常频繁，往往也会给系统带来严重的影响，一般是不允许的。反之，即使是影响程度较大的故障，而其发生的频繁程度小，这在某些情况下，甚至是允许的。

表 5.4　故障危害程度等级

危害程度等级 C	影响程度 E	出现频繁程度 P	排除故障紧急程度 T
Ⅰ(灾难性)	重大事故	极易发生	立即
Ⅱ(损失严重的)	严重事故	容易发生	尽量快
Ⅲ(损失一般的)	一般事故	偶尔发生	可慢些
Ⅳ(障碍性的)	轻微事故	极少发生	不受影响

通过对故障危害程度的定性分析，可以全面掌握系统或设备的各种故障模式对系统可靠性和人身安全的危害程度。因而，在产品设计阶段便可以采取相应的安全措施和报警装置；在产品使用阶段，也可以采取状态监测或故障检测等措施，以尽可能避免或大大减少灾难性的和严重事故的发生。

(4)致命性分析

致命性分析是针对某一确定的系统，进行各种故障模式的影响分析，进而确定每一零部件或系统致命度的分析过程。它是故障分析定量化的关键性步骤。在进行致命性分析时，主要是估计故障模式的概率和致命度计算。

通常以 a_{ij} 表示故障模式概率，其含义是指子系统 i 以故障模式 j 发生故障的频数比。如变速箱齿轮故障模式为磨损故障，其故障模式概率为 $a_{ij} = 65.2\%$。

故障模式概率可以从系统的故障检测数据中经分析、推论和估算而获得，也可以从系统使用的故障历史统计资料中获得。

致命度是各种故障模式对系统功能影响严重程度的定量指标。由于零部件引起系统的故障不一定都引起致命性程度,因此定量研究故障发生后的影响严重程度,是故障分析的重要环节。常用下列三种方法进行致命度 CR_S 的计算或估算。

第一种,解析计算法。

设零件 i 以故障模式 j 而发生故障,则其致命度 CR_{ij} 的计算式为

$$CR_{ij} = \alpha_{ij}\beta_{ij}\lambda_{ij} \tag{5.11}$$

式中 α_{ij}—— 故障模式频数比;

β_{ij}—— 零部件以故障模式 j 发生故障造成的损伤概率;$\beta_{ij} = 1$,表示肯定发生损伤;$\beta_{ij} = 0.5$,表示可能发生损伤;$\beta_{ij} = 0.1$,表示很少发生损伤;$\beta_{ij} = 0$,表示不发生损伤;

λ_{ij}—— 零部件的基本故障率,可查有关手册,或由试验数据、使用数据中获得。

对于系统或整机的致命度 CR_S,其计算式为

$$CR_S = \sum_i \sum_j CR_{ij} \tag{5.12}$$

式中 $\sum_i$—— 零部件的全部故障模式使系统发生故障的故障概率之和;

$\sum_j$—— 全部零部件使系统发生故障的故障概率之和。

第二种,按风险大小计算法。

按风险大小来计算系统的致命度 CR_S,则有

$$CR_S = \sum P_i C_i \tag{5.13}$$

式中 P_i—— 为零部件各种模式引起系统故障的概率;

C_i—— 为零部件各种故障模式引起系统损失的大小。

该计算明显地反映了一个直观的概念,表示系统的致命度随各故障概率和损失的增大而增大。

第三种,网络分析估算法。

如同故障危害严重程度等级一样,也把致命度 CR 分成四个等级,其 CR 等级越大,等级程度越严重。故障模式概率在 0 ~ 1 之间,它与致命度等级的对应分配关系如表 5.5。

表 5.5 故障模式概率与等级分配关系

CR 等级	Ⅰ	Ⅱ	Ⅲ	Ⅳ
等级程度	很低	低	中	高
故障概率	0~0.1	0.1~0.2	0.2~0.3	0.3~0.5

若以致命度的等级为纵轴,以故障模式为横坐标,可绘制如图 5.33 所示的网络图。图中 a、b、c 分别表示三种不同故障模式概率的严重度等级,a、b、c 各点与原点相连,其连线长短表示危害严重性的大小。可知图中 a 故障模式的危害程度性较大。显然,图中以 A 点所示的

危害严重性最大。利用网络法估算危害严重程度比较直观、简易，但分析比较粗糙。

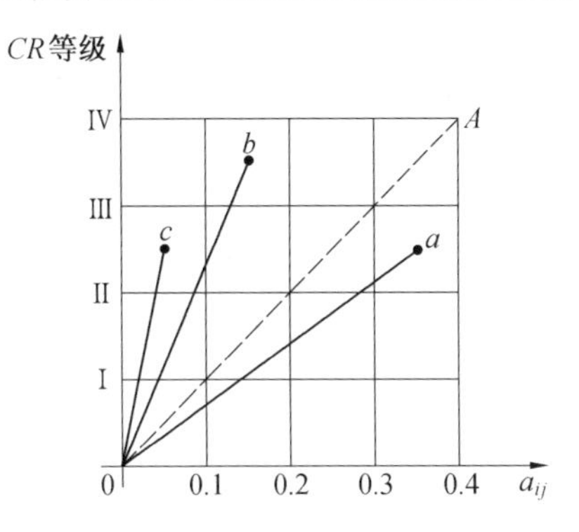

图5.33　致命度估算网络图

(5)FMECA的表格分析

上述各项分析是FMECA的基本内容。在这些分析工作的基础上，可填写FMECA分析表格。FMECA表格是故障分析中的一个重要技术文件，其表格形式甚多，以分析对象和要求不同而异，限于篇幅，不能做详细介绍，有兴趣的读者，可参考《机械故障诊断丛书》。

第6章　装配自动化

装配是产品制造或系统建立过程的重要环节。装配质量的好坏,装配效率的高低将直接影响产品的性能、生产效率、市场竞争力。所以实现装配过程的自动化是提高产品质量、提高生产率、降低工人劳动强度、保证产品质量一致性、提高可靠性的重要途径。

6.1　装配自动化的概念及其发展概况

6.1.1　装配自动化的概念

装配是按技术要求,将零件进行组合连接成部件、复合件或成品的过程。

装配工艺过程是指装配的方法、路线及内容的安排。包括装配、调整、检测和试验等工作。

装配工艺规程是指将装配工艺过程按一定的格式以文件的形式固定下来的过程。

装配自动化是指对某种产品用某种控制方法和手段,通过执行机构,使其按预先规定的程序自动地进行装配,而无需人直接干预的过程。

6.1.2　装配自动化的发展概况

随着国际关系多极化、消费多样化、经济全球化和贸易的自由化,促使世界各国更加重视制造业的社会地位和作用,重新审视生产方式,对制造业的发展提出更高的要求,加速了自动化的进程。

然而,由于加工技术远远超前于装配技术。目前大多数产品还都是传统的手工装配,所以说装配工艺已成为现代化生产的薄弱环节,必须加大力度进行装配自动化技术的研究工作。

装配自动化比加工自动化实现起来难度更大,它是一项更为复杂的生产过程,具有很多特殊性。在某些装配情况下,施力的大小、推进的速度、安装的姿态等需要感知、需要判断、需要决策、需要经验,这一切都属于智能的要求,所以人工操作较多。但是人工操作已经难以适应现代制造技术发展的要求,因为这样难以保证产品质量的一致性和稳定性。

自动化水平的高低,已成为一个国家科技水平的重要标志之一。一些发达国家在自动装配技术和柔性装配技术的研究方面都取得了卓越的成果,有的已成功地在生产中得以应用。如美国克罗斯公司除从事小型产品、汽车发动机及有关部件的自动装配机的研制外,还从事装配机器人、集成装配系统、装配单元等方面的研究。该公司从1986~1990年间开发制造了30

条左右自动装配机和生产装配线。另外,日本的小汽车柔性装配线;瑞士成功研制的手表自动装配线;比利时 New Lachaussee 公司研制的具有模块化工作站的雷管自动装配线;美国 King Sburg 公司研制的全自动或半自动装配系统,可用于家用冰箱压缩机、汽车主动转向泵、汽车自动化变速器和减振器以及制动器等多种产品的装配。英国政府 1980 年拨款由伦敦 BRSL 公司用 8 年时间对柔性装配系统(FAS)进行了可行性研究,研究出一种 FAS,能对质量小于 15 kg,体积小于 0.03 m^3 的电器、电子和机械产品进行柔性装配,年产量可达 20 ~ 30 万套,更换产品的调整时间仅为 1 ~ 2 h。

我国在装配自动化技术的研究方面还很少,这里面有观念的问题,也有客观需求不够迫切的问题。但是从现代工业发展的总趋势看,装配自动化技术研究的尽快开展是具有战略意义的一项工作。

6.2　自动化装配系统的类型及其选择

6.2.1　自动化装配系统的类型

自动化装配的类型如果按其系统的装配对象是否可变换,是否在一定范围内可调,可以分为刚性自动装配和柔性自动装配。可变换装配对象,在一定范围内可调的为柔性自动装配,反之为刚性自动装配。

6.2.2　自动化装配类型的选择

自动化装配类型的选择原则是根据产品的生产纲领和生产类型。产品是大量大批生产类型的要考虑选择刚性自动化装配,如果是单件小批生产类型要选择柔性自动化装配。

零件生产纲领是包括备品和废品在内的年产量。生产纲领不同,生产规模也不同。人们按着产品的生产纲领,投入生产的批量或生产的连续性,把它分为三种生产类型:大量生产、批生产和单件生产。批生产的类型又分为:大批、中批和小批生产。生产类型支配着装配工作而各具特色,如组织形式、装配方法、工艺装备等方面各有不同。

大量大批生产类型其装配工艺主要是采取完全互换法装配。而单件及小批生产类型其装配工艺主要是修配法及选配法装配。

因此,如果考虑采用自动化装配的方式,大量大批生产应采用刚性自动化装配。对于单件及小批生产类型其装配工艺只能是选配法,所采用的装配方式为柔性自动化装配方式。

如果对于单件小批生产中对那些只能采用修配法的装配一般实行人工装配。

以上方案的选择除技术原因外(如修配法装配很难实现自动化,但不等于绝对不能实现,但要以经济投入为代价),主要是从经济效益为原则考虑的。图 6.1 表示不同装配方式下的产量与装配成本的关系曲线。

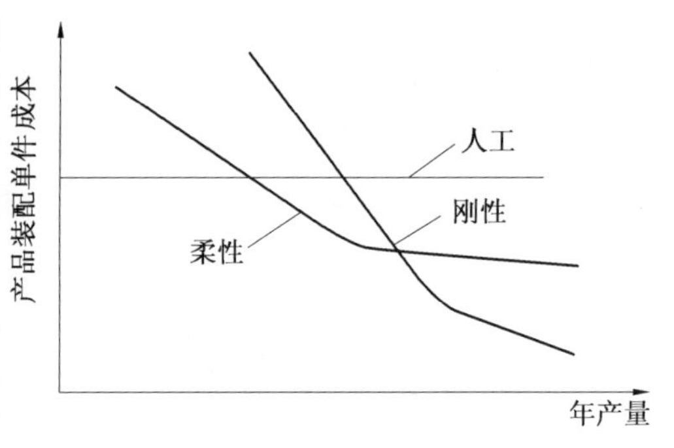

图 6.1　不同装配方式下产量与成本的关系曲线

由图中可见,当生产批量不大时,柔性自动化装配系统的单件成本低于刚性自动化装配。但大批量生产时,刚性自动化装配单件成本最低。而人工装配的单件成本基本上不随年产量的变化而变化。

6.3　装配自动化系统应具备的条件

装配系统的装配功能主要包括零件的传输、抓取和装配。为了实现装配的自动化,对零件、装配工具和传输机构等都要提出相关的要求,使装配工作得以顺利地进行。

6.3.1　对零部件的结构工艺性的要求

在采用自动装配时,对零部件的结构工艺性提出以下要求。

1)零件几何形状尽量规则,结构要便于自动传输、自动上料和定向识别。

2)零件结构要便于夹持,其刚度要满足夹持力的要求,受力后的变形应在弹性范围内,而且变形量不应给装配带来困难。

3)零件结构设计时应考虑避免采用在自动上料时相互镶嵌等不易顺利分开的结构。

4)设计者应考虑零件装配的初始连接时易于导入,如设计倒角、锥面等。

5)应尽量采用便于装配的连接方式,而且尽可能地减少零件数量。如图 6.2 所示。设计时将图 6.2(a)图中紧固螺钉去掉,根据紧固程度的不同,改为过渡配合或者过盈配合,如图 6.2(b)所示。

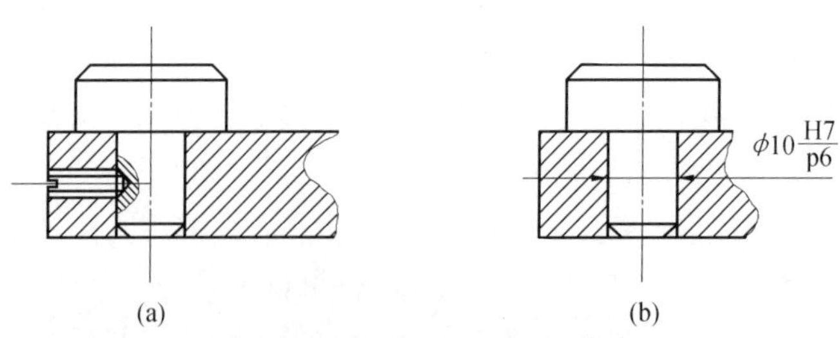

图 6.2　装配连接方式的选择图

6)零件设计尽量做到标准化、通用化和系列化，这样可以减少装配工装的种类。

7)设计时应尽量考虑统一的装配方向，减少翻转装配次数。

6.3.2　对装配工具的要求

装配工具是自动装配的执行机构，装配效率的高低、质量的好坏与装配工具有直接关系，所以对装配工具提出以下要求。

1)根据总体布局、零件结构尺寸和几何形状及质量、经济性等合理选择机械手、机器人还是其他结构装置抓取或推进零件装配。

2)机械手或机器人的手腕夹爪的夹紧力要与零件的允许变形量和零件表面精度的要求相匹配。应尽量避免抓取零件精加工表面，如果无法避免时，不得损坏零件表面精度，并且夹爪要采取保护措施。

3)在计算装配工具对零件的夹紧力时，应考虑装配力和零件的重力，其装配力与零件的配合种类有直接关系。

4)机械手或机器人手腕移动时一定要平稳，注意惯性力，接近装配位置时要减速。

5)在零件初始装入时，装配工具在装配力的作用下应有一定的柔性，发生异常应发出报警信号。

6.3.3　对传输机构和整体布局的要求

为满足自动装配，对传输机构和整体布局提出以下要求。

1)设计传输机构时要方便零件的传输和定向。

2)零件传输到装配位置时，要有准确的定位系统及安全保护系统，不到位不能发出装配指令。

3)如果采用柔性自动化装配，应考虑传输系统设计时的柔性，以适应零件品种规格的变换。

4)零件的传输和自动上料机构设计时，要考虑尽量减少振动和噪声。

5)在考虑自动化装配线时，应考虑装配中的自动检测、清理、不合格零件的自动识别和剔除、故障诊断和报警等。

6)总体平面布置时充分利用现有面积、计算好装配的节拍和设备及工位的数量。

7)对于单件小批生产的柔性自动化装配的选配法，应做好分组选配的装配方式的设计，分组选配即是组内的完全互换法。

6.4 轴套自动化装配系统设计

本节以最简单的两件需要组装的轴套为例,进行自动化装配系统的设计。

6.4.1 轴套部件分析

该轴套由两个套类零件组成,如图 6.3 所示。外套材料为 45 号钢,内套为锡青铜,两套为静配合,故采用冷压装方式。生产率为每日 10 000 件,如果一班制工作,则每件理论装配时间 t'_c 为

$$t'_c = \frac{8 \times 60 \times 60}{10\ 000} = 1.88\ \mathrm{s}$$

1.88 s 的时间是机器在 8 h 内不停地运转,不考虑检修,不考虑出任何故障的情况下。但实际情况在设计时应留有余地,所以设备利用率按 80%计算。则每件的装配时间 t_s 应为

$$t_s = t' \times 0.80 = 1.5\ \mathrm{s}$$

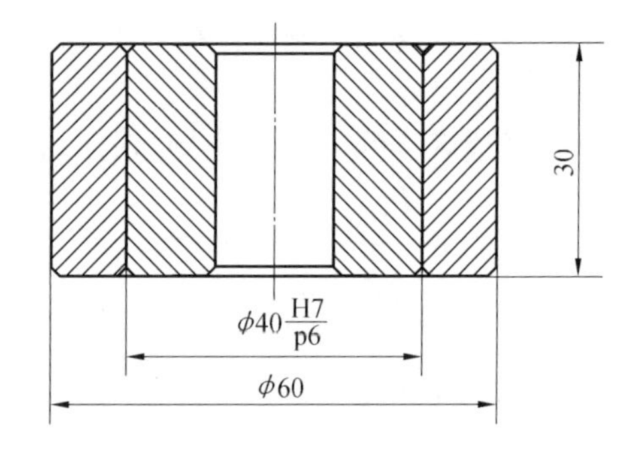

图 6.3 轴套装配图

6.4.2 轴套自动装配系统的设计

该系统主要由上料机构、送料机构、卸料机构、压力机、回转工作台和控制系统等组成。系统总体和各组成部分方案应提出几种以供选择。图 6.4 是最后确定的方案。

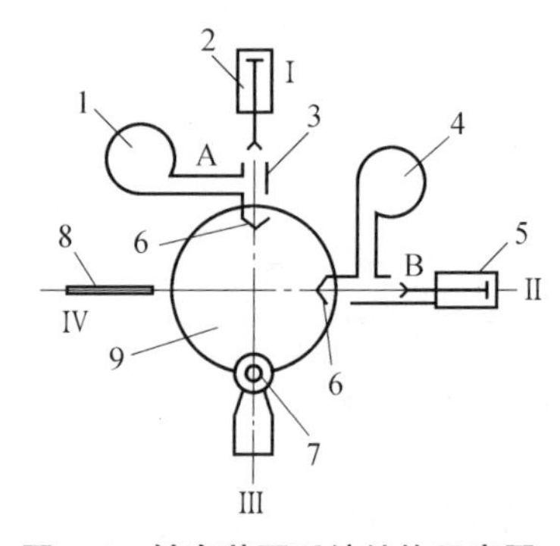

图 6.4 轴套装配系统结构示意图

1—钢套振动送料机构;2—推进气缸;3—限位板;4—铜套振动送料机;5—推进气缸;6—V 型定位块;7—压力气缸;8—装配件导板;9—回转工作台

该系统共分四个工位,其装配工艺顺序为

1)钢套由气缸从振动送料机构 A 的滑道上推入回转工作台的 V 型定位夹具上;

2)回转工作台回转 90°;

3)铜套由气缸从振动送料机构 B 的滑道上推入回转工作台上方的带有伸缩夹紧销的 V 型夹具上;

4)回转工作台回转 90°;

5)压力气缸活塞将铜套压入钢套中;

6)装配好的组件借助于回转工作回转的运动靠刮板使组件滑入箱中。

6.4.3　轴套自动装配系统的主要部件设计

1.工位 1 和工位 2 的振动供料装置

(1)振动供料机构方案设计

振动式供料机构如图 6.5 所示。

自动供料机构应具备三个功能,储料、自动定向和自动供料。在装配过程中供料机构应保证以足够装配的料量、正确的姿态和准确的方向自动地进入装配系统中。

本设计方案采用振动式料斗供料。如图 6.5 所示。

振动式料斗是借助电磁力或其他驱动力产生的微小振动,使零件在惯性力和摩擦力的作用下沿着所设计的轨道移动。零件的移动姿态和方向是由特殊设计的轨道决定的。

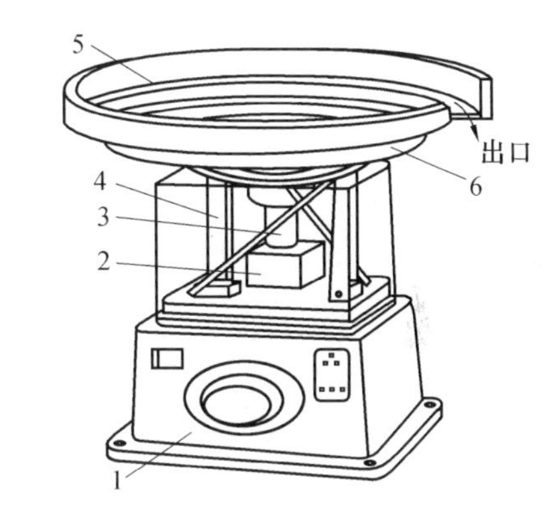

图 6.5　振动式供料机构

1—底座(振动调整器);2—电磁铁;3—衔铁;4—板弹簧;5—螺旋轨道;6—料斗

该结构采用电磁力使料斗产生微小振动。也有采用电动机轴上安装偏心轮产生振动的。图 6.5 中当电磁线圈通入经调制的脉冲电压时,衔铁 3 被吸下,将引起与料斗固联的三根板弹簧 4 变形。电压为零时,衔铁放开,板弹簧恢复。由于所采用的三片沿圆周方向分布并斜置于基座 1 和料斗 6 的弹簧板,在电磁力的作用下通过弹簧使得料斗产生扭振,同时伴随产生料斗轴向的振动。由于复合振动,则使零件从料斗底部沿螺旋轨道 5 爬升。而零件的定向整理是通过料斗内的轨道的特殊设计来实现的。定向正确的零件从料斗的出料口进入输料轨道,一般是下滑到送料地点。

振动料斗的设计除保证零件准确定向外,还要考虑降低噪声,不要损伤零件表面,提高运送效率等。所以,螺旋轨道可设置数条,类似于多头螺纹。假设工件与螺旋轨道的接触长度为 L,料斗的直径为 D,则 D 与 L 应满足:$D \geqslant (10 \sim 15)L$。由于工件的供给速度随螺旋轨道的摩擦系数增大而增加,另外也为了减少噪声,故有时在螺旋轨道表面铺敷橡胶或塑料。但这种料斗对尺寸和质量较大的工件不够合适。

此外,需保持料斗中洁净的工作条件。当工作表面染有油污或料道上有灰屑油污时,将显著影响送料速度和工作效果。

这种料斗的适用范围很广,目前在机械制造和仪表制造行业的机械加工、装配、检验等过程中,以及电子元件制造、医药、食品等其他行业中都已广泛应用。

(2)振动送料的工作原理

在生产中使用的振动式料斗大多是圆盘型的,工件堆放在圆盘底部,在微小振动的作用下,沿圆盘内壁上的螺旋形料道向上运动,定向正确的工件从圆盘上部的出料口进入输料槽中。为了便于说明工件沿料道由下、向上运动的原理,现以图6.6所示的直槽式振动送料装置为例加以分析。

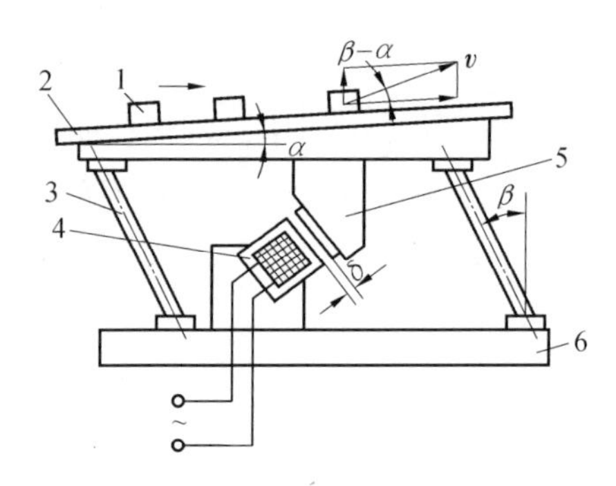

图6.6 振动送料的工作原理

1—工件;2—滑道;3—板弹簧;4—电磁振动器;5—衔铁;6—底座

由图6.6可见,滑道2用板弹簧3支承在底座6上。电磁振动器4的铁芯和线圈固定在底座6上,衔铁5固定在滑道2的底部。滑道2与水平面呈很小的角度,板弹簧3与铅垂面呈角。当以工频交流电或经半波整流通入线圈后,在电流从0到最大的周期内吸力逐渐增大,滑道被吸引向左运动,而当电流从最大逐渐到零时,滑道在板弹簧的作用下向右回复。由此不断产生往复振动,处于滑道上的工件1便产生自左向右,由低到高的移动。为了将工作原理解释得更清楚,以图6.7为例进行运动分析。

工件在滑道上由低到高的爬升有如下几种可能情况。

1)如图6.7(a)所示,当滑道借弹簧力向上升移时,工件与滑道一同上升,从A移到B,其速度v的方向为板弹簧末端所划圆弧的切向。同时由于是加速度运动,当弹簧回复到原状时,滑道升移的速度虽然减小到零,但工件还具有一定的惯性,有继续向上运动的趋势。当电磁线圈和铁芯吸引衔铁时,滑道向下移动,如果此时滑道向下移动的垂直分加速度大于工件自由落体的重力加速度g,则工件将产生"瞬时腾空"现象。等到工件下落与滑道接触时,已落在C点,然后又被滑道升移带到D点,如此往复,工件便不断向上移动。此时,工件具有较大的送料速度,但运动平稳性较差。实际上,工件以单纯的腾空飞跃的方式向上运动的情况是较少的,往往同时伴随着工件在滑道上的滑移运动。

工件处于腾空状态:工件和滑道共同以速度右上方升移至某一位置后,滑道以加速度左下方下降(即回程)时,图6.7(a)工件腾空的条件为:

① 滑道回程垂直加速度a_{iy}大于重力加速度g,即$a_{iy} > g$;

② 工件瞬时腾空时间t'大于工件下落时间t,即$t' > t$。

2)如图6.7(b)所示,如果工件"腾空"时间少于滑道下移回行时间,即滑道降移的垂直分加速度a_{jy}小于工件的重力加速度g时,则工件开始由于惯性"腾空"很短暂的时间,然后落在滑道上的C点并一同下移到空间D点上,再被滑道带着向上。在这种情况下工件向上移动的平均速度要比单纯"腾空"有所减小。

图6.7(b)工件暂短惯性瞬时腾空条件为:

① 滑道回程垂直加速度 a_{iy} 小于重力加速度 g，即 $a_{iy} < g$；

② 工件瞬时腾空时间 t' 小于工件下落时间 t，即 $t' < t$。

3) 如图 6.7(c) 所示，如果滑道向下回程的加速度不够大，工件不能“腾空”，这时工件一方面在滑道上向上移动，同时又被带回后退一段距离，因而工件上移的平均速度更低。当振动式料斗的参数设计或调整不当时，工件有可能随着滑道上下而在原地跳动不前。

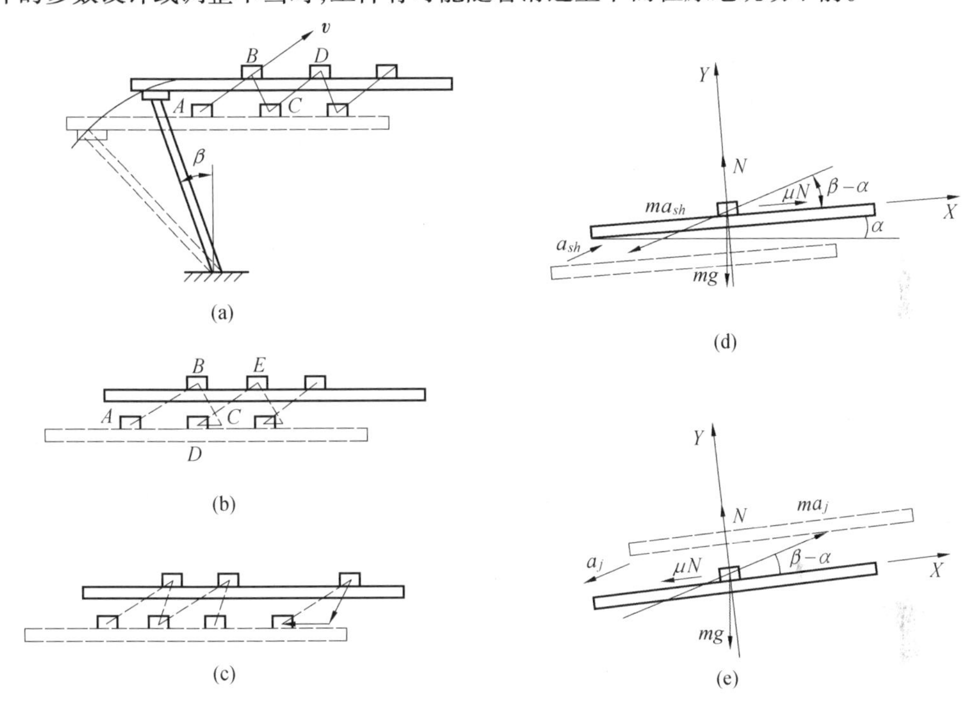

图 6.7　振动送料的运动分析

4) 当料斗的结构参数和工作参数选择的恰当时，工件在不产生“腾空”的情况下，也能以较高平均速度向上滑移。如图 6.7(d) 所示，当滑道带着工件以加速度 a_{sh} 向右上方升移时，工件上所受的惯性力为 ma_{sh}，此惯性力驱使工件向下滑移。只要滑道向上的加速度不超过某一临界值，由于摩擦阻力的作用，工件就不会向下滑移。从图 6.7(d) 所示平衡力系可得阻碍工件沿滑道移动的摩擦力 μN 为

$$\mu N > ma_{sh}\cos(\beta - \alpha) + mg\sin\alpha$$

式中 μ 为摩擦系数，而 N 为工件作用在滑道上的正压力，同时也以其大小相等方面相反的 N 力作用在工件上，其值为

$$N = ma_{sh}\sin(\beta - \alpha) + mg\cos\alpha$$

由上两式可计算出工件的加速度 a_{sh} 为

$$a_{sh} < \frac{g(\sin\alpha - \mu\cos\alpha)}{\mu\sin(\beta-\alpha) - \cos(\beta-\alpha)}$$

由上式可知，当滑道带着工件以加速度 a_{sh} 向右上方升移时，工件在惯性力作用下，保证工件不向下滑移的加速度的临界值。

当滑道因电磁吸力作用带着工件以加速度向左下方降移时，工件受向右上方的惯性力 ma_j 驱使工件向上滑移。当 a_j 超过某一临界值时，工件就可以克服摩擦阻力向上滑移。从图 6.7(e) 所示平衡力系可得惯性力驱使工件向上滑移时作用在工件上的摩擦力为

$$\mu N < ma_j\cos(\beta-\alpha) - mg\sin\alpha$$

式中 N 为作用在工件上的反作用力，则

$$N = mg\cos\alpha - ma_j\sin(\beta-\alpha)$$

由上两式可计算出工件的加速度 a_j 为

$$a_j > \frac{g(\sin\alpha + \mu\cos\alpha)}{\mu\sin(\beta-\alpha) + \cos(\beta-\alpha)}$$

由上式可知，当滑道带着工件以加速度 a_j 向左下方降移时，工件在惯性力作用下，保证工件不向下滑移的加速度的临界值。

综上所述，由滑道带动工件向右上方移动和左下方移动时，造成了惯性力引起的阻止工件运动的摩擦力不等，则形成了爬升的条件。只要振动料斗的结构设计合理，工作参数调整适当，工件就能连续地向上滑移。在这种情况下，工件的平均速度虽不及“腾空”时高，但运动平稳，有利于自动定向。

(3) 提高供料速度的途径

提高振动供料速度的途径主要有以下几方面。

1) 一般情况下降低振动的频率 f，通常采用 25 Hz 左右。

2) 应避免出现严重“腾空”，即表现为冲击跳跃过大的情况，尽量增大滑道的振幅 δ，减小角频率 ω，$\omega = 2\pi f$。

3) 滑道的振动方向角 φ 与滑道倾角 α 和弹簧板的安装角 β 的关系为 $\varphi = (\beta - \alpha)$。一般情况下希望较大的 φ 角，由此可见 β 角要大些，α 角要小些。需要指出上述结论是有局限性的，是有条件的。

4) 摩擦系数 μ 要大些。

2. 工位 2 的送料及定位机构

工位 2 处沿回转工作台轴向截面的剖视如图 6.8 所示。

工位 1 已经将钢套装入 V 型定位块座 2 中，而且被永久磁铁 6 吸住，以免在回转工作台转位或有其他振动的情况下丧失原定位精度。该 V 型定位块座的高度要低于钢套的高度，以使在到达工位 4 的过程中，将装配件拨出定位块并滑入成品料道中。

工位2的铜套是靠振动上料和滑道送入推进气缸V型推杆的前端,并由短导向板限位。气缸活塞将铜套推入V型定位块,并由两个可伸缩的夹紧销压住,以免铜套由第2工位到第3工位时掉下,并保证其原定位精度。

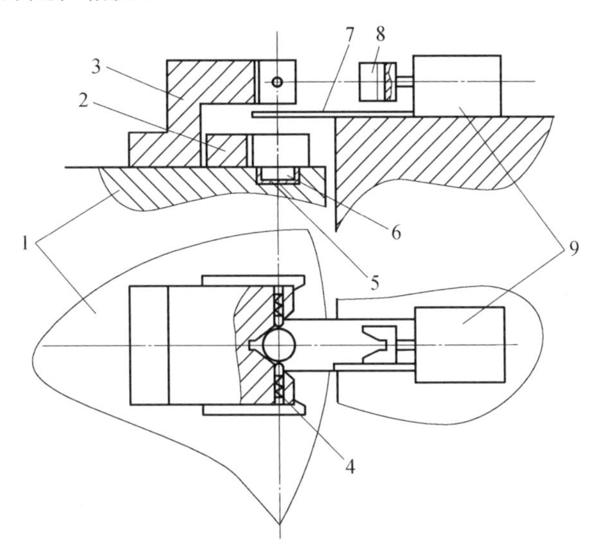

图6.8　回转工作台工位2的轴截面剖视图

1—回转分度工件台;2—钢套V型定位块座;3—铜套V型块座;4—伸缩夹紧销;
5—隔磁铜套;6—永久磁铁;7—短导向板;8—气缸V型推杆;9—气缸

3.气动回转工作台的分度机构

回转分度工作台的分度机构有两种方案均可实现。

方案1:4工位回转分度工作台采用单向离合器和十字轮回转运动机构,如图6.9(a)所示。

图6.9(a)是由齿条、带有单向离合器的齿轮、带有定位槽的销轮和十字轮组成,该机构可实现由气缸的直线运动转换为间歇回转运动。气缸活塞杆行程应调整到合适位置,即气缸活塞到达行程终点时,应正好使定位钢球进入销轮的定位位置,并通过定位识别开关发出定位终止信号。该机构分度的速度在起点和终点时慢,中间快,分度速度与时间的关系类似高斯曲线,如图6.9(b)所示。

方案2:该方案也是气缸推动齿条齿轮,解决气缸单向推动的办法不是靠单向离合器,而是靠棘轮。其结构简图如图6.10所示。

转动工作台1、棘轮2及分度盘3是由键与转轴12同轴连接。分度凸轮5是自由地装在转轴12上;活塞杆9的齿条部分与分度凸轮5的齿轮部分相啮合。

当送料气缸杆与定程行程开关4相碰时,则使电磁阀11换向,使压缩空气进入气缸10的

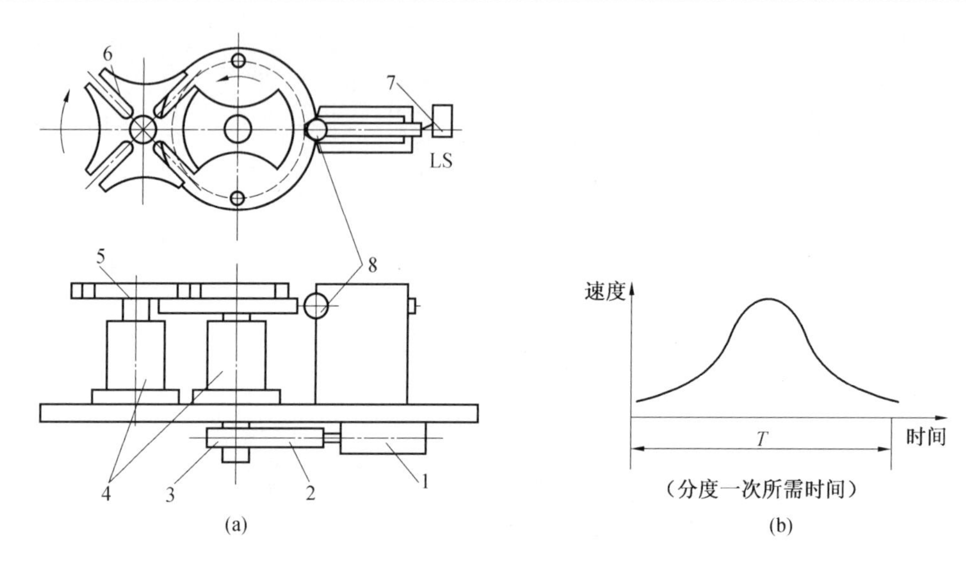

图 6.9 气动自动分度回转工作台结构示意图

1—气缸；2—齿条；3—带单向离合器的齿轮；4—轴承；5—输出轴；6—十字轮；7—定位识别开关；8—定位钢球

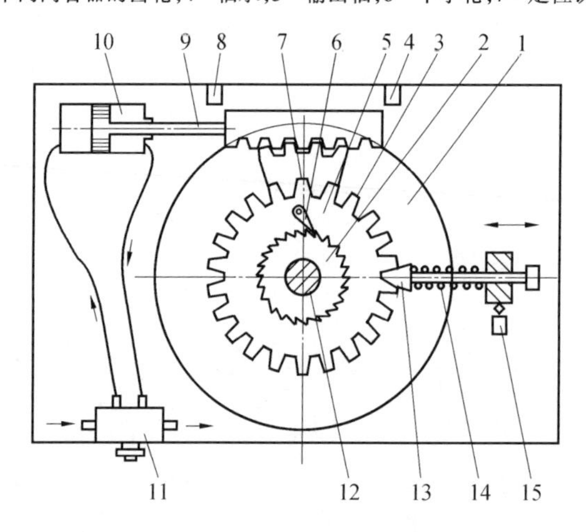

图 6.10 气动自动分度回转台结构示意图

1—转动工作台；2—棘轮；3—分度盘；4—行程开关；5—分度凸轮；6—棘爪；7—弹簧压片；8—行程开关；9—活塞杆；10—气缸；11—电磁阀；12—转轴；13—定位销；14—弹簧；15—信号开关

右端，于是活塞杆 9 向左移动并带动分度凸轮 5 作逆时针方向的旋转，这时棘爪 6 弹簧压片 7 在棘轮 2 上滑过，因而棘轮 2、分度盘 3 及转动工作台 1 并不转动，同时分度凸轮的突出部分推动定位销 13 压缩弹簧 14 而退出分度槽。当送料气缸杆快行程回至另一端时，与另一行程开关 8 相碰，于是电磁阀 11 换向，使压缩空气进入气缸 10 的左端，这时活塞杆 9 带动分度凸轮 5 朝顺时针方向旋转，并通过棘爪 6 而带动棘轮 2 及工作台 1 转动。当刚好转至一个等分度时，定位销 13 受弹簧 14 的作用沿分度凸轮而进入分度盘的另一分度槽中,并发出分度完毕的信号。

该分度工作台可用于不同角度的分度。但气缸的行程和齿条的长度应与分度要求相匹配。

6.4.4　轴套自动装配过程气动控制系统设计

轴套装配系统的振动供料装置不用特殊控制,因为只要让振动供料器工作并连续供料即可。

该控制系统的气动控制系统原理如图 6.11 所示。

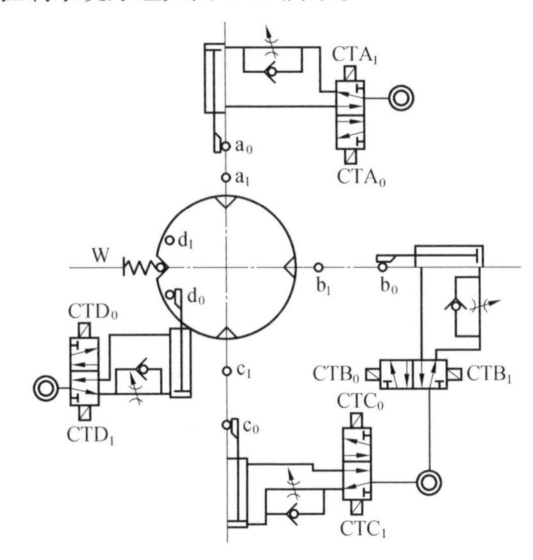

图 6.11　轴承装配过程气动控制系统原理图

该原理图的电气控制线路图如图 6.12 所示。

图中采用的是双电控直动式二位五通电磁阀,该电磁阀换向频率高,而且断电后的状态不变,可称为有记忆功能。

回转工作台要实现四个工位 90°的分度,分度气缸的两行程开关的距离要调整好,要保证工作台转 90°的行程。因为气缸驱动齿轮齿条实现分度,分度的精度取决于气缸活塞运动的行程精度、两个行程开关距离的调整精度和齿轮齿条的传动精度。

该系统的电气控制线路的运行过程分六步见图 6.12 右侧的说明。

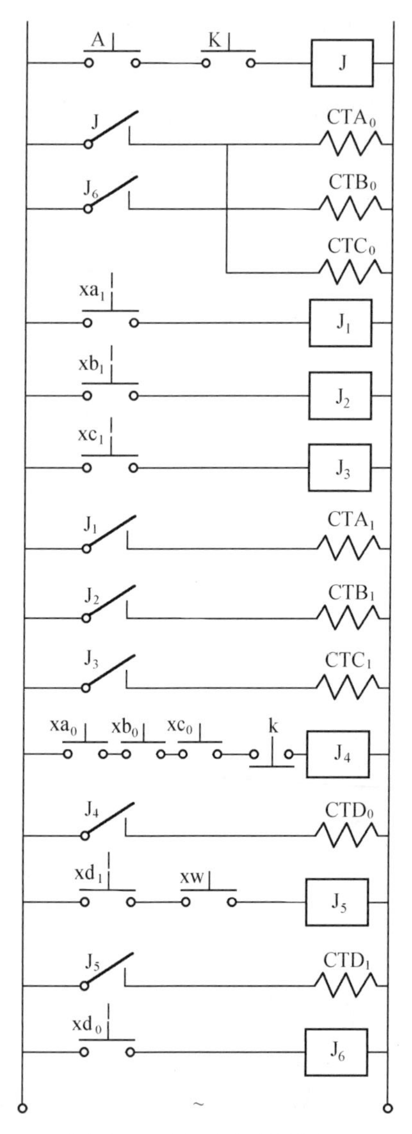

图 6.12　电气控制线路图

①按下启动按钮 A 和 K，继电器 J 接通，则 1、2 工位的两个推进气缸和 3 工位 压力气缸的电磁阀 CTA_0、CTB_0 和 CTC_0 励磁，三个气缸活塞由现在的 a_0，b_0 和 c_0 点运动，如图 6.11 所示。

②三个气缸活塞进给后分别到达三个终点，因为三个气缸的行程不相同所以分别到达 a_1，b_1 和 c_1 点，并将行程开关 xa_1，xb_1 和 xc_1 压住，使继电器 J_1，J_2 和 J_3 分别接通。

③当 J_1，J_2 和 J_3 接通后，则 1，2，3 工位的电磁阀 CTA_1，CTB_1 和 CTC_1 励磁换向，使得三个气缸后退。

④三气缸后退，分别压住三个起点行程开关 xa_0，xb_0 和 xc_0，此时接通回转工作台在起始位置的继电器 J_4 使得电磁阀 CTD_0 励磁换向，分度气缸由 d_0 点向 d_1 点前进。

⑤分度气缸到达 d_1 点压住行程开关 xd_1，则分度完毕，同时压住定位识别开关 XW，CTD_1 电磁阀励磁换向，分度气缸活塞退回。

⑥分度气缸退回后压住起点 d_0 的行程开关 xd_0，启动继电器 J_6，使继电器 J_6 接通，再进行下一次工作循环。

6.5　向心球轴承自动化装配系统结构设计

向心球轴承由外环、内环、钢球和保持架组成。手工装配时，为了保证轴承的精度，内、外环和钢球是预先按一定的公差分为若干组，然后进行选择装配。在内、外环中放入钢球，上、下两半保持架可用铆钉进行铆合。

6.5.1 轴承的结构分析

为了便于自动装配和提高装配工作的可靠性,生产中将根据装配要求,对轴承保持架的结构进行处理。原两半保持架通过数个直径很小的铆钉铆接起来的办法,在自动装配时很难将小铆钉装入保持架的小孔中,难以保证百分之百的装入率。因此在自动线上装配这种轴承时,需改进原设计采用如下两种结构。

第一种结构如图6.13(a)所示。将两半保持架中的一半做出数个爪 P,装配时用压模将爪扣合到另一半保持架上,如 $A-A$ 剖面所示。

第二种结构如图6.13(b)所示。在两半保持架上都有小凸台 K,装配时使两半保持架凸台相对,然后用点焊使之结合。

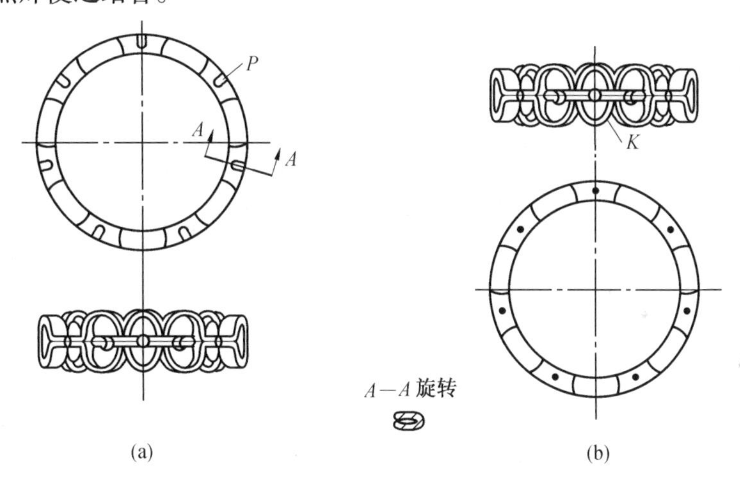

图6.13 向心球轴承的保持器

6.5.2 向心球轴承的选配

在自动装配时,根据内、外环沟道实测的尺寸选配钢球来进行配套的。装配前预先将钢球按一定的公差分为若干组,装配时任取一个外环和一个内环,分别测量其沟道直径尺寸;将相对应的两个沟道直径的测量信号相减,得到相对应的所需钢球直径的信号,然后根据此信号选出该钢球进行装配。

1.基于电感式传感器的轴承选配原理

选配自动机主要完成轴承环的测量选配工作,并将选配信号发送给钢球贮料箱。测量轴承外环和内环的沟道直径时，可以采用电感式传感器。

图 6.14 所示是 207 轴承装配自动线中选配自动机的测量选配系统原理图。它采用电感式传感器作为测量元件，并用自整角机作为测量信号求和及求差的装置。

为了减少轴承环沟道椭圆误差对选配精度的影响，内、外环都在互成 90°的两个方向上测量沟道直径，并将两个直径测量结果的平均值作为输出信号。因此，内、外环都有两个完全相同的测量系统，外环为(a)和(b)，内环为(c)和(d)。每一测量系统中包括由电感式传感器的两个线圈(1L～4L)和滑移电阻(1R～4R)组成的电桥，用尼龙线滑轮和电阻滑臂组成的电桥平衡装置以及信号放大器(1FD～4FD)。

自动选配过程如下：当外环和内环送到选配机上以后，用电感式传感器 1L 和 2L 测量外环沟道，3L 和 4L 测量内环沟道。由于沟道直径尺寸的不同，每一传感器的两个线圈的电感量发生差异，从而引起电桥的不平衡。在电桥对角线的两端(即传感器两个线圈中间的接点和滑移电阻的滑臂)将有信号电压输出；此信号经过放大器 FD 放大以后，使伺服电机(1D～4D)按电桥平衡的方向回转。伺服电机一方面拖动滑臂在滑移电阻上移动，直到相应的电桥重新恢复平衡为止；同时又带动自整角机 $1D_z$～$4D_z$ 转动。这时，两个自整角机(外环为 $1D_z$ 和 $2D_z$，内环为 $3D_z$ 和 $4D_z$)转动的电角信号同时输入差接自整角机 $1D_{CH}$和 $2D_{CH}$进行代数相加；然后通过 1∶2 的齿轮副得到代表内、外环沟道平均直径的机械转角。此转角通过自整角机 $5D_z$ 和 $6D_z$ 再次转变为电角信号，同时输入差接自整角机 $3D_{CH}$进行代数相减，转换成为相应于内、外环沟径之差的机械转角。在自整角机 $3D_{CH}$的转子轴上有转臂，当转到一定的角度位置上以后，通过选球机构(见图 6.21)将相应一组的钢球贮料箱活门打开，把钢球如数送到装配机上。

2.基于气动传感器的轴承选配原理

图 6.15 为某轴承装配自动线上用气动测量法选配轴承的原理。压缩空气经过过滤和稳压后经过电磁换向阀 14 送入气动传感器 3 中。测量头 1 和 2 各具有四个可伸缩的测量喷嘴，同时测量每个轴承环沟道的两个直径。所有八个喷嘴用一条管道相连，通往传感器 3 内薄膜 4 的右室。因此，薄膜右边的压力是各测量气隙代数和的函数，即代表了内外环沟道直径的平均值之差。

传感器的左室与喷嘴 6 和 12 相通。滑座 8 上的斜尺 7 和 11 与喷嘴 6 和 12 之间具有一定的间隙。在每一工作循环之初，滑座 8 总处于最左端位置，即喷嘴 6、12 与斜尺 7、11 之间具有最大间隙。测量开始后，滑座 8 自左至右移动，喷嘴 6、12 与斜尺 7、11 之间的间隙逐渐减小，因而传感器左室的压力逐渐增大，等到与薄膜右边的测量压力相等时，触头 5 接通相应的电路，使滑座停止移动。

在滑座 8 移动的同时，通过齿条 9 带动齿轮和转臂 10 回转使触头顺次与滑环 13 上的触片接触。当传感器薄膜两边的气压达到平衡，滑座 8 停止移动时，转臂 10 上的电刷所停留的位置相应于一定的内、外环沟径之差，从而发出信号，接通钢球贮料箱中相应的活门电磁铁，将该组钢球放出。

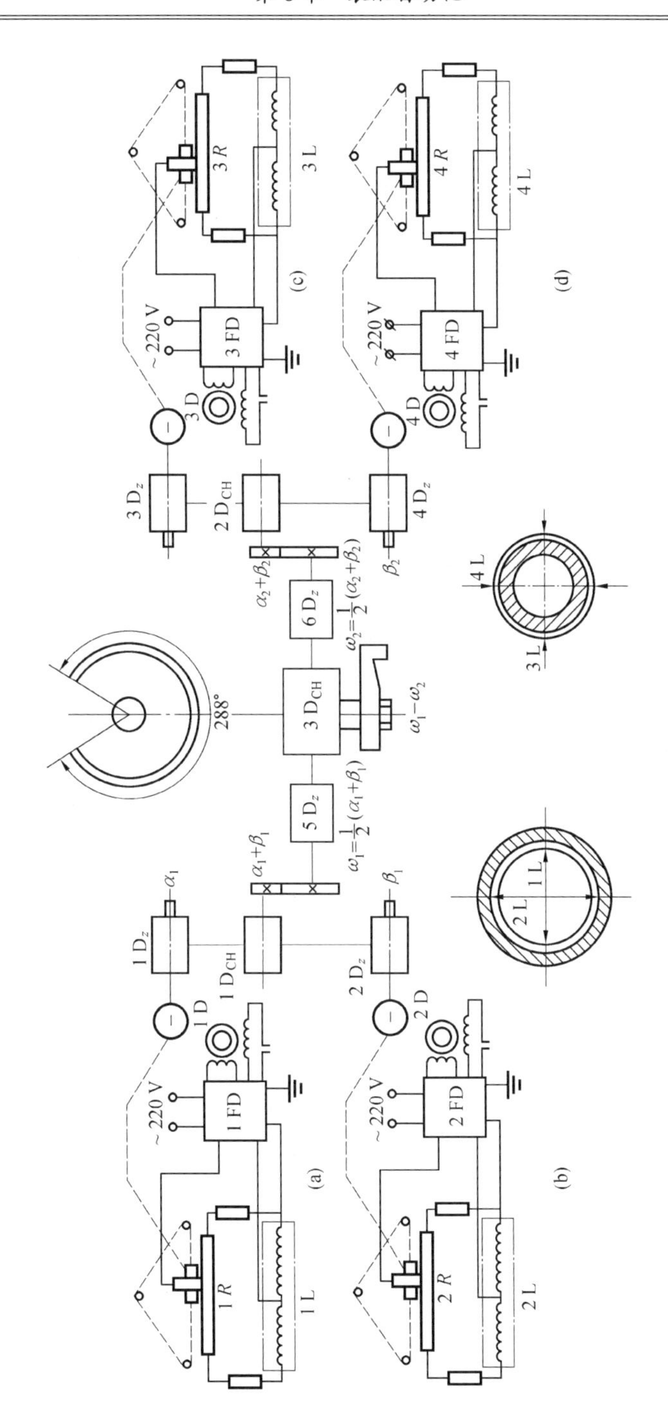

图 6.14　207轴承选配原理图

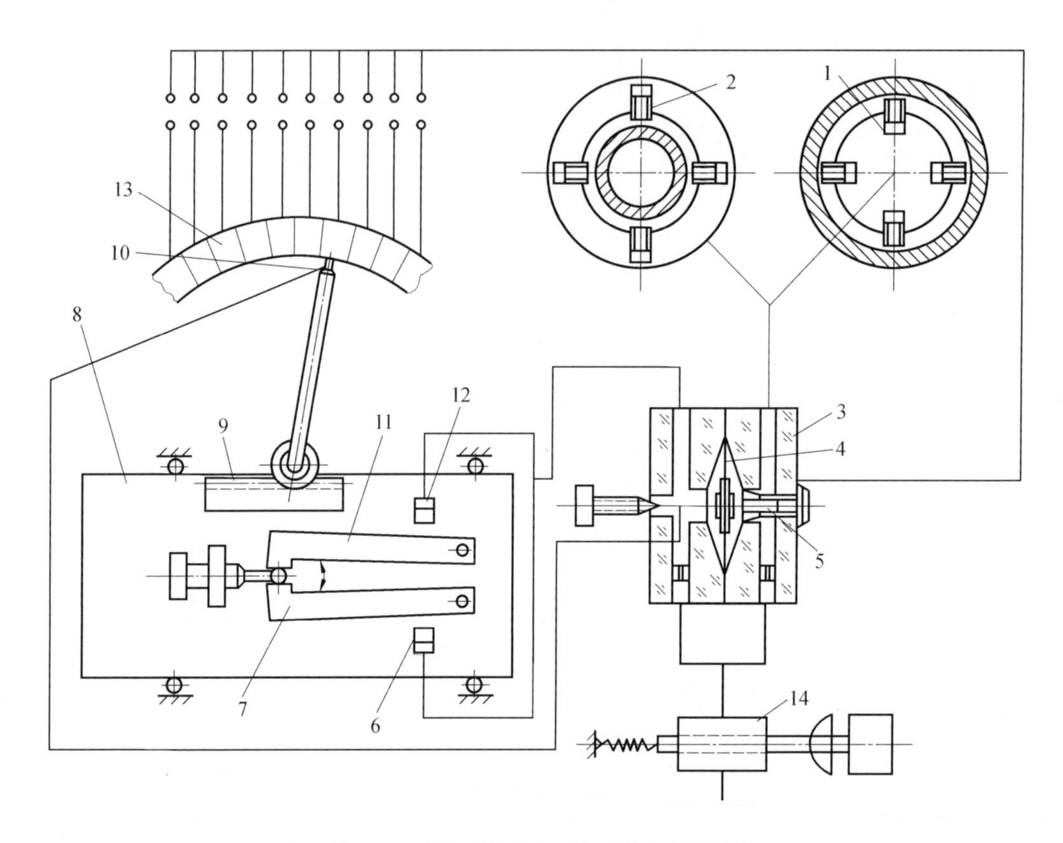

图 6.15 用气动测量法选配轴承的原理图

1,2—测量头;3—气动传感器;4—薄膜;5—触头;6,12—喷嘴;7,11—斜尺;
8—滑座;9—齿条;10—转臂;13—滑环;14—换向阀

6.5.3 装配自动机

内外环经过测量选配后,送到装配自动机装入钢球和保持架。自动装配时要经过以下几个过程,如图 6.16 所示。

(1)合套

从选配机送来的内环和外环首先要合装在一起,如图 6.16(a)所示。

(2)拨内环

轴承环从合套工位运送到下一工位的过程中,由于底面与轨道摩擦的结果,内环总是沿运送方向偏靠在前进的后方,见图 6.16(b),为了便于装配机构的配置,希望内环垂直于运送方向偏靠在外环上,所以在装入钢球以前,需用力 Q 将内环拨到所需的位置上。

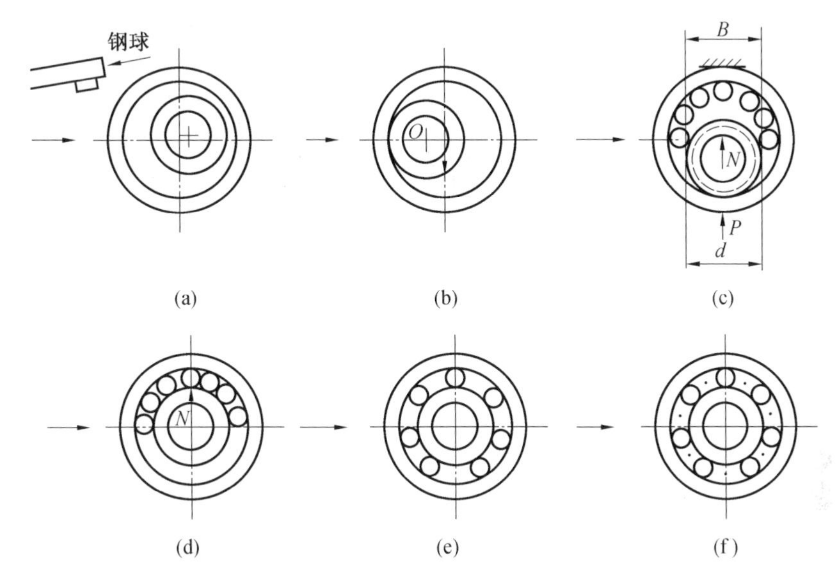

图6.16 轴承自动装配过程

(3)装入钢球

在内、外环的弧形空间内装入规定数量的钢球见图6.16(c),装球过程中,往往最后一粒钢球会堆积在其他钢球上面,所以需有压球机构将最后一粒钢球压进去。

(4)将内环拨到中心位置

将内环拨向中心时,常常会碰到最外边两粒钢球之间的距离 B 小于内环沟道直径 d_g 的情况,见图6.16(c),这时需在外环上加以一定的压力 P,使之产生一定程度的弹性变形,使尺寸 B 增大,然后内环便可在径向力 N 的作用下顺利地拨到中心位置上,如图6.16(d)所示。

(5)分球

用分球器将钢球均匀分布在沟道圆周上,见图6.16(e),应将内、外环适当固定,以免整个轴承移动或受力抬起。同时从上一工位运送到分球工位时,应注意保持如图6.16(d)所示的正确位置,否则,如果轴承在圆周上错位后,可能使分球叉正顶着钢球,以致装配工作无法进行甚至导致故障。

(6)装入保持架

如图6.16(f)所示,当采用钢制两半保持架时,一般均先装下半保持架,再装上半保持架,然后进行扣合、焊接或铆合。这一过程有时需在2~3个工位上进行。该条自动线采用尼龙整体式保持架。

装配自动机一般都设计成多工位式的。按其传动方式有两种基本类型。一类采用机械传动,另一类采用液压或气压传动。机械传动的装配自动机与一般多轴或多工位自动机一样,所有工位上的装配机构和工位间的输送都由统一的分配轴凸轮系统控制。这类装配自动机在结构上比较复杂。采用液压或气压传动可以使传动系统的结构大为简化,免除了复杂的凸轮杠杆传动机构,因而整机结构可以较为紧凑。

在多工位装配自动机上,轴承在工位间的输送一般采用步进式输送机构。由于生产节拍较短,要求输送速度较高,而且在每一工位上,轴承相对于装配机构都有一定的定位精度要求,所以输送机构不宜采用单边限位推进,应采用两面限位推进机构。

图6.17和图6.18所示例子,是某轴承装配自动线中的装配自动机。图6.17是外观总图,图6.18是各装配工位的主要结构。全机采用气压传动。

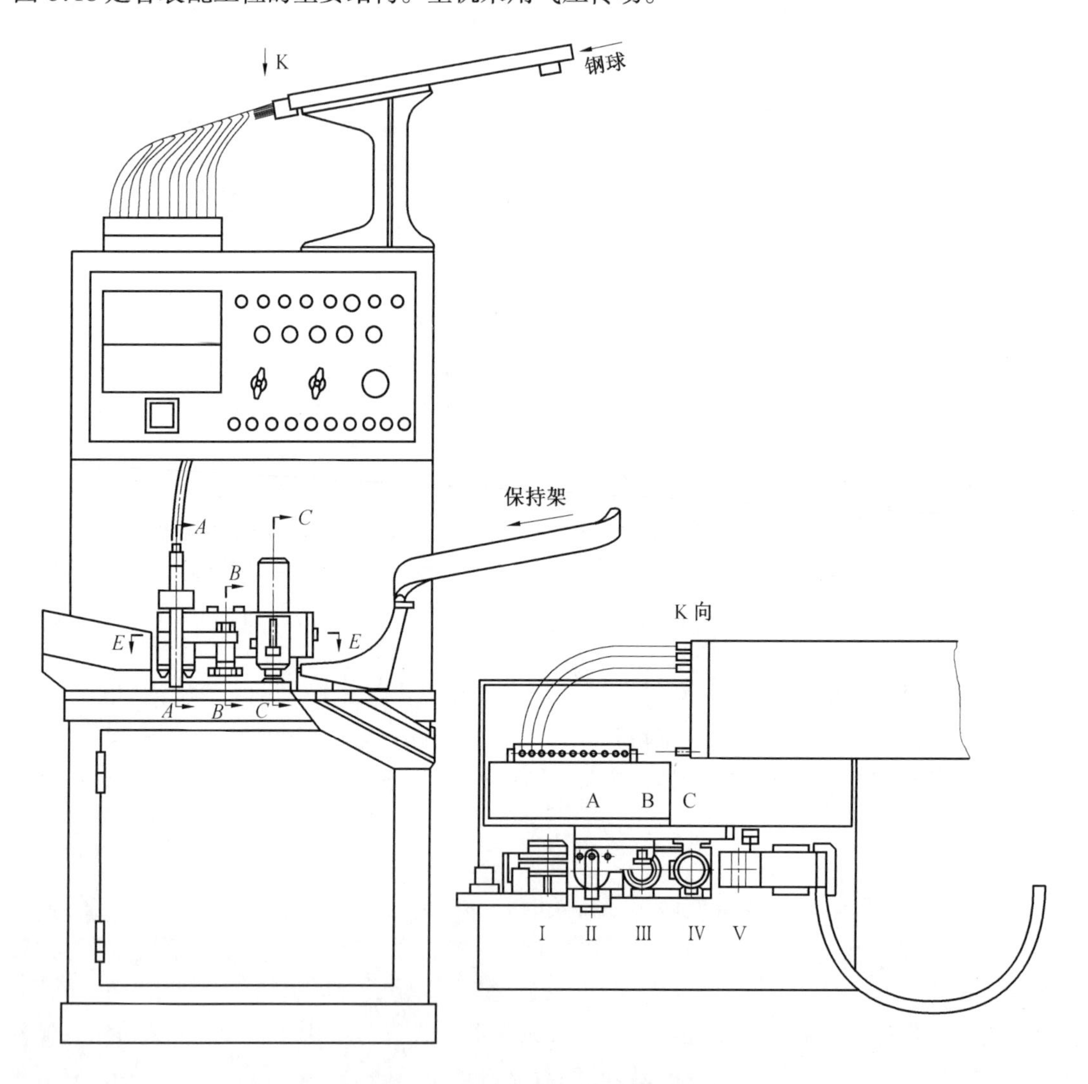

图6.17 轴承装配自动机外观图

这台装配机共有五个工位。第Ⅰ工位具有气缸控制的活门，当选配测量之后，如果钢球贮料箱里没有这一组钢球，则气动活门打开，把合套后的轴承环剔出机外。第Ⅱ工位完成拨内环和装球工作；第Ⅲ工位上将内环拉到中心位置；第Ⅳ工位进行分球；第Ⅴ工位装压保持架。

图6.18(a)中 *A* - *A* 是第Ⅱ工位的装球机构。在气缸体上有两个气缸和活塞1、2。活塞2的杆上装有接球块6。从钢球贮料箱送来的钢球，经装在有机玻璃罩12内的软管(图中未表示)通到进料口D。当接球块6处于最上位置时，进料口D被活塞1的杆封住。在接球块6中装有角板3和拨爪9，拨爪9在片弹簧4的作用下，其上端的滚子总靠在固定的挡块5上，并可在角板3的垂直长槽中左右摆动。

当合套后的轴承环沿垂直于图面的方向送到此工位上时，外环在弹簧压块7的作用下靠向定位挡块11。当轴承环确已定位后，弹簧压块压合行程开关，首先，活塞2带着接球块6沿两个导向柱8下降。此时，接球块6上的拨爪9的上滚轮沿挡块5下降；到达斜面部分时，拨爪9在片弹簧4的作用下顺时针方向摆动，将内环拨到左边去。接球块6下降时，进料口D相对于活塞杆1移动，等到走出活塞杆1的末端后，进料D打开，钢球便从盖板10的出料孔m落进轴承环的弧形空间里。为了使钢球下落时有秩序地作弧形分布，盖板10上具有弧形导板b和限位凸爪c(见N向)。随后活塞杆1下降，把最后一粒钢球压进去。

图6.18(a)的B - B是第Ⅲ工位的装配机构，它安装在输送轨道的下边，用以将内环拨向中心位置。气缸13通过双活塞14传动杠杆15，用以对外环产生较大的径向压力使之弹性变形。内环拨杆20则用气缸16、活塞杆17来传动。当压杆15将外环压在挡块24上产生一定的弹性变形后，活塞杆17上升，其上部的弧形托球板23将钢球托起，使钢球的中心基本上位于沟道的对称平面上。活塞杆17上升时，同时也推动拨杆20，当拨杆20的一端被停挡螺钉21阻住时，便绕轴心19顺时针方向回转，从而将内环拨到中心位置上。在活塞的尾部杆18上固定着两个挡铁，当活塞杆17位于上、下终点位置时，挡铁分别压合两个行程开关，发出相应的信号。

从这一工位运送到下一工位进行分球时，要求紧靠在一起的钢球对于轴承环具有稳定的圆周相对位置，以免分球叉顶在钢球上。因此安装在上方的输送机构具有特殊形状的拨爪25，它具有两组爪d和e(见图6.18(b)Q向)，用以分别卡住内、外环，并用爪e的弧形分布来使钢球位置相对固定。拨爪25上下运动时，可通过滑销27压合或放松行程开关发出相应信号。

输送装置由气缸30(E - E)，活塞杆29及燕尾导轨31组成。在燕尾导轨上安装着Ⅲ - Ⅳ和Ⅳ - Ⅴ工位的气缸支架28和46。气缸的活塞26和44分别在Ⅲ、Ⅳ和Ⅳ、Ⅴ工位上作上下往复运动。

图6.18(b)中C - C是第Ⅳ工位的分球机构。当轴承输送到本工位后，安装在铰链上的气缸38通过活塞39、杠杆37将轴承压靠在挡块40上，以防分球时挪动；挡块40上部的台阶面和挡块32用以防止轴承在分球时向上抬起。杠杆37在内环上正对钢球分布中心处施以径向力，如图6.16(d)中N所示，有利于钢球在分球叉的作用下沿圆周向两边移动。此后气缸35

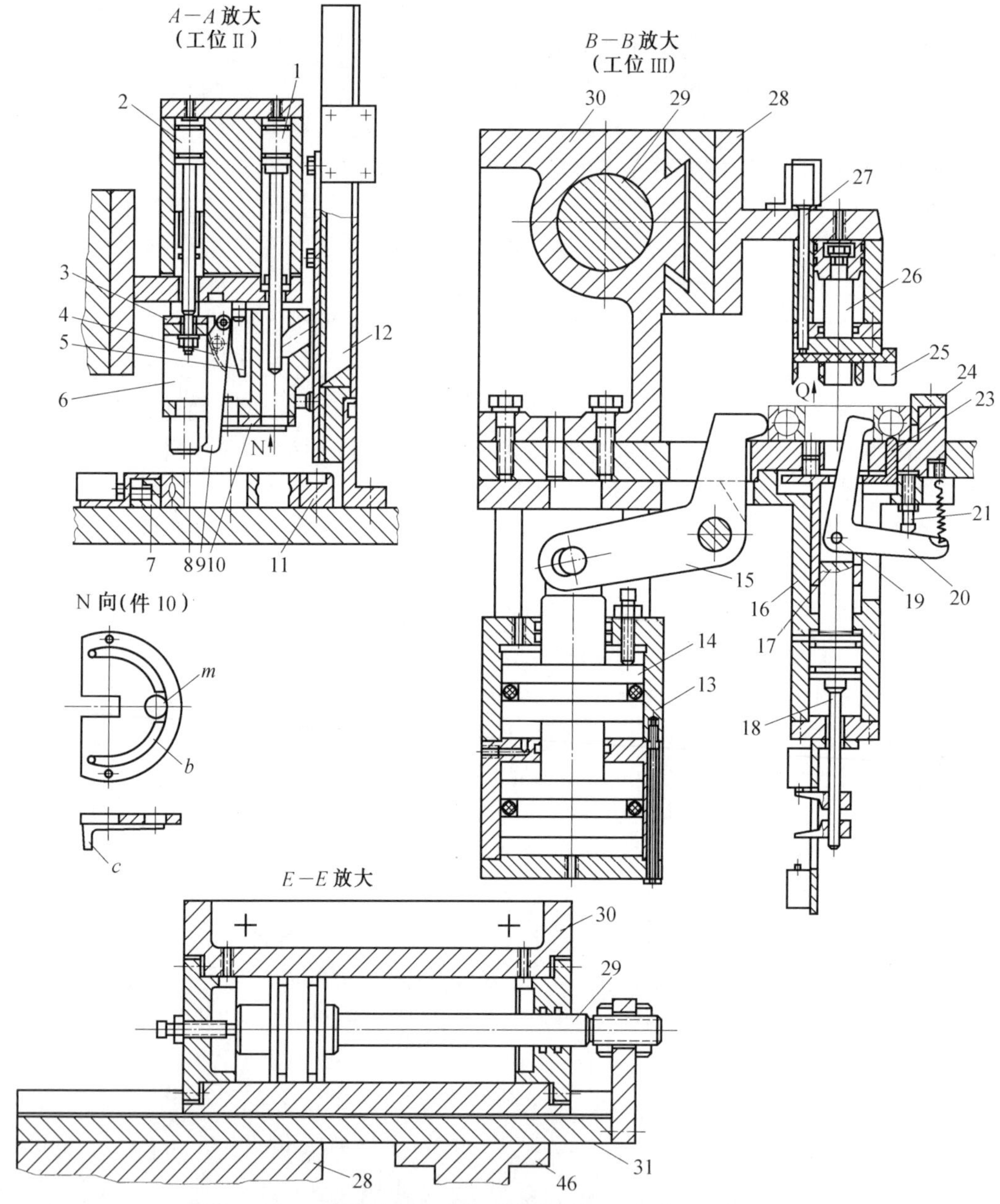

图 6.18(a) 轴承装配自动机的装配机构(剖视部位见图 6.17)

1,2,26—活塞;3—角板;4—弹簧;5,24—挡块;6—接球块;7—弹簧压块;8—导向柱;9,25—拨爪;10—盖板;11—定位挡块;12—玻璃罩;13,16,30—气缸;14—双活塞;15—传动杠杆;17,29—活塞杆;18—尾部杆;19—轴心;20—拨杆;21—螺钉;23—托球板;27—滑销;28,46—支架;31—燕尾导轨

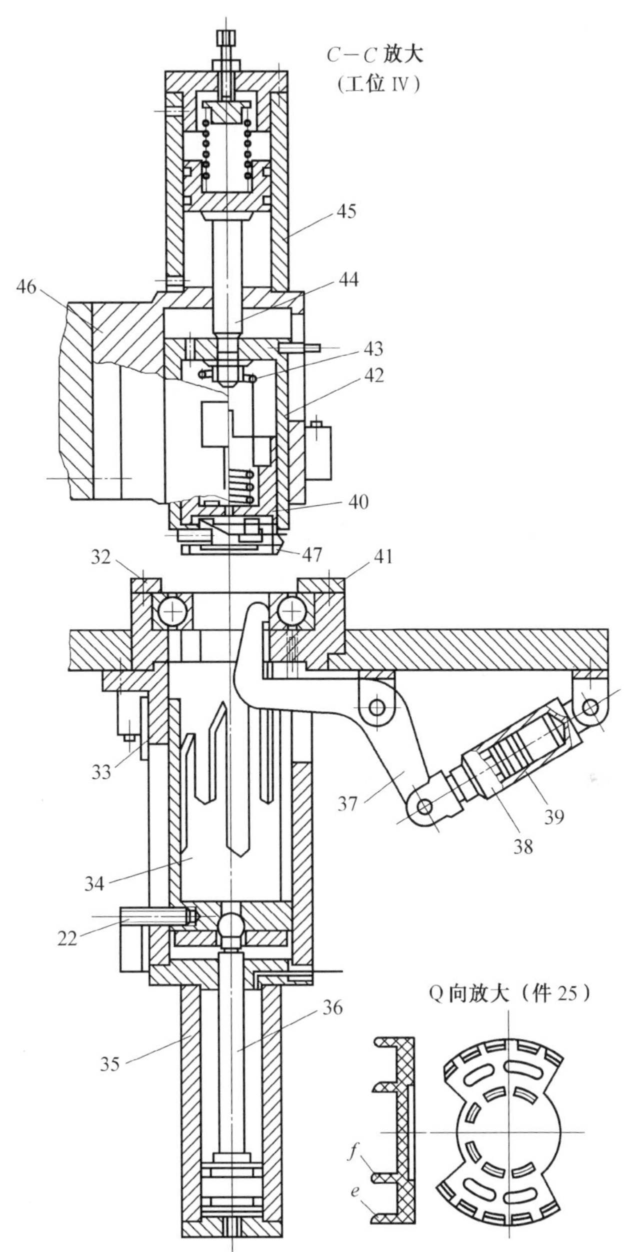

图 6.18(b)　轴承装配自动机的装配机构

(剖视部位见图 6.17)

22—挡铁螺钉;32,40—挡块;33—导向套;34—分球叉;35,38,45—气缸;36—活塞杆;37—杠杆;39—活塞;41—抓料器;42—套筒;43—弹簧;44—活塞杆;46—支架;47—弹性夹爪

通过活塞杆 36 驱动分球叉 34 沿着导向套 33 上升。分球叉的展开图如图 6.19 所示,它具有不等高的分球齿,使钢球逐步分开,最后均匀地分布在沟道圆周上。分球叉上固定着挡铁螺钉 22,用以在上、下两个终点位置上压合行程开关发出信号。

分球以后的轴承由装在气缸支架 46 上的输送机构送到第Ⅴ工位压装保持架。气缸 45 的活塞杆 44 推动套筒 42 向下,在弹簧 43 的作用下使抓料器 41 的弹性夹爪 47、48 挤入内环孔中,再由燕尾导轨 31 带着支架 46 一起移向第Ⅴ工位。

在这条自动线上装配的向心球轴承,采用了尼龙整体式保持架,其结构形式如图 6.20 所示,其每一个球窝的开口尺寸 B 比钢球的直径稍小,装配时从轴向加以压力,使开口变形扩大从钢球上滑过去。轴承经过分球送到第Ⅴ工位以后,保持架从输料槽(见图 6.17)送来,并落在均匀的钢球上,然后用气压机构压入。

从易于实现装配自动化的角度来看,这种尼龙整体式保持架具有一定的优点,但是通过实际使用表明,它的耐热性能和耐用性较差。

如果改用钢制两半保持架,则装配自动机第Ⅴ工位须加以改造,或另添设装配保持架的工位。

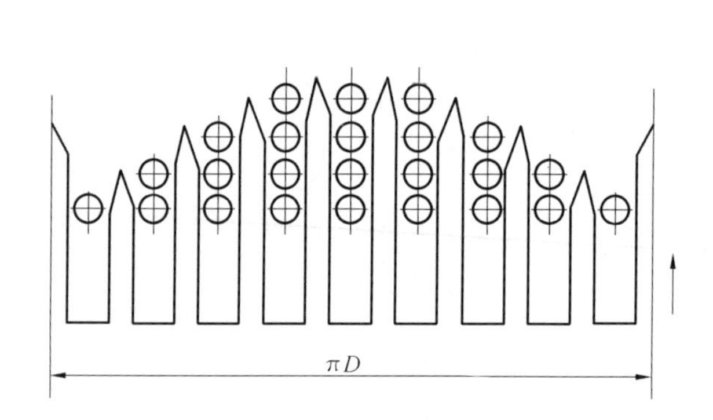

图 6.19　分球叉的展开图

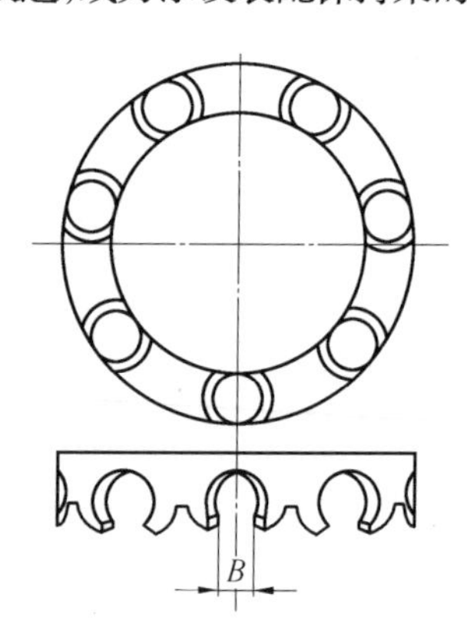

图 6.20　尼龙整体保持架

6.5.4　钢球贮料箱

为了适应选配的需要,将钢球按一定的公差分为若干组,预先贮存在贮料箱里。钢球分组数决定于轴承环沟道直径的公差和分组公差的大小。当沟径公差一定时,分组公差取得越小,则分组数越多,这时选配精度较高,但贮料箱的结构变得较为复杂,而且选配测量精度也要相应提高,才能达到提高选配精度的效果。因此分组数不是越多越好,应具体分析轴承的装配要求,根据具体条件决定。对于标准级精度轴承,经常按 2 μm 左右分为一组。

钢球贮球箱的结构形式也是多种多样的,但一般都包括下列组成部分。

1)分组贮存器

贮料箱中具有与钢球分组数相同的贮存器或料仓。

2)送料机构

用以将钢球从贮存器送到通往装配机的管路中。

3)隔料机构

用以控制每次送出的钢球数。

4)信号执行机构

用以根据选配信号,放出相应一组钢球。

下面以207轴承装配自动线中的钢球贮料桶为例,说明其工作原理。

钢球贮料箱做成圆桶形如图6.21所示。

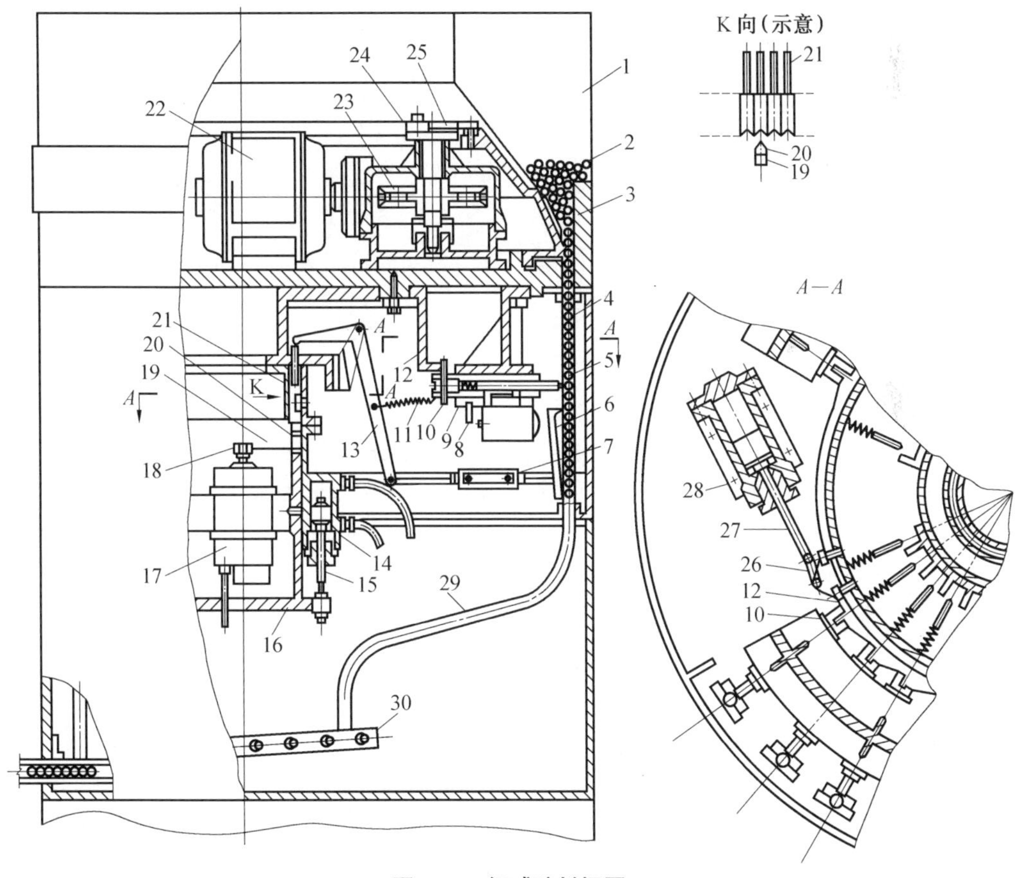

图6.21　钢球贮料桶图

1—贮料槽;2—搅动盘;3—搅动块;4—料管;5—探针;6—隔料器;7—拉杆;8—挡块;9—滑套;10—销子;11—弹簧;12—凸轮;13—杠杆;14,28—气缸;15,27—活塞杆;16—支座;17—$3D_{CH}$;18—接头;19—片弹簧;20—撞块;21—顶块;22—电动机;23—减速器;24—轴;25,26—连杆

在图 6.21 中圆周的 288°范围内分布着 20 个贮料槽 1,钢球按 2 μm 一组分为 20 组贮存在内。为使钢球不致在料槽中形成“拱桥”而阻塞,在贮料桶上部设有搅动装置,搅动装置由电动机 22、减速器 23 和搅动盘 2 等组成。电动机 22 通过蜗轮减速器 23 使轴 24 回转,连杆 25 的一端装在轴 24 上部法兰的偏心处,另一端与搅动盘 2 相连。当轴 24 连续回转时,通过连杆 25 使搅动盘绕贮料桶的中心往复摆,如图 6.22 所示。在搅动盘上相对于每个贮料槽通向料管 4 的出口处都装有搅动块 3,使料槽中的钢球总处于运动状态以避免阻塞。

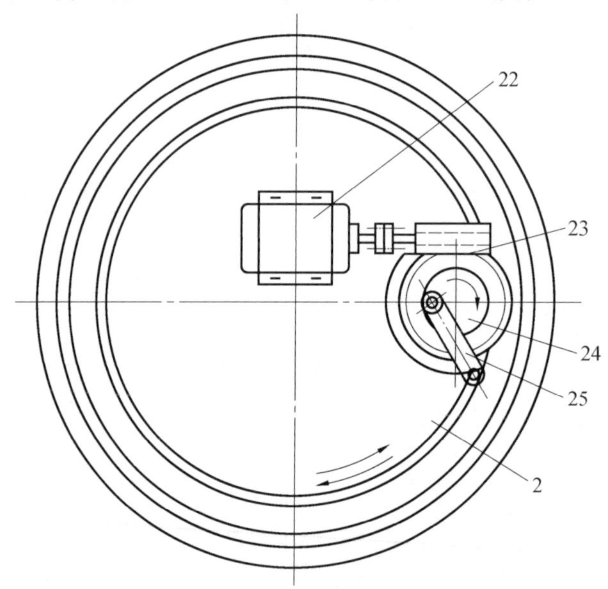

图 6.22　搅动盘的传动原理(序号说明见图 6.21)

钢球在料管 4 中用隔料器 6 控制送出的粒数,同时作为放球的活门。它通过拉杆 7 与杠杆 13 相连,杠杆 13 的另一端靠在放球顶块 21 上。平时在弹簧 11 的作用下,隔料器 6 处于图示位置,因而不放出钢球。

选配测量原理已如图 6.14 所示,选配系统中的差接自整角机 $3D_{CH}$(即图 6.21 中的 17),安装在贮料桶中心下方的支座 16 上。在自整角机的轴上用接头 18 装着片弹簧 19 和撞块 20。放球顶块 21 共 20 个,与撞块 20 的相对位置展开图如 K 向示意图所示。当自整角机 17 接受了选配信号以后,回转到相应于内、外环沟径之差的位置上,使撞块 20 对着该组钢球的放球顶块 21。这时,布置在相距 180°方向上的两个气缸 14 的活塞杆 15 上行,将支座 16 向上抬起,于是撞块 20 将该组放球顶块 21 向上顶起,从而推动杠杆 13,使之顺时针方向回转,拉动隔料器 6,将钢球如数放出。20 组钢球管道 4 都通过连接管 29 与总管道 30 相通,钢球从总管道送往装配自动机。

在贮料桶内还设有探球装置,用以定时探测各料槽中有无钢球。在每个料管 4 中有弹簧探针 5,它装在滑套 9 中,通过弹簧 11 和销子 10 拉向左方,直到销 10 靠在凸轮 12 上为止。当气缸 28 的后腔进入压缩空气时，活塞杆 27 与连杆 26 向前，带动探球凸轮 12 回转。凸轮 12 的斜面将销 10 沿料桶径向推出，探针 5 随着向管 4 内塞入。如果管内有钢球，探针 5 被阻住后便压缩滑套 9 中的弹簧；如果管内已无钢球，则探针 5 一直向内伸进，使挡块 8 压在行程开关上发出缺球信号。

第7章　汽车变速箱壳体制造自动化系统的总体设计

在系统学习制造自动化系统的建立过程、自动化控制技术、自动化物料传输技术、自动化检测与监控技术及自动化装配技术后，一个制造自动化系统从规划到真正投入使用，还有许多工作要做，制造自动化系统的实施是一个复杂的系统工程，任何一个环节出现问题，都会使制造自动化系统在生产实践中无法正常工作。本章以汽车变速箱壳体的制造自动化系统（Automobile Gearbox Shell Manufacture Automation System，AGS-MAS）实现过程为例，对其实现的方法与步骤进行分析。

7.1　AGS-MAS 的系统分析

7.1.1　AGS-MAS 的需求分析和可行性论证

某变速箱厂是国内中型车变速箱的重点专业生产厂，现有职工 1 600 人，其中高级专业技术人员 20 人，中级专业技术人员 50 人，初级专业技术人员 90 人。下设 6 个生产车间和 3 个辅助车间，占地面积 4×10^4 m^2，拥有 945 台设备，80 条生产线，年产量 10 万台，生产 30 余种变速箱，其产品寿命达 3×10^5 km 以上。从工厂现有的条件可以看出，该厂生产设备齐全、检验仪器先进、职工素质较好、技术力量雄厚；工厂的产品品种齐全，质量高，在用户中的信誉高，因此，该厂的产品市场前景很好。

但因同类型产品国内生产厂家众多，市场竞争十分激烈。工厂领导在对产品的国内外市场认真调查研究的基础上，结合企业的内外部环境，对本厂的优势和不足进行了深入的分析，制定了企业的发展规划、发展战略目标和实施战略。在分析了产品的市场需求后，预测产品的市场潜力巨大，而影响市场开拓的主要矛盾是产品的交货期不能满足客户的需要，生产的柔性程度低，远不能满足市场竞争的需要。工厂制造系统的自动化程度不高，缺乏柔性已成为限制企业发展的关键问题。为了适应市场经济要求，建立现代企业的管理模式，进行多元化的经营销售，占领市场制高点，除不断以高技术开发技术含量高的新产品外，工厂领导决定通过技术改造，采用先进生产技术扩大变速箱生产，并希望在以下几个方面努力增强企业的竞争力。

1）减少专用工艺设备，提高加工柔性，缩短加工周期，提高生产效率。

2）稳定提高产品质量，以质取胜，进行全程质量管理和监测。

3)改进生产管理模式,按成组技术原理组织单元化生产。

4)将计算机技术引入生产管理,在主生产计划指导下,安排调度计划,进行及时生产,降低生产成本,提高经济效益。

5)适应商品经济市场竞争的需要,具有快速响应市场的应变能力,提高服务水平。

6)对切屑、废料、油液进行处理,并降低噪音,做好环境保护。

在变速箱产品生产过程中,变速箱壳体加工技术难度高,有多品种批量生产的特点,既要适应高生产率的批量生产,又要不断开发新品种。因此,急需提高制造柔性。采用自动化技术、建立制造自动化系统是最好的解决方法。

工厂在对制造自动化系统进行可行性论证时,分析了以下已有的基础条件。

1)有市场发展的需求。随着国家高技术研究成果的不断推广和深入应用,采用先进制造技术对企业的未来发展越来越重要。未来企业首先面临的问题便是市场问题,只有依靠合理的管理机制和科学的管理模式,借助先进的技术手段,合理集成人、财、物,才能以不变应万变,在竞争中求得生存和发展。另外,工厂领导对采用先进制造技术十分重视和支持,并且与国家的相关政策相符。

2)有较好的工作基础。工厂生产的系列产品零件相似性好,标准化、系列化、通用化程度高,制造工艺有明显的相似性。工厂经过多年努力,建立了成组技术编码系统,计算机应用也有一定水平,为应用制造自动化系统新技术打下了扎实的工作基础。

3)有一定的经济实力。前几年,工厂效益好,积累了一定的技改资金。依靠国家政策、政府支持及自筹,有足够的能力实施规划中的制造自动化系统。

4)有一支攻坚队伍。经过多年努力,工厂在计算机应用及技术改造方面积累了一些经验,同时培养了一批专业技术人员和一大批素质较好的职工队伍,科技攻关能力强。加上有多年产、学、研结合,学科交叉,技术力量互补的优势,对实施制造自动化系统的关键技术攻关是有能力的。

鉴于以上需求分析及可行性论证,工厂决定实施制造自动化系统,把反映机械制造最新技术之一的柔性制造技术应用到变速箱壳体生产中去。只有用柔性制造系统代替传统加工设备,实现柔性化生产,上述需要才能得到满足,企业才能在激烈的国内外市场竞争中取胜。

7.1.2　AGS-MAS的零件分析

变速箱厂与专业的制造自动化系统的研制单位合作,抽调相应的工程技术人员共同组成联合设计组,确定变速箱壳体制造自动化系统的指导思想、生产纲领,并进行零件分析和确定其工艺规程。

1.类型选择的要求

1)所建系统应具有一定的先进性和自动化程度。

2)以小型化、简单化和实用化为原则,以获取最大的经济效益为目标。

3)主要依靠国内科技力量,尽可能吸收成熟的国产化成果。

4)强调充分发挥人的作用,必要的工位应有人的干预。

5)工厂和设计单位密切结合,以确保系统的质量和工程进度。

6)投资少,见效快。

7)考虑到产品的结构较为复杂,多品种、小批量生产,又要便于新产品测试、市场响应要快,决定采用一定规模和柔性的制造自动化系统。

2.零件族与生产纲领的确定

变速箱壳体规格为1~4号共四种型号的不同规格的零件进入制造自动化系统,零件外形尺寸为

1号:230×253×357 (A×B×C)

2号:259×285×401 (A×B×C)

3号:288×317×446 (A×B×C)

4号:317×349×491 (A×B×C)

变速箱壳体1~4号轮番生产,年生产纲领为10 000台。变速箱壳体零件简图如图7.1所示。图7.2为生产的变速箱实物图,图7.3为变速箱壳体实物图。

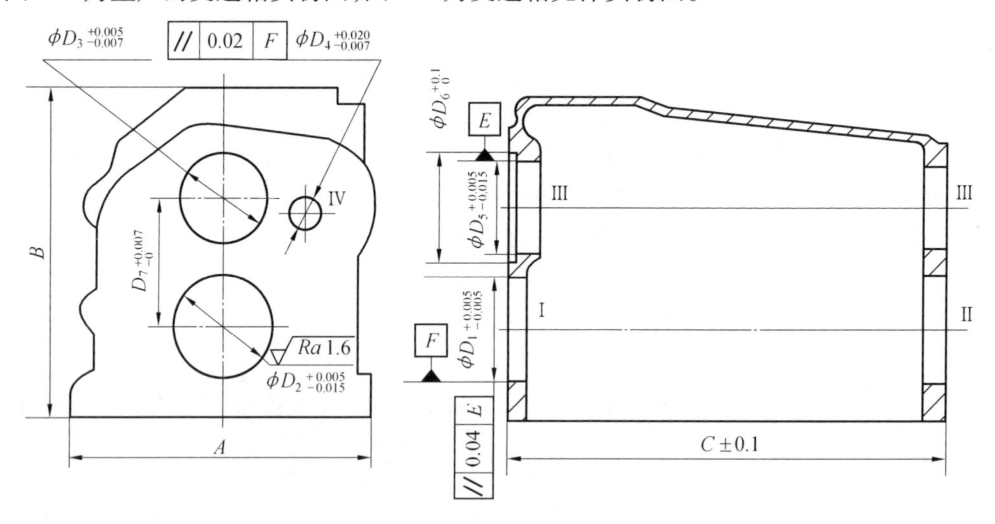

图7.1 变速箱壳体零件简图

图7.2　变速箱实物图

图7.3　变速箱壳体实物图

3.零件分析及工艺规程的确定

(1)变速箱壳体的作用和工作条件及结构特点

变速箱壳体零件在整个变速箱总成中的功用,是保证其他零部件占据合理的正确位置,使之有一个协调运动的基础构件,其质量的优劣将直接影响到轴和齿轮等零件相对位置精度、运转平稳性、噪音及寿命。

变速箱壳体零件的工作条件恶劣,受载货量和行驶路面的影响,承受着外界的振动和冲击载荷。

变速箱壳体是典型的箱体类零件,其形状复杂、壁薄(10~20 mm),需要加工多个平面孔系和螺纹孔等。它还具有刚度低,受力、热等因素影响易产生变形、工序多、工艺路线长、加工技术难度大等特点。过去采用工序分散的机群作业方式生产,零件加工工序往返次数多、线路长、生产辅助时间多、生产周期长、加工质量难以保证、成本高。采用工序集中方式在自动化制造系统中加工,既能保证加工质量,又可节约辅助工时,是变速箱壳体制造的有效方式。

(2)变速箱壳体的毛坯材料及制造方法

变速箱壳体采用HT200灰口铸铁,浇铸成型,在砂型中保温20~30 min,自然冷却,最终经喷丸处理。变速箱壳体铸件毛坯图如图7.4所示,分型面选用轴承孔Ⅱ和Ⅲ中心线所决定的平面。

(3)变速箱壳体的主要加工表面和技术要求

由图7.1可知,变速箱壳体是典型的箱体零件,其主要加工表面为平面和轴承孔。其前后端面的平面度公差为0.04 mm;对第Ⅰ、第Ⅱ轴承孔的平行度公差为0.08 mm/全长,表面粗糙度为$Ra3.2$;取力面的平面度公差为0.03 mm/全长,对中间轴轴承孔的平行度公差为0.03 mm/全长,表面粗糙度为$Ra3.2$;上盖结合面的平面度公差为0.1mm,表面粗糙度为$Ra3.2$。

第Ⅰ、第Ⅱ轴及中间轴轴承孔的孔径尺寸精度为IT6,表面粗糙度为$Ra1.6$;倒车惰轮轴孔精度为IT7~IT8,表面粗糙度为$Ra3.2$;第Ⅰ、第Ⅱ轴轴承孔与中间轴轴承孔的平行度公差在

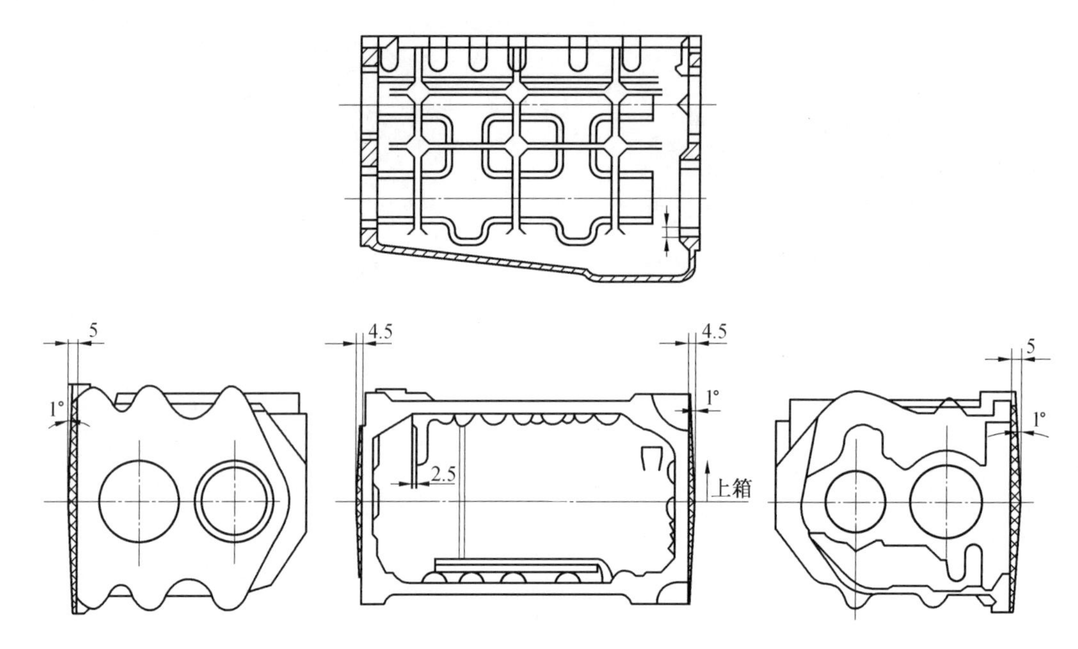

图 7.4 变速箱壳体铸件毛坯图

水平、垂直两个平面内均为0.04 mm/全长。

(4)变速箱壳体加工工艺过程分析

变速箱壳体粗基准的选择有两种方式,其一,为保证主要轴承孔的加工余量均匀,以轴承孔作为粗基准。此方式夹具结构复杂,零件定位后需加辅助支撑,工件加工放置稳定性较差。其二,是在变速箱壳体的毛坯上铸出作为粗基准的工艺凸台,为此要求工艺凸台至主要加工表面保持严格的尺寸和精度,这种粗基准的选择可保证主要加工平面及轴承孔有足够的加工余量,并使加工余量均匀,工件放置稳定。故决定采用第二种粗基准选择方案,如图 7.5 所示。

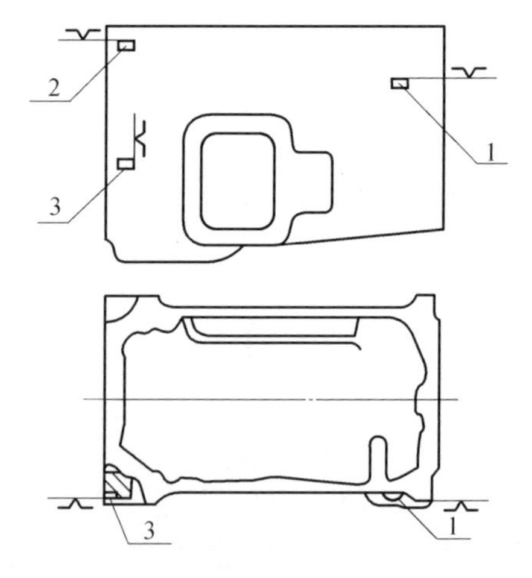

图 7.5 变速箱壳体加工粗基准选择

1,2,3—铸件毛坯凸台

精基准选择的是变速箱壳体结合平面和两个工艺孔,此方案可使夹具结构简单、装夹工件方便可靠,即一面两销的定位方式。但设计基准和工艺基准不重合,壳体前、后端面对轴承孔垂直度的精度不易保证。故决定将变速箱壳体的两个工艺孔安排在箱体的同一侧,这既可满足定位精度,又可使夹具结构简单、调整容易,如图 7.6 所示。工艺基准为 $\phi12_{0}^{+0.018}$ 的两个定位销孔,而装配用的基准定位销孔为两个 $\phi13^{-0.003}_{-0.04}$孔，二者不能互相替代，因生产线较长，经过多次装夹，定位精度下降或丧失，而且定位环孔长度仅有5 mm，从产品的结构上也不允许将装配基准作为工艺孔用。

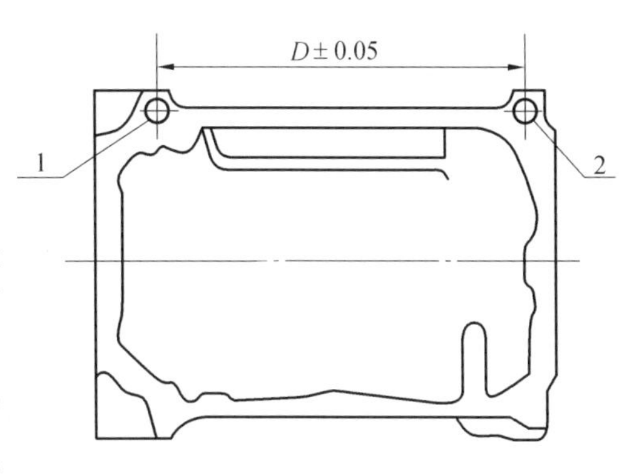

图 7.6　变速箱壳体加工工艺孔位置

1,2—定位钻孔

变速箱壳体机械加工自动化生产线的安排是先面后孔的原则，最后加工螺纹孔。这样安排，可以首先把铸件毛坯重要加工平面上的气孔、砂眼、裂纹等缺陷及时暴露出来，以减小不必要的工时消耗。此外，以平面为定位基准加工内孔可以保证孔与平面、孔与孔之间的相对位置精度。

变速箱壳体的加工主要涉及连接平面、两边轴承孔平面、前端面、及相应的轴承孔、螺纹孔和工艺孔的加工。采用的加工工艺有：铣、钻、扩、铰、镗、倒角及攻丝等。变速箱壳体的机械加工工艺过程根据图纸技术要求编制加工工艺路线，其主要加工工序设计如表 7.1 所示。

表 7.1　变速箱壳体加工工序

序号	工序名称	工序简图	设备
1	铣削加工上盖连接平面、钻扩铰两个定位工艺销孔	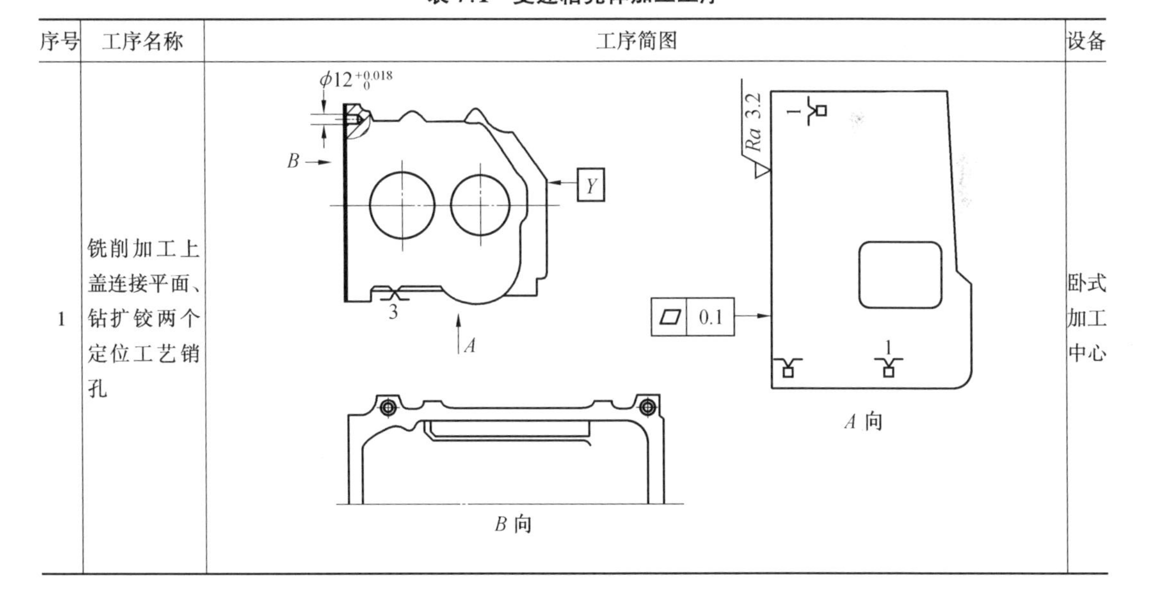	卧式加工中心

续表 7.1

序号	工序名称	工序简图	设备
2	铣削输送棘爪平面、铣削前端面、前端面上螺纹孔的钻孔和攻丝	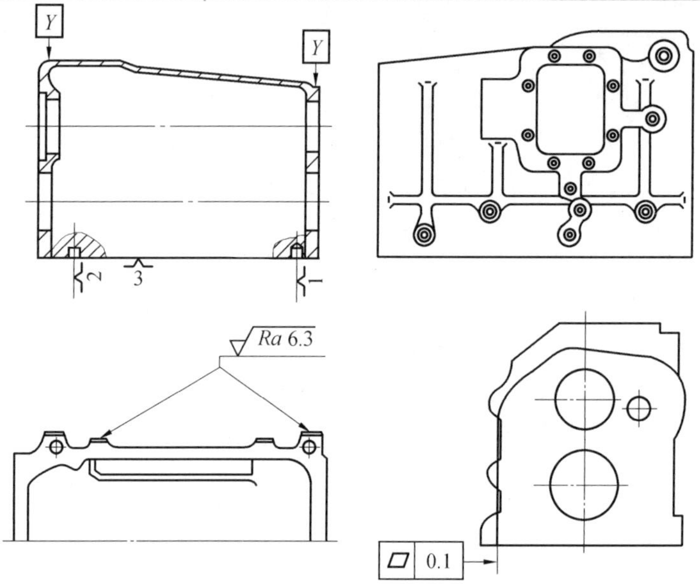	卧式加工中心
3	铣轴承孔两端面、轴承孔端面上螺纹孔的钻孔和攻丝、钻扩铰倒车轴承孔	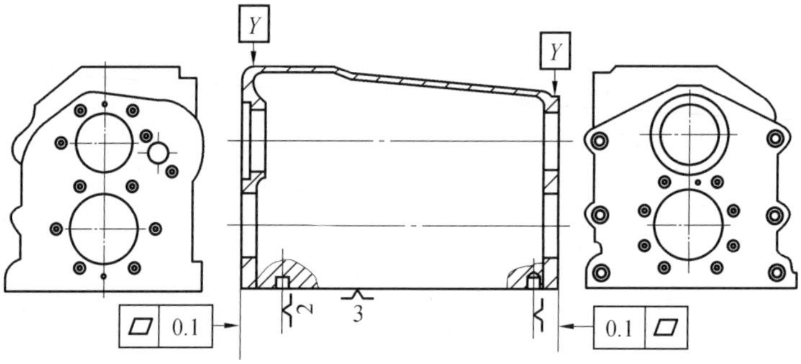	卧式加工中心
4	镗轴承孔、精铣加工轴承孔端面	镗轴承孔 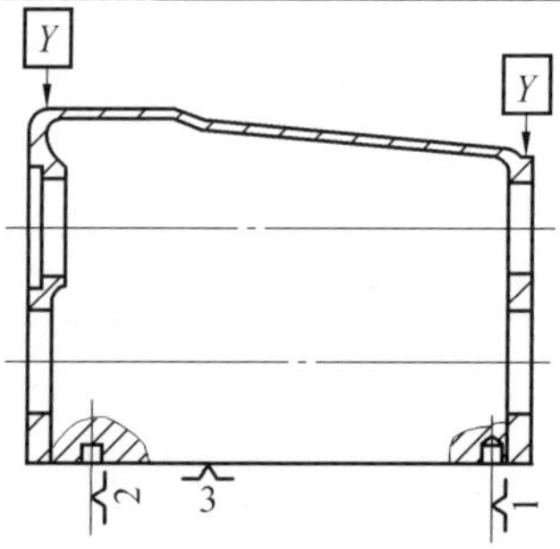	卧式加工中心

续表 7.1

序号	工序名称	工序简图	设备
4	镗轴承孔、精铣加工轴承孔端面	精铣加工轴承孔端面 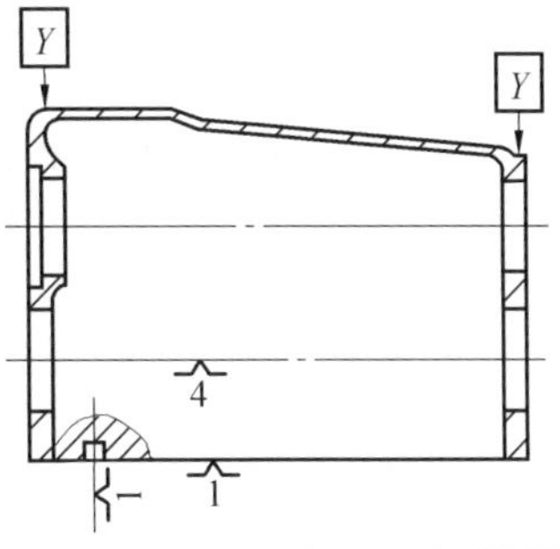	卧式加工中心
5	上盖连接平面螺纹孔的钻孔和攻丝	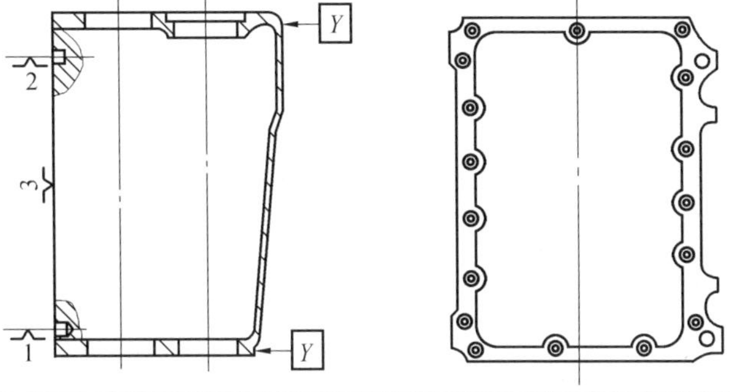	卧式加工中心

加工 4 号零件所需的时间最长，在第一台卧式加工中心上需要加工工时为 15 min；在第二台卧式加工中心上为 35 min；在第三台卧式加工中心上为 45 min；在第四台卧式加工中心上为 40 min，另外夹具调整需要 5 min，共需要 45 min；在第五台卧式加工中心上需要 15 min。考虑到各工序上对测量工件加工精度、及刀具磨损的自动测量，需要占用一定的时间，可以确定系统的生产节拍为 50 min。

(5)人机系统分析

由设计指导思想可知，AGS-MAS 的设计是个适度的柔性制造自动化系统，人的作用主要体现在以下几个方面。

1)毛坯入线和成品出线是由人工吊装完成的，需要配置人工接口，生产调度也应合理安排工人的劳动强度和劳动量。

2)夹具在加工中心上的安装和调试，装夹情况由人工检查完成。

3)对零件精度的检测，在加工中心上配置的测量装置在公差范围内进行在线监控测量。对零件加工精度的最终精确测量，需要在零件加工完成后，再在相关仪器设备上进行人工离线测量。

4)对切削液处理、切屑的清理和回收，需要一定人工干预。

由于在 AGS-MAS 系统中融入了人的力量，降低了资金投入，提高了系统的经济效益。

在进行变速箱壳体制造自动化系统的系统分析和零件分析后，需要对系统的组成、车间的布局、物料传输系统、加工检测系统、控制系统等进行总体设计。

7.2 AGS-MAS 的总体设计

7.2.1 AGS-MAS 的系统组成和平面布局

按生产纲领要求、设备生产能力和资金情况，以购买或自行设计的自动化设备和计算机软硬件组成 AGS-MAS 系统，其布局如图 7.7 所示。

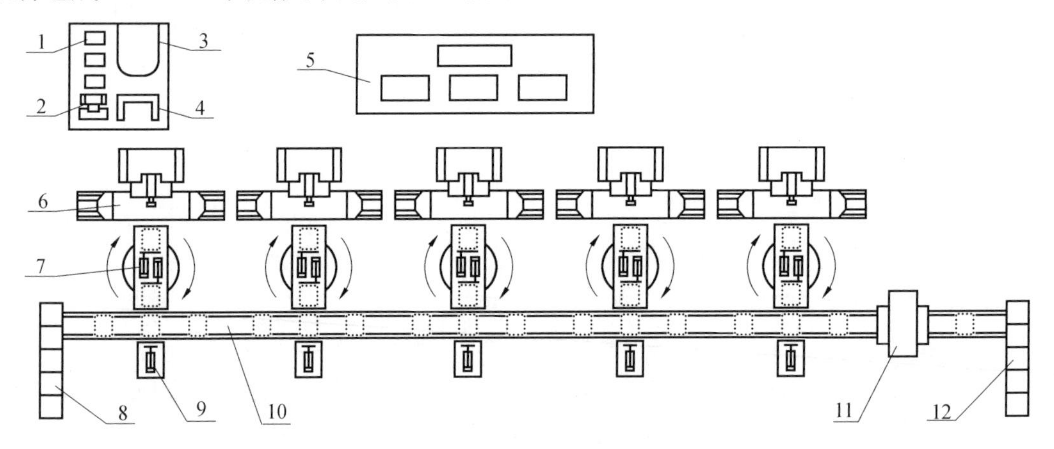

图 7.7 AGS-MAS 的平面布局

1—刀具修磨机床；2—刀具预调仪；3—刀具库回转架；4—刀具站；5—控制中心；6—卧式加工中心；7—回转式工件交换装置；8—毛坯件库；9—工件推送装置；10—物料传输装置；11—清洗机；12—成品件库

在 AGS-MAS 系统中设备包括：五台卧式数控铣床，每台加工中心配有一台工件推送装置和回转式工件交换装置；一台清洗机；一个步伐式棘爪物料传输线；一个控制中心；一个刀具预调配送管理系统；以及毛坯件和成品件库。

7.2.2 AGS-MAS 的物料传输系统设计

AGS-MAS 的物料传输系统采用的是第 4 章 4.2.2 节所述的步伐式弹簧棘爪输送线，如图 7.8 所示。输送杆在支承滚子上往复移动，棘爪与变速箱壳体的棘爪平面接触，输送杆向前移动时棘爪推动变速箱壳体前进一个步距；返回时，棘爪被后一个变速箱壳体压下从其底面滑过，退出变速箱壳体后在弹簧作用下又抬起。变速箱壳体在支承板上滑动，由两侧的限位板导向,以防止歪斜。在每台加工机床与物料传输线之间都有工件交换装置,用PLC控制工件在输送线与机床夹具之间进行交换,其结构如图7.9所示。

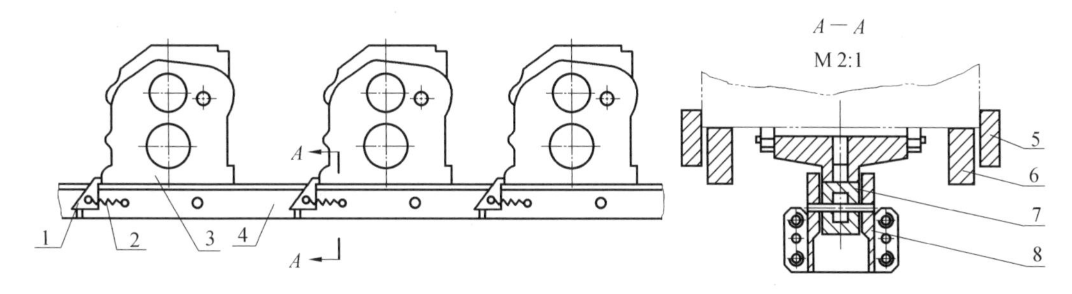

图7.8 AGS-MAS的物料传输机构

1—棘爪;2—弹簧;3—变速箱壳体;4—输送杆;5—侧限位板;6—支承板;7—滚轮;8—支承架

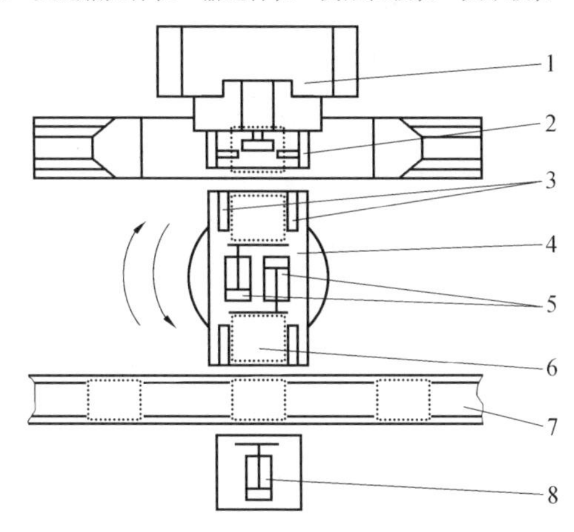

图7.9 回转式工件交换装置工作原理图

1—加工中心;2—夹具;3—工件导向板;4—工件交换装置;5—工件推送装置A;6—工件;7—物料传输线;8—工件推送装置B

AGS-MAS的物料传输系统工作时,首先将图7.8中的支承板8升起,由图7.9中推送工件装置8和夹具上的工件推送装置将工件分别推送到工件交换装置4上,此装置旋转180°,再由其上面的工件推送装置5将工件分别推送到物料传输线和夹具上。

7.2.3 AGS-MAS的夹具系统设计

在变速箱的加工中,有几个关键的工序和典型的夹具,下面对这几个工序的加工过程及其夹具分别进行设计。

1.变速箱壳体上盖结合面的铣削加工

铣削变速箱壳体上盖结合面安排在第一道工序，作为后面工序加工的精基准。该平面的技术要求：平面度公差为 0.1 mm，表面粗糙度为 $Ra3.2$，加工余量为 5 mm。

此工序采用卧式加工中心，粗铣端铣刀选用机夹密齿铣刀，用以切除铸件毛坯余量。半精铣也选用机夹密齿铣刀，上有修光刀齿。表面粗糙度为 $Ra3.2$。由于半精铣切削余量较小，可减小热变形。主要切削参数选择：粗铣端铣刀转速 n = 50 r/min，半精铣端铣刀转速 n = 100 r/min，粗铣切削速度 v = 62.83 m/min，半精铣切削速度 v = 125.66 m/min，粗铣切削深度 a_p = 4.5 mm，半精铣切削深度 a_p = 0.5 mm。

图 7.10 为其夹具结构示意图。由工件交换机构将工件从物料传输机构推送到夹具 2、3、4 支承板上，并由气动装置将其推向前和向左，使工件工艺凸台紧靠支承板前面及左面，油缸 7 辅助顶紧工件，压板 1、5 在油缸 8、6 作用下夹紧工件，完成工件的安装。

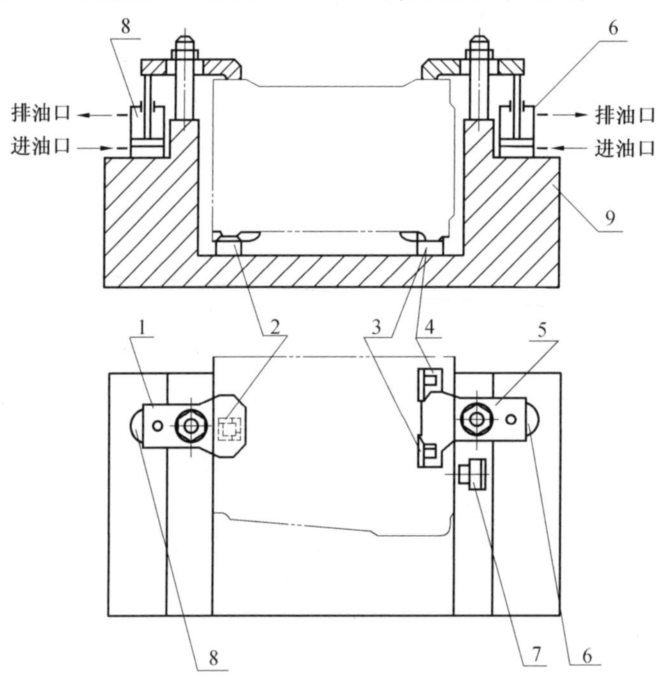

图 7.10 变速箱壳体上盖结合面夹具结构示意图

1、5—夹紧压板；2、3、4—支承板；6、8—夹紧压板油缸；7—辅助夹紧油缸；9—夹具

2.轴承孔的精镗加工

变速箱壳体轴承孔的精镗加工采用的是卧式加工中心，刀具为硬质合金刀具，刀尖圆角半

径为 0.8 mm,采用一面两销定位。主要切削参数为:四个轴承孔的切削速度 $v=106$ m/min,倒车惰轮轴孔的切削速度为 $v=80$ m/min,走刀量 $f=28$ mm/min,直径切削余量为 0.55 mm,夹紧力为 5 880 N。此工序可以保证孔径公差 IT6,表面粗糙度 1.6 μm,轴承孔相互之间在水平和垂直两个平面内的平行度公差为 0.04 mm/全长。

图 7.11 为精镗轴承孔夹具结构示意图,由工件交换机构将工件从物料传输机构推入工件托板 6、8 上,侧导向板 3、11 起侧导向作用,防止零件扭斜。可上下移动的预定位板 5、9,起预定位作用。侧导向板 3、11、工件托板 6、8 和油缸 7、14 连接在一起,在油缸作用下,使工件下落至 2、4、10、12 支承钉上,定位销 1、13 穿入工件定位销孔,工件完成定位,夹紧点在箱体顶部。

3.变速箱壳体轴承孔端面的加工

图 7.12 为该变速箱壳体轴承孔端面加工夹具结构示意图。

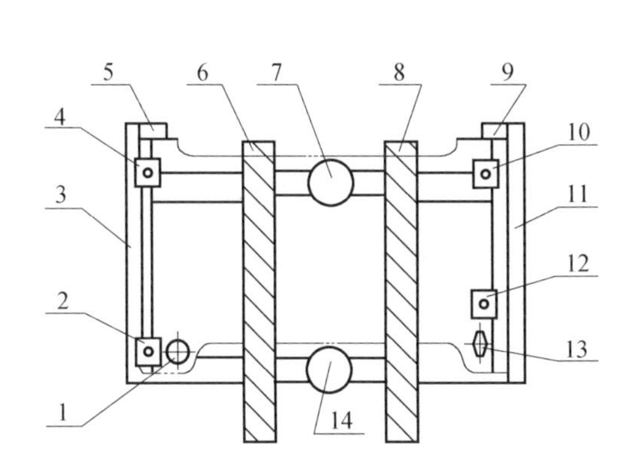

图 7.11　变速箱壳体精镗轴承孔夹具结构示意图

1—圆柱定位销;2、4、10、12—带气孔的支承钉;3、11—侧导向板;5、9—预定位板;6、8—工件托板;7、14—支承板油缸;13—削边定位销

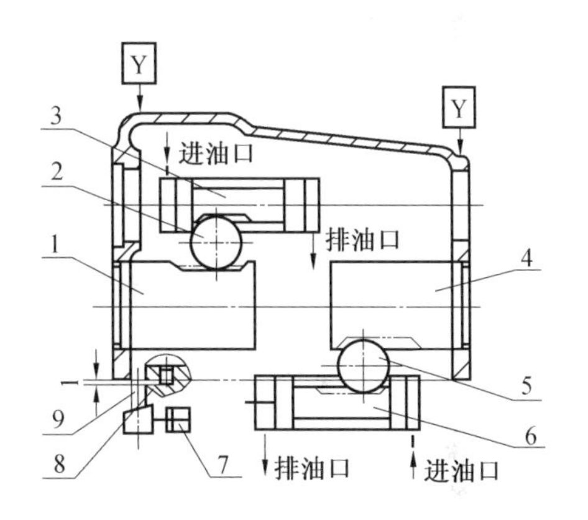

图 7.12　变速箱壳体精铣前后端面夹具结构示意图

1、4—定位心轴;2、5—齿轮;3、6—齿轮活塞械;7—单向油缸;8—削边销;9—支承钉

变速箱壳体轴承孔端面的加工采用的定位基准为第一轴和第二轴轴承孔及一个削边销,而不是一面两销的定位方式。主要考虑的是轴承孔端面的精加工需要保证轴承孔端面与轴承孔轴线的垂直度,并可以使测量基准、定位基准和设计基准重合,避免了基准不重合产生的误差。此夹具的工作时以箱体连接平面和两个工艺孔做预定位。支承板与上盖连接平面预留 1 mm间隙。齿条活塞杆 3、6 通过齿轮 5 使心轴 1、4 穿入轴承孔,限制四个自由度。用四个相同的油缸 7,首先通过弹簧使倾斜角为 7 的斜楔顶起四个相同支承钉 9,保证四个支承钉与工件接触,并将上盖结合平面托平,然后由油缸锁紧。另由削边销 8 限制一个移动自由度。夹紧点在箱体顶部。

7.2.4 AGS-MAS 的控制管理系统设计

AGS-MAS 的控制管理部分采用第 3 章 3.6.2 节所述的多级分布式计算机控制管理系统，本系统是一个从上而下由计划管理层、协调控制层、辅助控制层和设备层组成的四层结构。整个控制管理系统的组成如图 7.13 所示。

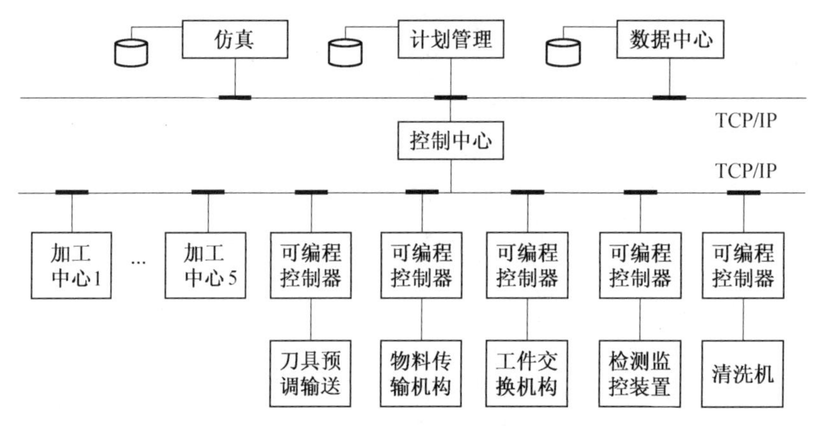

图 7.13 变速箱壳体制造自动化系统的控制系统硬件配置

AGS-MAS 的控制与管理系统比一般的单元级控制系统多一层,即把单元控制器、工作站控制器两层调整为计划管理、协调控制和辅助控制等三个层次。增加一个层次是为了避免功能过分集中在一台计算机而引起对系统技术的过高要求。这种体系结构可适当放松对控制系统硬件配置的要求。

图 7.13 中三台微机分别用于计划管理级、协调控制级和仿真级,同时配置一台高档微机作为数据中心。上面两层四台机器之间采用 TCP/IP 协议,形成了客户机/服务器结构。

计划层的主要功能是原始数据管理、混合分批、负荷平衡、计划编制及静态调度。协调层的主要功能是引导控制、动态调度、实时监控以及工件流、刀具流的自动控制。

AGS-MAS 的协调控制层介于单元控制器与工作站之间,分担了一些单元控制器的动态调度工作,同时又完成工作站应完成的实时控制和信息传输等工作。而辅助控制器的作用是面向设备形成分布的控制结构,完成协议转换功能。

辅助控制层采用多台工业控制机,面向各类设备。它对上作为各类设备与上层交换信息的通道,使通道遵照统一协议;对下则产生对各类设备 PLC 的指令,并接收返回的各类状态信息。

总之,计划层偏重于信息集成并配以作业计划仿真功能;协调层偏重于动态分配加工任务和安排加工空间并监视流程;而辅助控制器可强化各台设备的通信功能及智能,在 AGS-MAS 中它也是使非联网设备上网运行的重要转换控制器。

AGS-MAS 的这种多级、多层结构克服了系统规模大这一技术难点，使系统中各类计算机的工作负担相对减轻，功能趋于单纯，并且仅选用市场可购到的 PC 微机产品，加上国内成熟的先进软件技术即可建立制造自动化系统的运行环境。

AGS-MAS 的控制管理系统功能结构如图 7.14 所示，它包括计划管理、数据管理、协调控制、过程检测监控、运行统计分析和输入输出管理等功能。

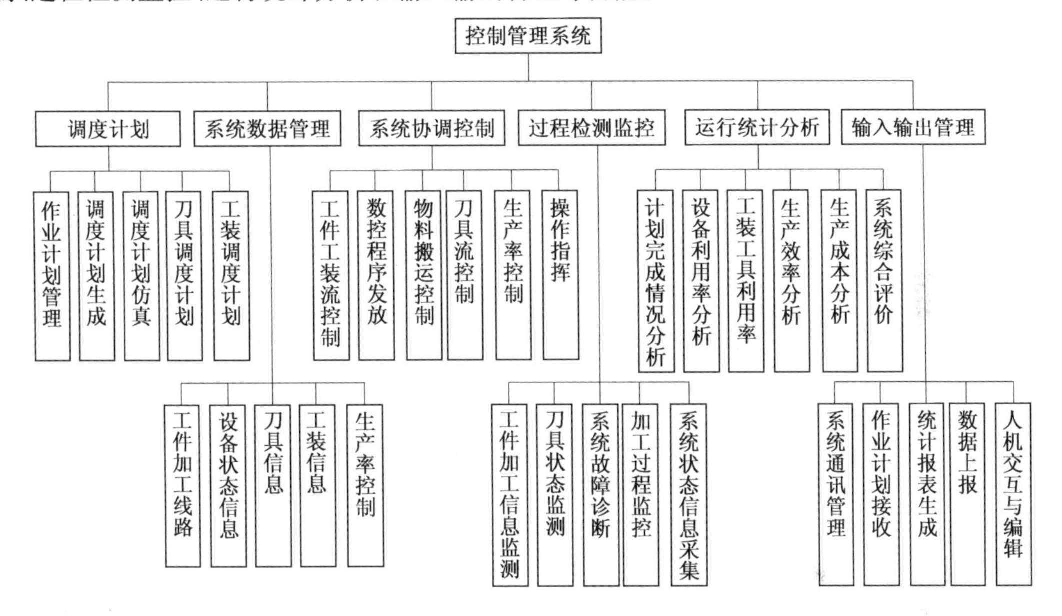

图 7.14　AGS-MAS 控制管理系统的主要功能

AGS-MAS 控制管理系统目的就是要保证按期、按量、按质完成各项生产任务；严格控制产品生产周期，减少生产过程中占用的在制品数量；充分利用设备和人力，并使其负荷均匀；挖掘生产潜力，合理利用资源，降低生产成本。

AGS-MAS 的加工设备用一个公用的控制和运输系统连接为一整体。加工设备是由带计算机控制(CNC)功能的加工中心组成，物流(工件、刀具的运输)系统是 AGS-MAS 成其为系统的标志。通过物流的连接，工件、刀具的运输并不是按节奏进行，而是可以完全随机地访问每一台机床。AGS-MAS 的输入是从上一层计算机传来的生产计划，控制管理系统根据当前的生产进度和加工设备的使用情况等信息对生产计划进行必要的修正，通过 DNC 系统、物料和刀具等控制管理单元，完成 AGS-MAS 的运行控制。AGS-MAS 的有关运行状况和生产计划执行结果将作为输出信息反馈到上一层计算机。

控制系统与外界环境之间的数据信息交流关系的设计如图 7.15 所示，控制系统对输入的原始数据进行各种操作，在完成作业计划调度和加工检测监控过程后，以图形和报表的形式提交给用户。

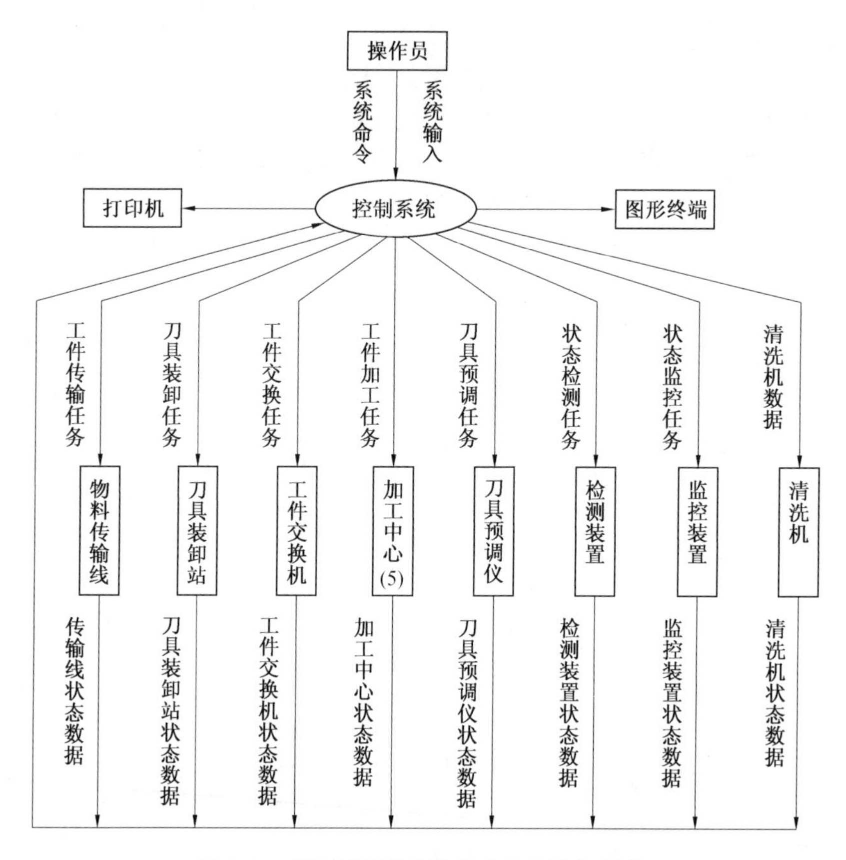

图 7.15 控制系统数据信息内外交流关系图

AGS-MAS 控制管理系统的顶层数据流控制过程如图 7.16 所示,它分如下三个过程。

1)过程名:作业计划管理

输入流:原始数据、基础数据、状态数据、仿真数据

输出流:原始数据、控制协调数据、报表、图形

过程逻辑:根据加工任务单和实时运行状态按优化规则编制作业计划,对系统的工艺设备资源进行分配和平衡后,形成可供实施的作业计划;监督作业计划的执行;输出图形和报表。

2)过程名:过程协调控制

输入流:控制协调数据

输出流:状态数据

过程逻辑:根据作业计划,根据优化原则,协调控制各设备的运行,并尽量减少因故障阻碍作业计划的实施,保证计划的顺利完成,检测监控各种设备,并向上级汇报加工完成情况。

3)过程名:仿真过程

输入流:原始数据、基础数据

输出流:仿真数据

过程逻辑:根据输入的原始数据和具有各种知识和规则库的基础数据,根据边界条件和仿真模型进行运算,给出仿真结果,指导作业计划的制订。

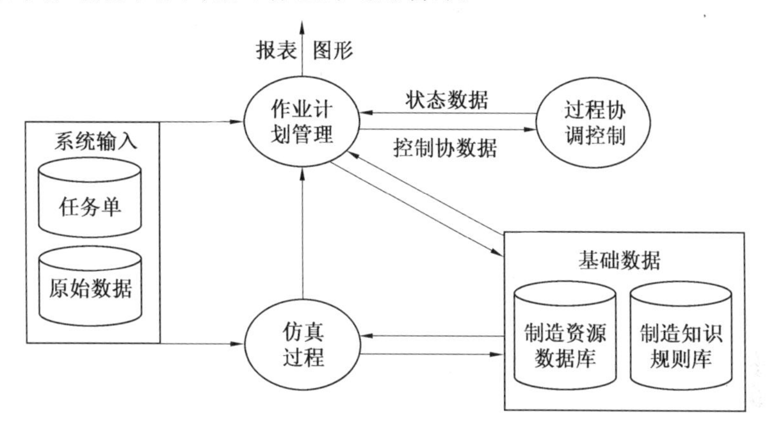

图 7.16　AGS-MAS 控制管理系统的顶层数据流控制过程

AGS-MAS 控制管理系统的具体需求模型设计如图 7.17 所示。

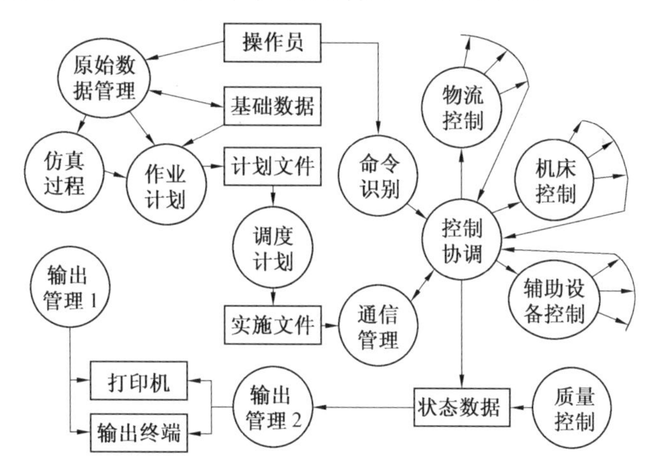

图 7.17　AGS-MAS 控制管理系统的需求模型

下面是 AGS-MAS 控制管理系统的具体需求模型说明。

1)过程名:原始数据管理

输入流:基础数据、控制数据、状态数据

输出流:经加工的基本数据、控制数据、状态数据、仿真数据

加工逻辑:对输入数据进行登录、删除、检索、修改、维护和输出,并入库

2)过程名:作业计划

输入流:基础数据、原始数据、状态数据、仿真数据

输出流:加工任务、加工顺序、零件分批信息、刀具需求信息、机床任务平衡参数

加工逻辑:计划优化编制、零件分批、工艺设备资源平衡、列出刀具需求清单

3)过程名:调度计划

输入流:计划文件、基础数据、状态数据

输出流:刀具配置单、工件调度表、NC 程序单

加工逻辑:结合协调级反馈的工况数据对计划做出修改或确认,为作业计划作加工准备(工件、刀具平衡、机床刀具库、NC 程序等),并形成初步的投放文件

4)过程名:输出管理

输入流:原始数据、状态数据、加工记录数据、计划文件、投放文件

输出流:计划进度图、系统设备图形、生产报表、工况报表

加工逻辑:根据任务请求和任务要求为用户形成所需的输出文件

5)过程名:加工质量管理

输入流:加工质量标志

输出流:补充加工任务单

加工逻辑:根据实际加工的质量情况,做出需要增补的加工任务

下面是过程协调控制模块功能的需求模型说明。

6)过程名:协调控制

输入流:控制协调数据、状态数据

输出流:工件运输单、刀具运输单、工件装卸单、刀具装卸单、NC 程序清单、辅助工位数据

加工逻辑:根据投放文件按优化原则协调过程设备的动作,同时监视设备实时运行并上报加工情况

7)过程名:物流控制

输入流:刀具运输单、工件运输单、刀具装卸单、工件装卸单

输出流:物流状态、小车状态、装卸站状态

加工逻辑:根据装卸单和运输单及各种工况状态分别向刀具装卸站、工件装卸站及小车发出动作命令,并向系统送出物流设备的状态

8)过程名:机床控制

输入流:NC 程序单、刀具预调仪数据

输出流:加工中心状态

加工逻辑:根据 NC 程序单和刀具预调仪数据,确定向加工中心传送 NC 程序和刀具调整值,并能根据需要,从加工中心反馈 NC 程序,向系统送出加工中心状态

9)过程名:通信管理

输入流:状态数据

输出流:状态数据

加工逻辑:将协调级收集的各种状态数据,适时地向上级机(作业计划级)传送,接收计划级下达的投放文件

10)过程名:辅助设备数据管理

输入流:辅助工位数据

输出流:清洗机数据、测量机数据、刀具预调仪数据

加工逻辑:根据加工进程的需要,分别向清洗机、测量机及刀具预调仪的终端显示器发送各种提示信息

为强调重点,并有利于说明问题,对 AGS-MAS 控制管理系统图 7.16 中生产计划调度进行讨论,生产计划调度功能模型设计如图 7.18 所示。

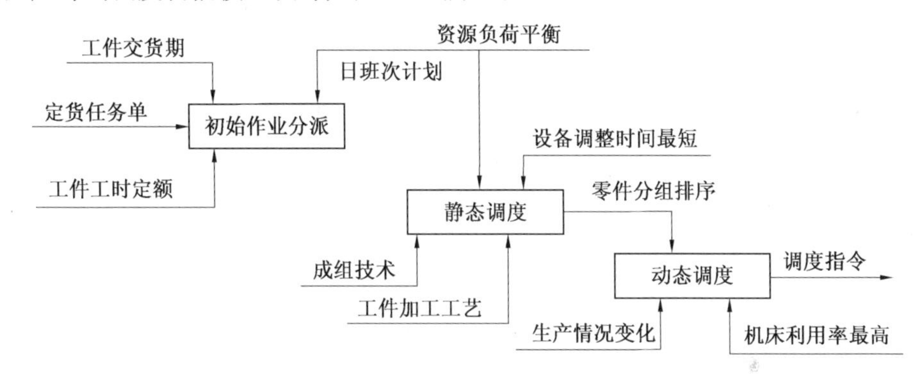

图 7.18　AGS-MAS 的生产计划调度功能模型

AGS-MAS 控制管理系统中对零件生产计划调度的管理分为三个阶段,即初始作业分配、静态调度和动态调度。

1)初始作业分配主要是根据任务订单的输入、单元生产作业班次计划的制订和对工时定额自学习的维护调整来完成。

2)静态调度主要是完成零件的最优分组,对系统负荷进行最优排序。

3)动态调度主要是根据实际生产情况,对零件生产进行实时动态排序,并对系统资源进行实时调度与控制。

结合图 7.16 和 7.17,AGS-MAS 控制管理系统中零件生产计划调度的实现过程是系统管理员输入生产任务单,并对其合法性进行验证,然后由基本数据库及相关决策支持子系统对输入的任务单进行初始作业分配,分配的结果由一系列仿真指标进行评价。这些指标包括机床利用率、刀具更换次数、每天投入生产零件数和输出的产品数、毛坯的节余数量等。如果初始作业分配满意,则输出作业计划到静态调度子系统,否则即可进行调整,调整方式包括参数调整、自动分配和表格调整三种方式。

7.2.5 AGS-MAS 的检测监控系统设计

AGS-MAS 的检测监控系统主要是针对工件、刀具和加工设备的检测监控，其主要功能设计如图 7.19 所示。

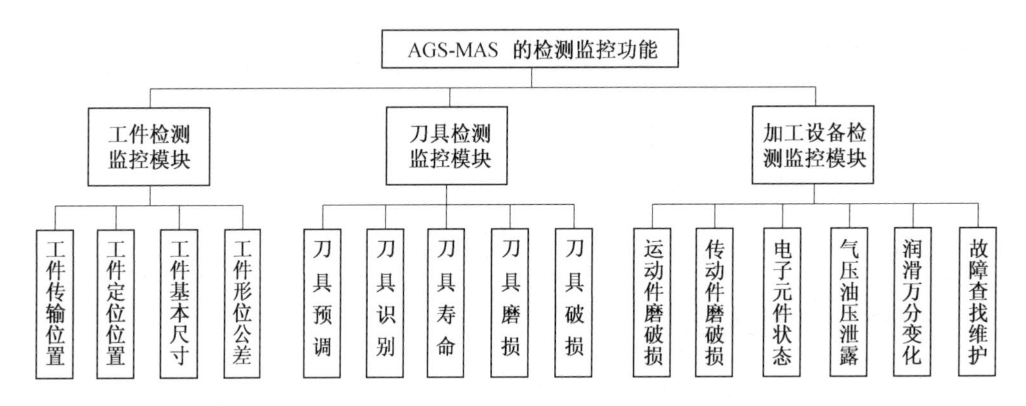

图 7.19 AGS-MAS 的检测监控功能

对于工件的检测监控，主要是完成加工工件在机床工作空间的位置检测、工件质量的检测；对于刀具的检测监控，主要是完成刀具磨损和破损的检测、刀具使用次数与使用时间的寿命管理；对于加工设备的检测监控，主要是完成加工设备零部件状态、故障诊断以及系统运行计划调度状态的检测监控。针对 AGS-MAS 的检测监控所要完成的功能，其编制的软件组成如图 7.20 所示。

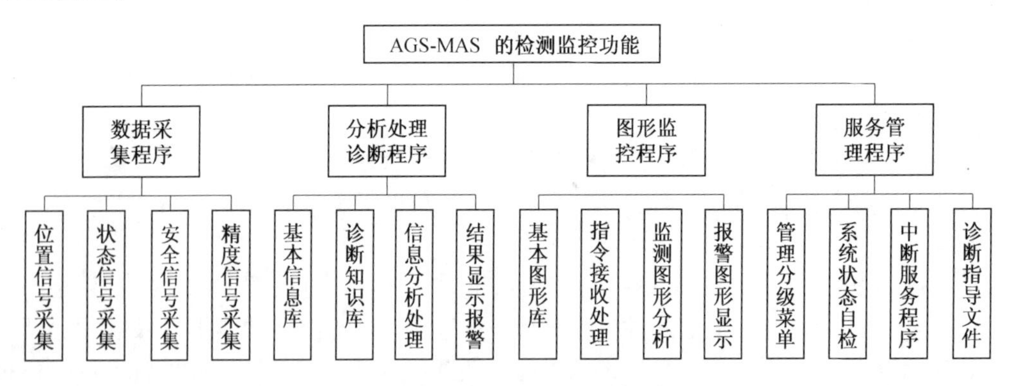

图 7.20 AGS-MAS 的检测监控软件

下面对工件、刀具和加工设备检测监控的几个主要环节实现过程进行设计。

1.工件尺寸的自动测量

对工件尺寸的测量项目包括基本尺寸及形位公差，如两个工艺孔的尺寸及公差、轴承孔的尺寸及公差、位置公差等。对其测量主要是通过三维测头完成。三维测头安放在机床刀库中，在需要检测工件时由机械手取出并和刀具一样进行交换装入机床主轴孔中。测头的测量杠接触变速箱壳体表面后，通过感应式或红外传送式传感器将信号发送到接收器，然后送给机床控制器，由控制软件对信号进行必要的计算和处理。

在变速箱壳体制造自动化系统的机床中，采用红外信号三维探测头进行自动测量，其测量过程如图7.21所示。当安装在主轴上的测头量杆接触到工作台上的变速箱壳体时，发出接触信号，通过红外线接收器传送给机床控制器，计算机控制系统根据位置检测装置的反馈数据得知接触点在机床坐标系或工件坐标系中的位置，通过相关软件进行相应的计算处理，得到变速箱壳体的相应尺寸和公差。

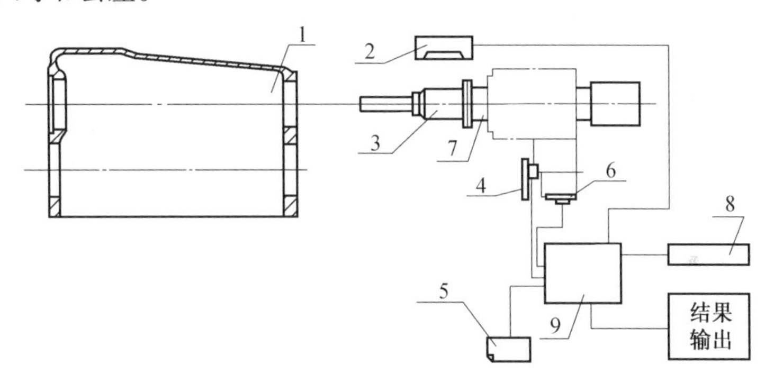

图7.21　变速箱壳体尺寸的三维测头自动测量原理

1—变速箱壳体；2—接收器；3—测头；4—X、Y轴位置测量元件；5—程序输入；7—机床主轴；8—CNC装置；9—CRT

2.刀具的自动识别与检测

刀具数据的组织和信息流设计如图7.22所示。

AGS-MAS中刀具的识别采用软件记忆法，将刀库上的每一刀座进行编号，得到每一刀座的“地址”。将刀库中的每一个刀具再编一个刀具号，然后在控制系统内部建立一个刀具数据表，将原始状态刀具在刀库的“地址”一一填入，并不得再随意变动。刀库上有检测装置，可以读出刀库在换刀位置的地址。取刀时，控制系统根据刀具号在刀具数据表中找出该刀具地址，按优化原则转动刀库，当刀库上的检测装置读出的地址与取刀地址一致时，刀具便停在换刀位置上，等待换刀；若欲将换下的刀具送回刀库，也不必寻找刀具原位，只要按优化原则送到任一空位即可，控制系统将根据此时换刀位置的地址更新刀具数据表，并记住刀具在刀库中新的位置地址。

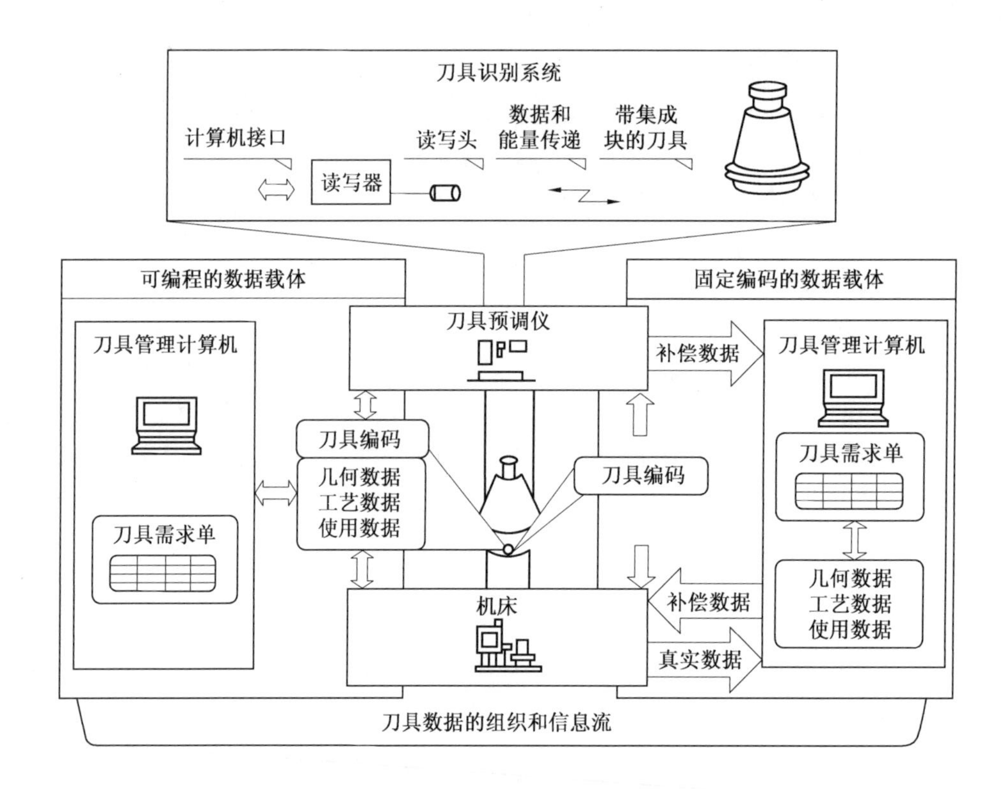

图 7.22 刀具自动识别与检测的数据组织和信息流

在本系统中,刀具的刀柄侧面或尾部装有 6 ~ 10 mm 的集成块,作为刀具数据的载体。机床刀具预调仪上都配备有与计算机接口相连的数据读写装置,当某一刀具与读写装置位置相对应时,就可读出或写入与该刀具有关的数据。为了实现刀具的快换,使刀具更换后不需对刀或试切,将刀具在机外预先调整到预定的尺寸。为了使刀具的寿命利用更加合理、换刀次数最少,还制定了刀具计划,根据变速箱壳体的加工工艺要求,确定了各种刀具取用的时刻、从哪里取、放到哪里等工作。

在变速箱壳体的制造自动化系统中,对刀具寿命的监控是通过对刀具加工时间累计,直接监控刀具的寿命。当累计时间达到预定刀具寿命时,发出换刀信息,计算机控制系统启动换刀机构换上备用刀具。利用控制系统实现检测装置的定时和计数功能,便可根据预定的刀具寿命或有效的刀具寿命可加工的工件数,实现刀具寿命管理监控。

对刀具的磨损检测主要是通过直接测量方式,比如在用镗刀加工变速箱轴承孔时,其要求精度高,所以要对镗刀的磨损进行检测,镗刀的切削刃磨损测量方式如图 7.23 所示,首先将镗刀停在测量位置上,然后将测量装置靠近镗刀并与切削刃接触,磨损测量传感器从刀柄的参考表面上测取读数,切削刃与参考表面的两次相邻的读数的变化即切削刃的磨损值。测量过程、测量数据的计算和磨损值的补偿过程，都用计算机控制系统完成。

在对变速箱壳体的加工中，要对铣刀、钻头、丝锥等刀具的破损进行监测，在本系统中采用声发射法来识别。其检测过程如图7.24所示，当切削中刀具发生破损时，用安装在工作台上的声发射传感器检测刀具破损时所发出的信号，并由刀具破损检测器处理，当确认刀具已破损时，检测器发出信号通过计算机控制系统进行换刀。

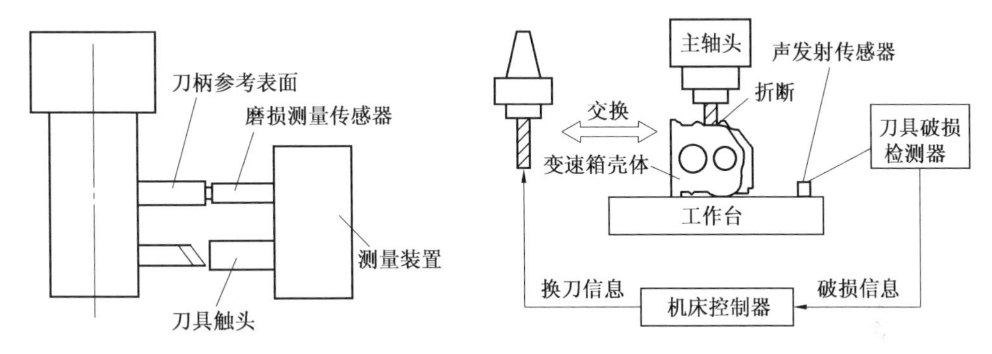

图7.23　镗刀的切削刃磨损测量方式示意图

图7.24　声发射刀具破损检测装置原理图

3.加工设备的自动监控

对加工设备的自动监控主要是通过相关的传感器，对设备的运行是否正常的状态参数进行检测和控制。在变速箱壳体制造自动化系统的各加工中心上安装有加速度传感器、温度传感器、电压和电流传感器、压力传感器等，通过检测它们的信号，并通过相应的判断规则和分析，来判断机械设备的运行状态，机械设备的轴承、齿轮、转轮等是否出现磨损、破损、破裂等故障；判别机床主轴、轴承、刀具磨损、破损状态；检测油压、气压是否出现泄漏状态，以防止夹紧力不够而出现故障；监测润滑油的成分变化，从而预测轴承等运动部件的磨损、破损的出现；测量电压、电流，从而监测电子元件的工作状态以及负荷情况等。对得到的各种监测信号进行综合运算和分析，判断加工设备是否出现故障，并根据最新的研究成果，对故障做出判断，找出故障的发生地点和原因，并对设备进行必要的检修、排除故障，从而保证加工设备的正常运行。

7.3　AGS-MAS的实施要点与效益分析

7.3.1　AGS-MAS的实施要点

根据前面的分析，在AGS-MAS的实施过程中要注意和完成以下要点。

1.总体设计

(1)可行性分析与论证。

(2)工艺方案试切削试验。
(3)生产工艺流程确定。
(4)总体方案初步设计和详细设计。
(5)系统各部分主要软硬件的配置确定。
(6)系统平面布置图确定。

2.加工单元的配置

(1)根据总体要求,加工单元的改造设计进行以下工作。
1)提高加工单元工作可靠性的改进设计。
2)卧式机床交换工作台的通用性设计。
3)机床数控系统与机床管理工作站的接口及连接要求。
4)加工中心的工件交换装置的机械改进设计及控制操作改进设计。
5)加工中心根据系统要求的各种运行方式实现的改进设计及控制操作改进设计。
(2)五台卧式加工中心的功能选择、附件确定及订货制造。

3.工艺编程软件及工夹具系统的研制

(1)汽车变速箱壳体在加工中心上做全面试切工艺试验,试验零件在NC机床上加工工艺特点、工夹具要求、生产节拍、探讨应用复合刀具和高效刀具的可能性。
(2)成组夹具、成组工艺的研究及设计和制造。
(3)复合刀具、特殊高效刀具的研制与订货。
(4)成组零件加工程序的研究和开发。
(5)零件测量程序的研究和开发。
(6)零件全部加工程序的汇编及试切削。
(7)AGS-MAS系统中刀具、夹具型谱的建立。

4.物料传输自动化系统的研制

(1)物料传输自动化系统总体方案设计。
(2)工件自动交换装置的选择、订货及改进设计。
(3)平面仓库构思及工程设计研制。
(4)物流管理工作站与平面布置图设计及施工要点的提出。

5.控制管理系统的开发研制

(1)中央管理系统的硬件配置和功能软件开发。
(2)机床管理工作站的研制。

(3)物流管理工作站的研制。

(4)全系统控制信息网络配线图设计。

6.系统配套设施、土建施工等在用户单位的实施

由用户单位完成系统安装调试前的一切预备性工作,如水、电、气等能源供给系统的施工、厂房的准备、地基的准备、起重设备及其他安装调试设备的准备及试切零件毛坯的准备等。

7.人员培训计划的制定与实施

AGS-MAS系统要投入正常使用的先决条件是必须有一个训练有素的操作、维护技术队伍。在我国目前状况下,高技术素质的人员培训,必须作为成套技术中不可分割的部分来对待,否则系统将很难在用户单位长期投入使用。

(1)对甲方单位操作人员的技术培训

1)参加CNC机床技术培训班。

2)在乙方现场安排对应的加工中心机床上生产实习1~2个月。

3)参加FMS系统操作学习班。

4)参加机床零件程序编制和试切工作。

5)参加系统总调试全过程。

6)在甲方场地试生产运行中逐步独立操作使用本系统。

(2)对甲方维修人员的技术培训

1)参加单机维修技术培训班学习。

2)参加FMS系统维修学习班。

3)参加系统在乙方场地总装、调试,参加在甲方场地总装、调试及试生产全过程。

4)在甲方场地试生产过程中开始独立工作。

8.系统总调试要点

(1)在乙方场地第一阶段总成调试

在乙方场地用半年时间对构成本系统的八个部分完成联调工作。要求达到:

1)验证系统各部分所有功能。

2)完成全部进线零件试切工作,加工程序齐全。

3)系统软硬件齐全、工夹具齐全、技术资料齐全。

4)全系统满负荷自动运行(切削加工),两班制(每天15 h以上)四天正常,无意外故障,生产节拍符合设计要求,零件精度合格。

(2)在甲方场地第二阶段安装调试

安装调试三个月,要求达到:

1)全系统性能、功能恢复正常。

2)全系统自动运行加工两种机座,两班制累计 40 小时无意外,加工精度合格、生产节拍符合设计要求。

3)试验系统中安全保护措施齐全。

4)甲方为主,乙方配合完成系统交接验收工作。

(3)在甲方场地试生产运行

生产运行两个月,系统验收后,由甲方组织好生产准备,提供充足加工毛坯,以甲方人员为主,操作系统试生产两个月,乙方提供全面技术服务。

(4)保修及售后服务

AGS-MAS 系统验收投产后保修期一年,软硬件齐全、保修期后乙方继续提供有偿服务。

7.3.2 AGS-MAS 的效益分析

AGS-MAS 研制完成后,经过实施,产生了明显的经济效益和社会效益。具体情况如下:

1)可实现车间－单元－工作站－设备生产计划的逐级分解、下达和计划执行情况的逐级数据采集统计和反馈。

2)能自动生成合理可行的生产作业计划,缩短计划编制时间;可实现零星急件的插入与计划的动态调整;实现了生产现场的准备跟踪,大大减轻了生产统计和做报表的工作量。

3)减少了停工待料现象,使刀具、物料、工装到位准确率有极大提高。

4)生产效率大为提高,零件生产周期明显缩短,减少了车间在制品;稳定提高了产品质量。

5)缩短了新产品试制时间,提高了市场应变能力。

6)提高了车间生产技术和管理水平,培养了一批掌握高技术的高素质人才。

参 考 文 献

[1] 耿骞,袁名敦,肖明.信息系统分析与设计[M].北京:高等教育出版社,2001.
[2] 卢泽生.工艺过程自动控制[M].北京:国防工业出版社,1989.
[3] 文仲辉.战术导弹系统分析[M].北京:国防工业出版社,2000.
[4] 王永初,任秀珍.自动化系统设计的统计学[M].重庆:重庆出版社,1989.
[5] 姚德民,李汉铃.系统工程实用教程[M].哈尔滨:哈尔滨工业大学出版社,1984.
[6] 张根保.自动化制造系统[M].北京:机械工业出版社,1999.
[7] 骆涵秀,李世伦,朱捷.机电控制[M].杭州:浙江大学出版社,1999.
[8] 万遇良.机电一体化系统的设计与分析[M].北京:中国电力出版社,1998.
[9] 任守榘.现代制造系统分析与设计[M].北京:科学出版社,1999.
[10] 姚昌仁,张波.火箭导弹发射装置设计[M].北京:北京理工大学出版社,1998.
[11] 谢存禧,邵明.机电一体化生产系统设计[M].北京:机械工业出版社,1999.
[12] 周国权.CA6350 微型客车正面碰撞计算机模拟分析[D].哈尔滨:哈尔滨工业大学机电学院,2002.
[13] 刘惟信.机械可靠性设计[M].北京:清华大学出版社,1996.
[14] 盛晓敏,邓朝晖.先进制造技术[M].北京:机械工业出版社,2000.
[15] 尹佑盛,邵群,梁锡昌.机械控制学[M].重庆:重庆出版社,1997.
[16] 黄天铭,邓先礼,梁锡昌.机械系统[M].重庆:重庆出版社,1997.
[17] 孟明辰,朝向利.并行工程[M].北京:机械工业出版社,1999.
[18] 刘宏增,黄靖远.虚拟设计[M].北京:机械工业出版社,1999.
[19] 刘惠.管理系统工程教程[M].北京:企业管理出版社,1991.
[20] 何衍庆.工业生产过程控制[M].北京:化学工业出版社,2004.
[21] 赵东福.自动化制造系统[M].北京:机械工业出版社,2004.
[22] 王毅.过程装备控制技术及应用[M].北京:化学工业出版社,2001.
[23] 钟约先,林亨.机械系统计算机控制[M].北京:清华大学出版社,2001.
[24] 李令奇,段智敏.机械系统实用计算机控制技术[M].沈阳:东北大学出版社,2003.
[25] 张树森.机械制造工程学[M].沈阳:东北大学出版社,2001.
[26] 吴坚,赵英凯,黄玉清.计算机控制系统[M].武汉:武汉理工大学出版社,2002.
[27] 李运华.机电控制[M].北京:北京航空航天大学出版社,2003.

[28] 王平.计算机控制系统[M].北京:高等教育出版社,2004.
[29] Yusuf Altitas 著.数控技术与制造自动化[M].罗学科,译.北京:化学工业出版社,2002.
[30] 周骥平,林岗.机械制造自动化技术[M].北京:机械工业出版社,2001.
[31] 王勤.计算机控制技术[M].南京:东南大学出版社,2003.
[32] 数控机床网络管理系统 NET-DNC 软件使用说明书.
[33] 程周.电气控制技术与应用[M].福州:福建科学技术出版社,2004.
[34] 杨黎明.机电传动控制技术[M].北京:国防工业出版社,2007.
[35] 张晓萍,颜永年,吴耀华,等.现代生产物流及仿真[M].北京:清华大学出版社,1998.
[36] 宋文骐,张彦才.机械制造工艺过程自动化[M].昆明:云南人民出版社,1985.
[37] 方明伦,李德庆,端木时夏.机械制造工程系统自动化[M].上海:上海工业大学出版社,1982.
[38] 卢庆熊,姚永璞.机械加工自动化[M].北京:机械工业出版社,1990.
[39] 徐元昌.工业机器人[M].北京:中国轻工业出版社,1999.
[40] 陈哲,吉熙章.机器人技术基础[M].北京:机械工业出版社,1997.
[41] 蔡自兴.机器人学[M].北京:清华大学出版社,2000.
[42] 熊有伦.机器人技术基础[M].武汉:华中理工大学出版社,1996.
[43] 陆鑫盛,周洪.气动自动化系统的优化设计[M].上海:上海科学技术出版社,2000.
[44] 吴振顺.气压传动与控制[M].哈尔滨:哈尔滨工业大学出版社,1995.
[45] 黄越乎,徐进进.自动化机构设计构思实用图例[M].北京:中国铁道出版社,1993.
[46] 第十设计研究院.自动化机构图例[M].北京:国防工业出版社,1993.
[47] 张佩勤,王连荣.自动装配与柔性装配技术[M].北京:机械工业出版社,1998.
[48] 华中工学院机械制造教研室编著.机床自动化与自动线[M].北京:机械工业出版社,1981.
[48]【苏】H U 卡蒙斯内著.机床装料自动化[M].胡湘,译.北京:机械工业出版社,1985.
[50] 段扬泽.机械工业自动化[M].北京:机械工业出版社,1983.
[51] 周祖德,陈幼平.现代机械制造系统的监控与故障诊断[M].武汉:华中理工大学出版社,1999.
[52] 孙宇,张世琪.柔性制造系统检测监控技术[M].北京:兵器工业出版社,2000.
[53] 姚英学,蔡颖.计算机辅助设计与制造[M].北京:高等教育出版社,2002.
[54] 张根保.现代质量工程[M].北京:机械工业出版社,2000.
[55] 刘文剑.计算集成制造系统导论[M].哈尔滨:哈尔滨工业大学出版社,1993.
[56] 路勇.加工工况信息远程监测与刀具磨损识别技术的研究[D].哈尔滨:哈尔滨工业大学机电学院,2000.
[57] 吴启迪,严隽微,张浩.柔性制造自动化的原理与实践[M].北京:清华大学出版社,1997.

[58] 邓子琼,李小宁.柔性制造系统建模及仿真[M].北京:国防工业出版社,1993.
[59] 何霆,刘飞.车间生产调度问题研究[J].机械工程学报,2000,36(5):97 – 102.
[60] 张建国,周丽莺,张春华.投资项目经济评价学[M].北京:冶金工业出版社,1997.
[61] 陈晓川,方明伦.制造业中产品全生命周期成本的研究概况综述[J].机械工程学报,2002,38(11):17-25.
[62] 王启义.机械制造装备设计[M].北京:冶金工业出版社,2002.
[63] 李允文.工业机械手设计[M].北京:机械工业出版社,1996.
[64] 朱宏辉.物流自动化系统设计及应用[M].北京:化学工业出版社,2005.
[65] 刘昌祺,董良.自动化立体仓库设计[M].北京:机械工业出版社,2004.
[66] 姜继海,李志杰,尹九思.汽车厂实习教程[M].哈尔滨:哈尔滨工业大学出版社,1998.
[67] 戚长政,周文玲.自动机与生产线[M].北京:科学出版社,2004.
[68] 黄志昌.自动化生产设备原理及应用[M].北京:电子工业出版社,2007.
[69] 李绍炎.自动机与自动线[M].北京:清华大学出版社,2007.